AVA-Handbuch

Wolfgang Rösel • Antonius Busch

AVA-Handbuch

Ausschreibung – Vergabe – Abrechnung

8., überarbeitete und aktualisierte Auflage

Wolfgang Rösel
Lindau, Deutschland

Antonius Busch
Universität Kassel
Kassel, Deutschland

ISBN 978-3-658-02028-6   ISBN 978-3-658-02029-3 (eBook)
DOI 10.1007/978-3-658-02029-3

Die Deutsche Nationalbibliothek verzeichnet diese Publikation in der Deutschen Nationalbibliografie; detaillierte bibliografische Daten sind im Internet über http://dnb.d-nb.de abrufbar.

Springer Vieweg
© Springer Fachmedien Wiesbaden 1978, 1985, 1992, 1994, 2004, 2008, 2011, 2014
Das Werk einschließlich aller seiner Teile ist urheberrechtlich geschützt. Jede Verwertung, die nicht ausdrücklich vom Urheberrechtsgesetz zugelassen ist, bedarf der vorherigen Zustimmung des Verlags. Das gilt insbesondere für Vervielfältigungen, Bearbeitungen, Übersetzungen, Mikroverfilmungen und die Einspeicherung und Verarbeitung in elektronischen Systemen.

Die Wiedergabe von Gebrauchsnamen, Handelsnamen, Warenbezeichnungen usw. in diesem Werk berechtigt auch ohne besondere Kennzeichnung nicht zu der Annahme, dass solche Namen im Sinne der Warenzeichen- und Markenschutz-Gesetzgebung als frei zu betrachten wären und daher von jedermann benutzt werden dürften.

Lektorat: Karina Danulat, Annette Prenzer

Gedruckt auf säurefreiem und chlorfrei gebleichtem Papier

Springer Vieweg ist eine Marke von Springer DE. Springer DE ist Teil der Fachverlagsgruppe Springer Science+Business Media.
www.springer-vieweg.de

Vorwort

Vorwort zur 8. Auflage

Insbesondere die neue VOB, in der Fassung von 2012, und die neue HOAI, seit dem 17. Juli 2013 in Kraft, erforderten eine Überarbeitung des AVA-Handbuches.

Weiterhin wurden in dieser 8. Auflage insbesondere die Kapitel 9 „Versicherungen", 11 „AVA im Leistungsbild des Architekten" und 12 „Computergestützte AVA" grundlegend überarbeitet.

Die Mitwirkung von Experten trägt zum aktuellen Stand der fachlichen Inhalte bei, wofür die Autoren diesen Herren vielmals danken:

Herr Rechtsanwalt *Prof. Dr. jur. Hans Rudolf Sangenstedt* übernahm die Durchsicht der Texte auf deren rechtliche Belange.

Bei der Überarbeitung des Kapitels „Versicherungen" hat Herr *Rainer-Karl Bock-Wehr* von HDI-Gerling, Firmen und Privat Versicherung AG, Köln, beratend mitgewirkt.

Herr *Dipl.-Betriebswirt Rainer Diehl* von der RIB-Software AG, Stuttgart, aktualisierte und ergänzte wiederum das Kapitel „Computergestützte AVA".

Herr *Dr.-Ing. Stefan Strack* leistete engagierte Mitarbeit an dieser Auflage, und widmet sich der unermüdlichen Weiterentwicklung der Lehre im Bereich AVA am Institut für Bauwirtschaft.

Unsere aufmerksamen Leser und Fachkollegen regen mit kritischen Hinweisen und Vorschlägen, für die wir sehr dankbar sind, gelegentlich Verbesserungen an. Im Sinne des didaktischen Prinzips dieses Werkes, das der Vermittlung von Grundlagen allgemeiner und breiter Gültigkeit gilt, können wir hier Inhalte, die besser in seminaristischen Übungen oder speziellen Fortbildungsveranstaltungen für Praktiker vermittelt werden, nicht anbieten. Das gilt auch für AVA-Sonderformen, etwa im behördlichen, privaten oder internationalen Bereich.

Lindau, Bodensee   Wolfgang Rösel

Kassel   Antonius Busch

im Oktober 2013

Vorwort zur 1. Auflage

Diese Schrift will ein Leitfaden auf dem Weg der Bauabwicklung aus der Sicht des praktizierenden Architekten sein. Die Kenntnis der Rechtsbeziehungen zwischen ihm, seinen Auftraggebern und den Auftragnehmern benötigt er unbedingt zur Erfüllung seines Auftrags.

Er ist im Rahmen seiner Berufstätigkeit verpflichtet, seinen Bauherrn im Sinne einer Nebenaufgabe auch in rechtlichen Dingen zu beraten, sofern dies der Erfüllung seiner eigentlichen Berufsaufgabe dient und daher mit dieser in einem notwendigen und unmittelbaren Zusammenhang steht.

Diese Verpflichtung bezieht sich also nur auf die Beratung in den hier dargelegten Grundsatzfragen. Dagegen bleibt eine individuelle Rechtsberatung, insbesondere in Zweifelsfällen oder Streitigkeiten, den dafür nach dem Rechtsberatungsgesetz legitimierten Rechtsanwälten vorbehalten. Es ist darauf hinzuweisen, daß die Urteile der Gerichte, insbesondere des Bundesgerichtshofes, für die rechtlichte Beurteilung analoger Fälle bedeutsam sind.

In knapper Form vermittelt diese Schrift den Studierenden, den Baupraktikern und den Bauherren eine übersichtliche Darstellung der Vorgänge, die zur Ausschreibung, Vergabe und Abrechnung erforderlich sind. Diese gelten generell für Neubauten in handwerklicher und industrialisierter Methode, Fertighäuser, Altbau-Erneuerungen und größere Reparaturen.

Um den Rahmen und den Zweck dieses „Stichwort"-Leitfadens nicht zu sprengen, finden sich textlich zugeordnete Hinweise auf Gesetze und Bestimmungen am Textrand. Dieser „Wegweiser" durch die Pfade der Rechts- und Verfahrensstruktur kann darum nur einführend auf die vielfältigen Gefahren und Probleme hinweisen und damit deutlich machen, daß es zur Bauabwicklung des Fachmannes und in strittigen Rechtsfragen des Rechtsanwalts bedarf.

Kassel, April 1978

Wolfgang Rösel

Inhalt

1	**Rechtliche Grundlagen**	1
1.1	Allgemeine Hinweise auf gesetzliche Regelungen	1
1.2	Die Vertragschließenden	2
1.3	Vertragsform	4
1.3.1	Dienstvertrag	4
1.3.2	Werkvertrag	4
1.3.3	Architektenvertrag	4
1.3.4	Projektsteuerungsvertrag	5
1.3.5	Ingenieurvertrag	5
1.3.6	Bauvertrag	5
1.3.7	Lieferungsvertrag	5
1.4	Vergütung	5
1.5	Vergabe- und Vertragsordnung/Verdingungsordnung	6
1.5.1	Vergabe- und Vertragsordnung für Bauleistungen (VOB)	6
1.5.2	Verdingungsordnung für Leistungen (VOL)	8
1.5.3	Vergabe- und Vertragsregelungen der öffentlichen Auftraggeber	8
1.6	Öffentlich-rechtliche Vorschriften	8
1.6.1	Bauordnungen	8
1.6.2	Erlasse, Verordnungen	8
1.6.3	Ortsrecht	9
1.7	Geschäftsbedingungen	9
1.7.1	AGB-Gesetz	9
1.7.2	Geschäftsbedingungen der Auftragnehmer	9
1.7.3	Geschäftsbedingungen der Auftraggeber	9
1.7.4	Änderungen der Rechtslage	9
1.7.5	Beratungspflicht des Architekten und des Ingenieurs	10
2	**Technische Grundlagen**	11
2.1	Die allgemein anerkannten Regeln der Technik	11
2.2	Allgemeine Technische Vertragsbedingungen für Bauleistungen (ATV)	11
2.3	DIN-Normen	12
2.4	Sonstige technische Bestimmungen	13
2.5	Erlasse, Verordnungen	13
2.6	Zulassung neuer Baustoffe, Bauteile, Bauarten	13
2.7	Änderungen technischer Grundlagen	15
3	**Angebotsverfahren**	17
3.1	Vergabearten	17
3.2	Wettbewerbsteilnehmer	18

3.3	Das richtige Vergabeverfahren	19
3.4	Einzel-/Generalvergabe	20
4	**Vergabe- und Vertragsunterlagen**	**21**
4.1	Leistungsbeschreibung, Standardleistungsbuch-Bau – StLB-Bau	21
4.1.1	Leistungsbeschreibung	21
4.1.2	Standardleistungsbuch-Bau – StLB-Bau Dynamische Baudaten	25
4.2	Vertragsbedingungen	29
4.3	Die Zusätzlichen Technischen Vertragsbedingungen	35
4.4	Umsatz-(Mehrwert-)Steuer	35
5	**Angebot und Vertrag**	**37**
5.1	Fristen	37
5.2	Eröffnungstermin, Öffnung der Angebote	37
5.3	Prüfung mit Wertung der Angebote	37
5.4	Aufklärung des Angebotsinhalts	40
5.5	Wertung der Angebote	41
5.6	Vertrag	41
5.7	Nachträge	43
5.8	Auftragsbestätigung	43
5.9	Änderungen von Leistungen	44
6	**Auftragsabwicklung**	**45**
6.1	Ausführungsunterlagen	45
6.2	Ausführung und Ausführungsfristen	46
6.3	Mahnung wegen Baufristen	47
6.4	Behinderung und Unterbrechung	48
6.5	Kündigung	49
6.6	Vertragsstrafe/Prämie	49
6.7	Abnahme	49
6.8	Firmenzusammenbruch	50
6.9	Zahlungsunfähigkeit des Auftraggebers	51
6.10	Streitigkeiten	51
7	**Aufmaß, Abrechnung, Zahlung**	**53**
7.1	Aufmaß	53
7.2	Abrechnung	53
7.3	Zahlung	61
7.4	Freistellungsbescheinigung	63
7.5	Sicherheitsleistung	63
7.6	Lohn-/Materialpreis-Erhöhungen	64

8	**Haftung und Mängelansprüche**	67
8.1	Haftung	67
8.2	Mängelhaftung	68
8.3	Mängelansprüche	68
8.4	Mängelbeseitigung	69
8.4.1	Mängelbeseitigung durch Nacherfüllung	69
8.4.2	Mängelbeseitigung durch Selbstvornahme	70
8.5	Minderung	70
8.6	Verjährungsfrist	70
8.7	Gesamtschuldnerische Haftung	72
8.8	Haftung des Architekten und des Ingenieurs	72
8.9	Haftung wegen positiver Vertragsverletzung	72
9	**Versicherungen**	75
9.1	Versicherungen des Bauherrn	75
9.1.1	Bauleistungsversicherung	76
9.1.2	Bauherren-Haftpflichtversicherung	77
9.1.3	Gebäude-Feuerversicherung	78
9.1.4	Gewässerschaden-Haftpflichtversicherung (Öltank-Haftpflichtversicherung)	78
9.1.5	Haus- und Grundbesitzer-Haftpflichtversicherung	79
9.2	Versicherungen des Architekten und des Ingenieurs	80
9.2.1	Haftpflichtversicherung von Architekten und Bauingenieuren	80
9.2.2	Haftpflichtversicherung von sonstigen Planungsbeteiligten	82
9.3	Versicherungen des Bauunternehmers	82
9.3.1	Betriebshaftpflichtversicherung	82
9.3.2	Bauleistungsversicherung	83
9.4	Versicherungsberater	84
10	**Unternehmensformen und -funktionen**	87
10.1	Einzelunternehmen	87
10.2	Personengesellschaften	87
10.2.1	Offene Handelsgesellschaft – OHG	87
10.2.2	Kommanditgesellschaft – KG	87
10.2.3	Gesellschaft mit beschränkter Haftung und Companie, Kommanditgesellschaft – GmbH & Co. KG	88
10.3	Kapitalgesellschaften	88
10.3.1	Gesellschaft mit beschränkter Haftung – GmbH	88
10.3.2	Aktiengesellschaft – AG	89
10.3.3	Kommanditgesellschaft auf Aktien – KGaA	89
10.4	Die Gesellschaft Bürgerlichen Rechts – BGB-Gesellschaft	89
10.5	Partnerschaftsgesellschaft	90
10.6	Generalplaner	90
10.7	Unternehmens-Funktion	91

11	**AVA im Leistungsbild des Architekten**	93
11.1	Architektenleistungen	93
11.2	Vorbereitung der Vergabe	94
11.3	Mitwirkung bei der Vergabe	95
11.4	Objektüberwachung (Bauüberwachung)	96
11.5	Objektbetreuung	97
11.6	Arbeitsteilung: Bauplanung/Bauabwicklung	98
12	**Computergestützte AVA**	101
12.1	Entwicklungsstand 2014	101
12.2	Rechtlicher Rahmen des Software-Einsatzes	103
12.3	Regelungen für elektronische Bauabrechnung	103
12.4	DV-Anwendung	104
12.5	Software-Systeme im AVA-Bereich	106
12.5.1	Leistungsbeschreibung mit freien Texten	107
12.5.2	Leistungsbeschreibung mit „Mutter-LV"	107
12.5.3	Kostenanschlag	107
12.5.4	Angebotsnachrechnung	107
12.5.5	Preisspiegel	108
12.5.6	Vergabe	108
12.5.7	Mengenberechnung	109
12.5.8	Rechnungsprüfung und Zahlungsfreigabe	110
12.5.9	Soll/Ist-Übersichten	110
12.5.10	Baubuchhaltung	110
12.5.11	Kostenkontrolle – Projektsteuerung	110
12.5.12	Preisdatenbank – Preisrecherche	111
12.5.13	Raumbuch/Objektbuch	111
12.5.14	Elektronischer Datenaustausch/e-Vergabe	111
12.5.15	CAD/AVA	112
12.5.16	Bauablaufplanung – Vorgangsmodell	114
12.5.17	Muster-Ausdrucke	115

Anhänge

Anhang 1	VOB Teil A: DIN 1960 – Ausgabe 2012	133
Anhang 2	VOB Teil B: DIN 1961 – Ausgabe 2012	157
Anhang 3	VOB Teil C: DIN 18299 – Ausgabe 2012	179
Anhang 4	Übersicht über die aktuellen Regelungen der VOB 2012	189
Anhang 5	Übersicht über die Leistungsbereiche des Standardleistungsbuches für das Bauwesen STLB-Bau	191
Anhang 6	Wichtige Paragraphen des BGB und StGB	193

Glossar 231
Literaturverzeichnis 235
Sachwortverzeichnis 237

1 Rechtliche Grundlagen

1.1 Allgemeine Hinweise auf gesetzliche Regelungen

Die Verhältnisse der Einzelnen zueinander unter dem Gesichtspunkt der grundsätzlichen Gleichberechtigung werden durch das Recht bestimmt. Die bei der Planung und Abwicklung von Bauten entstehenden rechtlichen Beziehungen zwischen dem Auftraggeber (in der Regel der Bauherr) und den an der Planung und Ausführung Beteiligten sind durch Vertrag zu regeln.

Bei allen Rechtsgeschäften gilt grundsätzlich das Bürgerliche Gesetzbuch (BGB). Es ist das wichtigste und umfassendste Gesetz des deutschen Privatrechts. Das BGB trat am 1. Januar 1900 in Kraft und ist trotz einiger Änderungen in seinen Grundzügen unverändert geblieben.

Über die Bestimmungen des BGB hinaus können im Rahmen der nach deutschem Recht gegebenen Vertragsfreiheit weitere Vereinbarungen getroffen werden, sofern sie nicht gegen zwingende rechtliche Vorschriften verstoßen. Eine besondere Rolle spielen die Generalklauseln des BGB; die wichtigsten sind die Begriffe „Gute Sitten" und „Treu und Glauben mit Rücksicht auf die Verkehrssitte", da sie oft als Auslegungsmaßstab herangezogen werden.

BGB § 134

BGB § 242

Ein Rechtsgeschäft, das gegen die guten Sitten verstößt, ist nichtig.

BGB § 138

Ergänzend zum BGB gelten Sondergesetze, die so genannten Nebengesetze, in denen besondere Bereiche des bürgerlichen Rechts geregelt werden. Dazu gehören u. a.

- das Einführungsgesetz zum Bürgerlichen Gesetzbuch (EGBGB)
- die Grundbuchordnung (GBO)
- das Gesetz über die Zwangsversteigerung und Zwangsverwaltung (ZVG)
- das Gesetz über die Angelegenheiten der freiwilligen Gerichtsbarkeit (FGG)
- das Handelsgesetzbuch (HGB)
- das Gerichtsverfassungsgesetz (GVG)
- die Zivilprozessordnung (ZPO)
- die Insolvenzordnung (InsO)
- die Verordnung über Insolvenzverfahren (InsVfVo)

Mit dem Schuldrechtsmodernisierungsgesetz wurden einige Nebengesetze in das BGB integriert, so auch das „Gesetz zur Regelung des Rechts der Allgemeinen Geschäftsbedingungen" vom 09.12.1976. In den §§ 305 ff. BGB wird die „Gestaltung rechtsgeschäftlicher Schuldverhältnisse durch Allgemeine Geschäftsbedingungen" neu festgelegt.

BGB §§ 305 ff.

Nach dem BGB § 305 Abs. 2 werden Allgemeine Geschäftsbedingungen „nur dann Bestandteil eines Vertrags, wenn der Verwender bei Vertragsschluss

1. die andere Vertragspartei ausdrücklich oder, wenn ein ausdrücklicher Hinweis wegen der Art des Vertragsschlusses nur unter unverhältnismäßigen Schwierigkeiten möglich ist, durch deutlich sichtbaren Aushang am Ort des Vertragsschlusses auf sie hinweist und
2. der anderen Vertragspartei die Möglichkeit verschafft, in zumutbarer Weise, die auch eine für den Verwender erkennbare körperliche Behinderung der anderen Vertragspartei angemessen berücksichtigt, von ihrem Inhalt Kenntnis zu nehmen, und wenn die andere Vertragspartei mit ihrer Geltung einverstanden ist".

BGB § 157
BGB § 242 Die Auslegung eines Vertrages erfolgt mit Rücksicht auf die Verkehrssitte nach Treu und Glauben, wenn im Einzelfall beim Vertragsabschluss Regelungen offen geblieben sind.

BGB § 104
bis § 113 Rechtsgeschäfte können nur von geschäftsfähigen Personen abgeschlossen werden.

BGB § 125
bis § 129 Die Form des Abschlusses eines Rechtsgeschäfts kann durch Gesetz vorgeschrieben sein.

Die landläufige Redensart „Auftrag erteilen" ist im juristischen Sinn nicht korrekt, da nicht aktiv ein „Auftrag erteilt" wird, sondern vielmehr ein „Angebot" angenommen wird (Auftragserteilung = Angebotsannahme).

BGB § 145
BGB § 147
BGB § 145
bis § 157 Das BGB definiert, dass die Schließung eines Vertrags angetragen wird (= Angebot) und der Antrag innerhalb einer Frist anzunehmen ist. Wenn der Antrag angenommen wird, gilt das Rechtsgeschäft (= Vertrag) als zustande gekommen. Einzelheiten regelt das BGB.

VOB/A § 29 Beim Zustandekommen eines Vertrages mit dem Inhalt der Planung oder Errichtung eines Bauwerks ist die Schriftform nicht durch Gesetz vorgeschrieben. Aus Beweisgründen und zur Vermeidung von Streitigkeiten wird die schriftliche Fassung von Antrag (Angebot) und dessen Annahme (Auftrag) dringend empfohlen (Vertragsurkunde).

1.2 Die Vertragschließenden

Das Rechtsgeschäft bei der Planung und/oder Ausführung von Bauwerken sowie bei Lieferungen wird von zwei Parteien, dem sog. Auftraggeber (AG) und dem sog. Auftragnehmer (AN) begründet.

Als **Auftraggeber** (AG) für Planungs- und/oder Bauleistungen sowie für Lieferungen können im Einzelfall als natürliche oder juristische Person auftreten

– der Bauherr

1.2 Die Vertragschließenden

- der Bauträger/der Baubetreuer
- der Generalübernehmer/der Generalunternehmer/Generalplaner
- Geschäftsbesorger.

Bild 1-1 Die Vertragspartner beim Planen und Bauen

Als **Auftragnehmer** (AN) gelten:

a) die **Planenden**, das sind besonders

- der Architekt
- der Tragwerksplaner
- die Ingenieure für technische Ausrüstung sowie
- die Gutachter

b) die **Ausführenden**, das sind besonders

- die Rohbau-Unternehmer,
- die Ausbau-Unternehmer,
- die Unternehmer der technischen Ausrüstung.

c) die **Lieferanten**, das sind besonders

- die Möbellieferanten,
- Gerätelieferanten und
- Lieferanten des AG, sofern er Baumaterial selbst einkauft und zur Verarbeitung durch ausführende Firmen diesen zur Verfügung stellt,
- Materiallieferanten.

Die vom AG beauftragten AN können ihrerseits wieder andere AN im eigenen Namen und für eigene Rechnung als sog. Nachunternehmer oder Subunternehmer beauftragen. Rechtliche Beziehung zwischen AG und dem Nachunternehmer bestehen in der Regel nicht.

1.3 Vertragsform

Ob es sich beim Rechtsgeschäft im Einzelfall um einen Werkvertrag oder um einen Dienstvertrag handelt, wird durch das BGB bzw. durch die höchstrichterliche Rechtsprechung bestimmt.

1.3.1 Dienstvertrag

BGB § 611   Ein Dienstvertrag liegt vor, wenn die Leistung von Diensten jeder Art gegen eine Vergütung vereinbart ist. Es besteht Vergütungsverpflichtung, auch wenn deren Höhe nicht vereinbart ist.

BGB § 628   Beim Dienstvertrag besteht keine Pflicht zur Nacherfüllung des zum Dienst Verpflichteten (– nur in besonderen Fällen bei Kündigung – kann AG oder AN treffen!).

Für Dienstverträge auf abhängige Arbeit unter Eingliederung in einen Betrieb gelten auch sonstige einschlägige Vorschriften des Arbeitsrechts, des Betriebsverfassungsgesetzes, der Reichsversicherungsordnung u.a.

BGB § 620 bis § 630   Für die Beendigung und die Kündigung eines Dienstvertrages gelten generelle gesetzliche Regelungen.

Beispiele für Dienstvertrag: Angestelltenvertrag, Inanspruchnahme eines Gepäckträgers.

1.3.2 Werkvertrag

BGB § 631 bis § 651   Ein Werkvertrag besteht, wenn die Herstellung eines Werkes oder die Herbeiführung eines Erfolges vereinbart ist. Der Besteller ist zur Entrichtung einer Vergütung verpflichtet.

Bei nicht mangelfreier und/oder nicht rechtzeitiger Erfüllung des Werkvertrages haftet der zur Leistung Verpflichtete ohne Rücksicht auf Verschulden.

Bei Verschulden haftet der Verpflichtete auf Schadensersatz.

Für Lieferungen gelten die Bestimmungen über den Kaufvertrag.

Beispiel für Werkvertrag: Bauvertrag zwischen Bauherr und Bauunternehmer.

1.3.3 Architektenvertrag

BGB § 631   Der Architektenvertrag ist nach ständiger Rechtsprechung z. B. des Bundesgerichtshofs (BGH) vom 22.10.1981, Az.: VII ZR 310/79 stets ein Werkvertrag (entgegen früherer Rechtsprechung). Es ist ohne Belang, ob der Architekt mit der Planung allein, mit Planung und Bauüberwachung oder nur mit der Bauüberwachung beauftragt wurde.

Die Vergütung der vertraglich geschuldeten Leistungen der Architekten regelt die HOAI, wobei das Leistungsbild Objektplanung für Gebäude und Freianlagen Grundleistungen und Besondere Leistungen vorsieht. **HOAI**

1.3.4 Projektsteuerungsvertrag

Projektsteuerungsleistungen sind je nach Ausgestaltung des Vertrages die Bestimmungen des Dienst- oder des Werkvertrages zugrunde zu legen. Die Rechtsprechung des BGH tendiert z. Zt. dazu, den Projektsteuerungsvertrag als „Geschäftsbesorgungsvertrag mit dienstvertraglichem Charakter", auf den das Dienstvertragsrecht Anwendung findet, anzunehmen (BGH 7. Zivilsenat Urteil vom 26.01.1995 VII. Z 49/94; Urteil vom 09.01.1997 VII. ZR 48/96). Es kann aber auch ein Werkvertrag vorliegen, wenn eine komplette Steuerung eines Bauvorhabens und der zugrunde liegenden Planung geschuldet ist (BGH BauR 2007, 724).

1.3.5 Ingenieurvertrag

Der Vertrag zwischen Bauherrn und Ingenieur z. B. Tragwerksplaner ist entsprechend dem Architektenvertrag ein Werkvertrag. Für die Vergütung gelten die Bestimmungen der HOAI. **BGB § 631**
HOAI

1.3.6 Bauvertrag

Ein Bauvertrag zwischen Bauherr und ausführendem Unternehmer ist stets ein Werkvertrag. Geschuldet wird die fertige mangelfreie Leistung, das Bauwerk, als Erfolg einer Bautätigkeit. **BGB § 631**

1.3.7 Lieferungsvertrag

Ein Vertrag über Lieferung ist ein Werklieferungsvertrag, auf den Kaufrecht anzuwenden ist. Gilt z. B. für bloße Lieferung von Baumaterial (Kaufvertrag) **BGB § 651**

1.4 Vergütung

Sowohl für den Dienstvertrag als auch für den Werkvertrag ist die Vergütung auch für den Fall geregelt, dass diese nicht ausdrücklich im Vertrag vereinbart ist. Es kommt vielmehr darauf an, dass die Dienstleistung oder die Herstellung des Werkes den Umständen nach nur gegen eine Vergütung zu erwarten ist. **BGB § 612**
BGB § 632

Zunächst ist eine bestehende Taxe für die Bemessung der Vergütung maßgebend. Als solche gilt bei Planungsleistungen die Honorarordnung für Architekten und Ingenieure (HOAI) in der Fassung vom 10. Juli 2013.

Leistungen und Honorare für nicht alltägliche bzw. in den vorliegenden Gebührenordnungen nicht enthaltene Architekten- und Ingenieurleistungen werden in aller Regel frei entsprechend der Aufgabenstellung zwischen den Vertragsparteien vereinbart.

Für die Preisbildung bei öffentlichen Bauaufträgen gelten besondere Rechtsverordnungen und Verwaltungsvorschriften („Baupreisrecht").

1.5 Vergabe- und Vertragsordnung/Verdingungsordnung

Am 02. Mai 2002 hat der Deutsche Vergabe- und Vertragsausschuss (DVA) die Änderung der VOB/B in Hinsicht auf die Novelle des Bürgerlichen Gesetzbuchs (BGB) durch das Gesetz zur Modernisierung des Schuldrechts vom 26.11.2001 beschlossen. Nach dieser Änderung steht die Abkürzung VOB nicht mehr für „Verdingungsordnung für Bauleistungen", sondern für „Vergabe- und Vertragsordnung für Bauleistungen" (Aktuelle Fassung: Ausgabe 2009, gültig ab 11.06.2010).

Der DVA hat ausdrücklich festgestellt, dass die VOB/B auch nach In-Kraft-Treten des Gesetzes zur Modernisierung des Schuldrechts (SchuldRModG) ein privilegiertes Regelwerk bleibt, da dies von dem Gesetzgeber bei der Einbindung des AGBG in das BGB beabsichtigt war. Die Privilegierungen des AGBG wurden im BGB in §§ 308 Nr. 5, 309 Nr. 8 b ff. BGB (anders formuliert) eingebunden. Die VOB findet nur Anwendung auf Bauleistungen der Architekten und Ingenieure.

1.5.1 Vergabe- und Vertragsordnung für Bauleistungen (VOB)

BGB § 305

Bei der Ausgestaltung von Bauverträgen sollte die Vergabe- und Vertragsordnung für Bauleistungen (VOB) zugrunde gelegt werden. Die VOB wird im Auftrag des Deutschen Vergabe- und Vertragsausschusses für Bauleistungen herausgegeben und gilt bei Vertragsabschluss jeweils in ihrer neuesten Fassung. Bei der VOB handelt es sich um Allgemeine Geschäftsbedingungen im Sinne des BGB-Gesetzes.

Der Fortentwicklung der Rechtsprechung, der Technik und der Wissenschaft wird durch ständige Überarbeitung der VOB (Neueste Fassung 2009) Rechnung getragen. Sie regelt Einzelheiten Vergabe- und Vertragswesens, der Bauabwicklung und der technischen Durchführung. Die Vergabe- und Vertragsordnung besteht aus drei Teilen:

VOB Teil A: Allgemeine Bestimmungen für die Vergabe von Bauleistungen, DIN 1960 – Ausgabe 2009.

VOB Teil B: Allgemeine Vertragsbedingungen für die Ausführung von Bauleistungen, DIN 1961 – Ausgabe 2009.

VOB Teil C: Allgemeine Technische Vertragsbedingungen für Bauleistungen (ATV). Die ATV enthalten DIN-Normen, die ebenfalls in der jeweils neuesten Fassung für die technische Durchführung der Arbeiten gültig sind.

Falls die VOB dem Vertrag nicht zugrunde gelegt wird, so gilt uneingeschränkt das BGB.

Wird der Bauvertrag auf der Grundlage der VOB geschlossen, so finden gleichwohl nur die Teile B und C Anwendung, während der Teil A nicht Vertragsbestandteil wird. Im Vergabewesen öffentlicher Bauherren wird die VOB Teil A uneingeschränkt angewandt. Private Bauherren bzw. Architekten oder Ingenieure klammern den Teil A häufig ganz oder teilweise ausdrücklich aus (z. B. § 14, um das Angebotsergebnis geheim zu halten).

Der Teil B tritt an die Stelle der einschlägigen Bestimmungen des BGB über den Werkvertrag. Die Rechtsprechung orientiert sich an diesem Teil der VOB, wodurch er einen „gesetzesähnlichen" Charakter erhält (Definition der sogenannten Verkehrssitte), falls der Werkvertrag nicht die ins Einzelne gehenden Festlegungen im Sinne des Teils B der VOB beinhalten sollte. In Fällen, in denen die Bestimmungen der VOB Teil B nicht ausreichend sind oder in denen der Auftraggeber abweichende Vertragsregelungen wünscht bzw. solche nach den Umständen erforderlich sind, können „Besondere Vertragsbedingungen" und/oder „Zusätzliche Vertragsbedingungen" vereinbart werden. Um Widersprüche zu vermeiden, legt die VOB/B in § 1 Nr. 2 eine Rangordnung der Vereinbarungen fest, demzufolge bei Widersprüchen im Vertrag nacheinander gelten:

BGB § 631

VOB/B § 1 (2)

1. die Leistungsbeschreibung,
2. die Besonderen Vertragsbedingungen,
3. etwaige Zusätzliche Vertragsbedingungen,
4. etwaige Zusätzliche Technische Vertragsbedingungen,
5. die Allgemeinen Technischen Vertragsbedingungen für Bauleistungen (VOB/Teil C),
6. die Allgemeinen Vertragsbedingungen für die Ausführung von Bauleistungen (VOB/Teil B).

Die von den Festlegungen der VOB/Teil B abweichenden Formulierungen, die in den Besonderen und Zusätzlichen Vertragsbedingungen niedergelegt werden, sollten jeweils Hinweise auf die entsprechende, aber anders lautende Bestimmung der VOB/Teil B enthalten. Sie müssen stets bereits in den Vergabe- und Vertragsunterlagen enthalten sein, um den Teilnehmern am Wettbewerb die daraus resultierenden eventuellen Kosten und/oder risikobeeinflussenden Faktoren deutlichen zu machen.

Die Zusätzlichen Vertragsbedingungen ergänzen die Allgemeinen Vertragsbedingungen, VOB/B. Die Besonderen Vertragsbedingungen regeln Erfordernisse des Einzelfalles.

VOB/A § 9

1.5.2 Verdingungsordnung für Leistungen (VOL)

Die Verdingungsordnung für Leistungen – VOL – gilt für Lieferungen und Leistungen, die nicht unter die Vergabe- und Vertragsordnung für Bauleistungen – VOB – fallen. Auch hier gilt: Leistungen der Architekten und Ingenieure als geistige Leistungen fallen nicht unter die VOL. Die VOL ist wie die VOB für die Durchführung des Vergabe- und Vertragswesens und die Auftragsabwicklung bestimmt, jedoch umfasst sie keine technischen Bestimmungen im Sinne der VOB/Teil C. Bezüglich der rechtlichen Bedeutung gilt das gleiche wie bei der VOB.

Die VOL besteht aus zwei Teilen:

VOL Teil A: Allgemeine Bestimmungen für die Vergabe von Leistungen.
VOL Teil B: Allgemeine Vertragsbedingungen für die Ausführung von Leistungen.

Ergänzend zu den Bestimmungen der VOL gelten vielfältige Bedingungen der öffentlichen Auftraggeber (Bund, Post, Bahn, Bundeswehr).

1.5.3 Vergabe- und Vertragsregelungen der öffentlichen Auftraggeber

Die öffentlichen Auftraggeber regeln die Verdingung mit besonderen Vorschriften, die in diesem Buch nicht behandelt werden können. Von besonderer Bedeutung sind jene Regelungen, welche sich aus der politischen und wirtschaftlichen Entwicklung Europas ergeben. Wer als Auftragnehmer mit einem öffentlichen Auftraggeber eine Vertragsbeziehung eingeht, unterliegt den jeweils geltenden Vorschriften.

1.6 Öffentlich-rechtliche Vorschriften

1.6.1 Bauordnungen

Für die Abwicklung von Bauten sind neben den allgemeinen zivilrechtlichen und strafrechtlichen Regelungen auch die öffentlich-rechtlichen Vorschriften relevant. Die entsprechenden Gesetze des Bundes (z. B. Baugesetzbuch BauGB, Baunutzungsverordnung BauNVO) und der Länder (Bauordnungen) regeln die im öffentlich-rechtlichen Interesse liegenden Einzelheiten der Bauplanung und Baudurchführung sowie der Verantwortlichkeit der an der Planung und am Bauen Beteiligten.

1.6.2 Erlasse, Verordnungen

Ergänzend sind die Erlasse und Verordnungen der Bundes- und Länderministerien zu berücksichtigen. Sie werden jeweils im Bundes- bzw. Staatsanzeiger veröffentlicht und sind für die Auslegung rechtlicher Vorschriften von Bedeutung.

1.6.3 Ortsrecht

Die Gemeinden sind berechtigt, die ihre Interessensphäre beeinflussenden öffentlich-rechtlichen Belange in Satzungen (Ortsrecht) niederzulegen. Diese von den Gemeindeparlamenten zu beschließenden Satzungen sind ebenfalls für die Planung und Abwicklung von Bauten im Interesse öffentlich-rechtlicher Belange verbindlich. Den rechtlichen Rahmen bilden die Landes- und Bundesgesetze.

1.7 Geschäftsbedingungen

1.7.1 AGB-Gesetz

Das AGBG ist seit dem 01.01.02 außer Kraft. Die Regelungen des AGBG wurden im BGB in §§ 305–310 BGB eingebunden.

1.7.2 Geschäftsbedingungen der Auftragnehmer

Häufig legen AN eigene Geschäftsbedingungen dem Angebot und der Vertragsabwicklung zugrunde. Falls diese im Vertrag nicht ausgeschlossen oder durch andere Bestimmungen ersetzt werden, treten sie an die Stelle der Bestimmungen der VOB bzw. VOL oder des BGB. Zu beachten sind die Einschränkungen der §§ 305 ff. BGB.

1.7.3 Geschäftsbedingungen der Auftraggeber

Häufig formulieren AG bzw. die von diesen beauftragten Architekten oder Ingenieure besondere Geschäftsbedingungen, die in der Regel nach dem Willen des AG vorrangig gelten sollen. Öffentliche Bauträger, die Bundeswehr, die Bahn, die Post sowie große AG der gewerblichen Wirtschaft und des Handels haben eigene Vertragsbedingungen für die Abwicklung von Bauten entwickelt, die allen mit ihnen abzuschließenden Bau- und Lieferwerkverträgen zugrunde zulegen sind.

Auch hier sind die Regelungen der §§ 305 ff. BGB zu beachten. Bei AG, die derartige eigene Geschäftsbedingungen nicht haben, ist es für Großprojekte angebracht, dass der mit der Bauabwicklung beauftragte Architekt oder Ingenieur – gegebenenfalls nach Beratung mit seinem AG und mit einem Juristen – entsprechende Bedingungen für das jeweils abzuwickelnde Bauvorhaben projektbezogen formuliert und sämtlichen Verdingungsvorgängen und allen Werkverträgen mit den AN (die zwischen AG und AN geschlossen werden) zugrunde legt.

1.7.4 Änderungen der Rechtslage

Die Beurteilung rechtlicher Fragen ist Veränderungen ausgesetzt, die sich beispielsweise aus der Lebenserfahrung, dem gesellschaftlichen Wandel, dem technischen Fortschritt und der veränderten Umwelt ergeben. Darum ist es auch für Architekten und Ingenieure unabdingbar, sich regelmäßig über diese evtl. geänderten Rechtsauffassungen zu unterrichten. Die Lektüre der Fachpublikationen vermittelt in der Regel auch die neuere Rechtsprechung in einschlägigen Fragen. Nur wenn der Architekt oder Ingenieur zugleich stets in rechtlichen Fragen auf dem Laufenden ist, kann er der Beratungsverpflichtung seinen Bauherren gegenüber nachkommen.

1.7.5 Beratungspflicht des Architekten und des Ingenieurs

Soweit es seine Aufgabe erfordert, ist der Architekt oder Ingenieur berechtigt und verpflichtet, seinen Bauherren auch in rechtlichen Belangen zu beraten und dessen Rechte zu wahren. Die besondere Bedeutung der Beratungspflicht bei Ausschreibung, Vergabe und Abrechnung von Bauleistungen ergibt sich schon daraus, dass häufig dem Bauherrn wirtschaftliche Nachteile dann entstehen können, wenn beispielsweise vom Architekt oder Ingenieur vorbereitete Verträge wesentliche Mängel enthalten, wenn Fristen versäumt werden oder wenn notwendiger Schriftverkehr unterbleibt.

2 Technische Grundlagen

2.1 Die allgemein anerkannten Regeln der Technik

Der Begriff **allgemein anerkannte Regeln der Technik** stammt aus dem Sprachgebrauch der Juristen und gehört in den Tatbestandsbereich Baugefährdung des Strafgesetzbuches. Während es früher „die allgemein anerkannten Regeln der Baukunst" hieß, steht dafür in der Fassung des Strafgesetzbuches vom 01.01.1975 die Bezeichnung „die allgemein anerkannten Regeln der Technik". Sie findet sich als Hinweis auch in der VOB/B. StGB § 319

VOB/B § 4
Nr. 2 Abs. 1

Die anerkannten Regeln der Technik wurden im BGB-Werkvertragsrecht bis zum In-Kraft-Treten des Gesetzes zur Beschleunigung fälliger Zahlungen am 01.05.2000 nicht ausdrücklich erwähnt. Nun findet sich auch in § 641a BGB der Begriff der anerkannten Regeln der Technik. BGB § 641a

Diese allgemein anerkannten Regeln der Technik gelten im Hinblick auf die technische Seite der Vertragserfüllung als Verkehrssitte. Sie stellen die Summe der im Bauwesen gemachten wissenschaftlichen und technischen Erfahrungen derjenigen Personen dar, welche die Bautätigkeit ausüben. Wissenschaftliche oder sonstige Ausführungen in Fachzeitschriften, Fachbüchern, Prospekten und dgl. genügen allein nicht, sie müssen vielmehr in der Praxis erprobt **und** bewährt sein. BGB § 242

2.2 Allgemeine Technische Vertragsbedingungen für Bauleistungen (ATV)

Die Allgemeinen Technischen Vertragsbedingungen für Bauleistungen (ATV) sind als Teil C Bestandteil der Vergabe- und Vertragsordnung für Bauleistungen (VOB). Es handelt sich um DIN-Normen, die im Sinne der allgemein anerkannten Regeln der Technik gelten. VOB/A § 9
VOB/B § 1

Die ATV können durch Zusätzliche Technische Vertragsbedingungen ergänzt werden, die als Bestandteil der Vergabe- und Vertragsunterlagen zu formulieren sind.

Die für alle ATV geltenden gleichartigen Regelungen sind in den Allgemeinen Regelungen für Bauarbeiten jeder Art, DIN 18299, zusammengefasst. Sie werden durch die jeweiligen leistungsspezifischen ATV ergänzt, welche im Falle eines Widerspruchs zur DIN 18299 diesen vorgehen. DIN 18299

Die grundsätzliche Gliederung des Inhalts der ATV lautet:

0. Hinweise für das Aufstellen der Leistungsbeschreibung:

   Die Hinweise bieten einen Katalog von Kriterien, die bei der Formulierung der Leistungsbeschreibung nach Lage des Einzelfalles besonders siehe auch
VOB/A § 7 anzugeben sind. Diese Hinweise werden nicht Vertragsbestandteil. Sie stellen einen für die Kalkulation der Angebotspreise wesentlichen Einflussfaktor dar. Es sollen alle für die beschriebenen Arbeiten maßgebenden Objekt-, Produktions-, Umwelt-, Material-, Maß-, Preis-, Abrechnungs- und Risikobedingungen u. dergl. definiert werden. Diese Informationen sind auch unter Beachtung von VOB/A § 7 zu formulieren.

1. Geltungsbereich:
Hier wird u. a. festgelegt, für welche Arbeiten die betreffende DIN gilt bzw. nicht gilt. Es sind Hinweise auf andere, ebenfalls für die Arbeiten geltenden Bestimmungen aufgeführt.

2. Stoffe, Bauteile:
Hier findet man in der Regel Angaben und DIN-Normen zu den gebräuchlichsten genormten Stoffen und Bauteilen.

3. Ausführung:
Hier wird u. a. definiert, welche sonstigen Bestimmungen (DIN) für die Ausführung gelten, wie mit dem Baustoff und den Bauteilen umzugehen ist, wie die Verarbeitung zu erfolgen hat und welche besonderen Bedingungen zu beachten sind.

4. Nebenleistungen, Besondere Leistungen:
In dem Unterabschnitt 4.1. wird bestimmt, welche Leistungen als Nebenleistungen Bestandteil einer Hauptleistung sind und deshalb auch ohne Erwähnung in der Leistungsbeschreibung zur vertraglichen Leistung gehören, also mit dem vereinbarten Preis abgegolten sind. Dies gilt in Zusammenhang mit Teil B/VOB.

VOB/B § 2
VOB/A § 7, 6

Der Unterabschnitt 4.2. führt solche Leistungen auf, die als Besondere Leistungen nicht Nebenleistungen gemäß Abschnitt 4.1 sind. Diese Besonderen Leistungen sind nicht Bestandteil einer Hauptleistung und deshalb nicht mit dem Preis für die Hauptleistung abgegolten. Sie bedingen einen eigenen Ansatz in der Leistungsbeschreibung und eine eigene Vergütung.

5. Abrechnung:
Der Abschnitt regelt, wie das Aufmaß zu nehmen ist, wobei häufig verschiedene Möglichkeiten angeboten werden. Bereits bei der Aufstellung der Mengenverrechnung und bei der Formulierung der Leistungsbeschreibungen für die Ausschreibung ist nach den ATV-Festlegungen zu verfahren.

2.3 DIN-Normen

Die Vorläufer der heutigen DIN-Normen sind die früheren Werknormen. 1917 entstand der Normalienausschuss für den deutschen Maschinenbau, aus dem der Deutsche Normenausschuss (DNA) hervorging. Heute arbeitet der Fachnormenausschuss Bauwesen (FN Bau) im DIN, Deutsches Institut für Normung e.V., an der Entwicklung und Anpassung der Normen an den Stand der Technik. Die Normblätter tragen das Ausgabedatum der endgültigen Norm. Sie gelten jeweils in der zum Zeitpunkt der Ausführung der Arbeiten gültigen Fassung. Veränderungen im Deutschen Normenwerk werden laufend in den „DIN-Mitteilungen" angezeigt.

2.4 Sonstige technische Bestimmungen

Als technische Bestimmungen zählen auch die speziellen Festlegungen von Fachverbänden wie:

AGI – Arbeitsgemeinschaft Industriebau e.V.
DAfStb –Deutscher Ausschuss für Stahlbeton
ETB – Arbeitsgruppe für einheitliche technische Bestimmungen
VDE – Verband der Elektrotechnik, Elektronik, Informationstechnik
RAL – Deutsches Institut für Gütesicherung und Kennzeichnung e.V.

Die für Erzeugnisgruppen, nicht für Firmen geschaffenen **Gütezeichen** bieten für die vorgeschriebene Güte eines Erzeugnisses Gewähr. Die technischen Gütebedingungen, von Fachleuten gemeinsam erarbeitet, sind die Grundlage für die Güteüberwachung. Sie gelten als Ergänzung der DIN-Normen. Dazu kommen die handwerklichen Vorschriften, wie z. B. die Richtlinien des Zentralverbandes des Deutschen Dachdeckerhandwerks.

Eine weitere Gruppe bilden spezielle Vorschriften, die in der Regel nicht für alle Bauten bzw. Auftraggeber gelten. Dazu zählen z. B. im Bereich der Bahn AG die Anweisungen für Abdichtungen von Ingenieurbauwerken – AIB.

2.5 Erlasse, Verordnungen

Die Bundes- und Landesbehörden veröffentlichen in ihren Verkündigungsblättern Erlasse bzw. Verordnungen, die besagen, wie im Rahmen gesetzlicher Bestimmungen die Durchführung allgemein gehaltener Vorschriften vorzunehmen ist. Auch die Einführung neuer Verfahren, z. B. die Bauabwicklung mit elektronischer Datenverarbeitung, wird auf diesem Weg geregelt.

2.6 Zulassung neuer Baustoffe, Bauteile, Bauarten

Gemäß den Bestimmungen über die allgemeine baupolizeiliche Zulassung neuer Baustoffe und Bauarten (vom 31. Dezember 1937) werden auf Antrag und nach positiver Prüfung einzelne neue Baustoffe, neue Bauteile sowie neue Bauarten allgemein zugelassen.

Den einzelnen Bauaufsichtsbehörden bleibt es dennoch unbenommen, im Einzelfall weitere Auflagen zu machen oder die Verwendung einer allgemein zugelassenen Bauart auszuschließen. Über die allgemeine bauaufsichtliche Zulassung neuer Baustoffe und Bauarten für die Landesgebiete entscheiden die obersten Bauaufsichtsbehörden nach den Festlegungen der Bauordnungen.

Bauregelliste A, Bauregelliste B und Liste C

www.dibt.de
(2010)

„Die Landesbauordnungen schreiben vor, dass die von den obersten Bauaufsichtbehörden der Länder durch öffentliche Bekanntmachung technischen eingeführten Regeln zu beachten sind. Das Deutsche Institut für Bautechnik hat die Aufgabe, die technischen Regeln für Bauprodukte und Bauarten in den Bauregellisten A und B sowie Liste C aufzustellen und im Einvernehmen mit den obersten Bauaufsichtsbehörden der Länder bekannt zu machen. Die Listen werden jährlich überarbeitet und vom DIBt herausgeben. Sie werden in den DIBt Mitteilungen veröffentlicht. Die Bauregellisten A und B sowie Liste C bestehen aus verschiedenen Teilen mit unterschiedlichen Regelungsbereichen. (Veröffentlichung des Entwurfs der vorgesehenen Änderungen der Bauregelliste – Ausgabe 2013 –)

Bauregelliste A Teil 1, Teil 2 und Teil 3

Bauregelliste A Teil 1

In der Bauregelliste A Teil 1 werden Bauprodukte, für die es technische Regeln gibt (geregelte Bauprodukte), die Regeln selbst, die erforderlichen Übereinstimmungsnachweise und die bei Abweichung von den technischen Regeln erforderlichen Verwendbarkeitsnachweise bekannt gemacht.

Bauregelliste A Teil 2

Die Bauregelliste A Teil 2 gilt für nicht geregelte Bauprodukte, die entweder nicht der Erfüllung erheblicher Anforderungen an die Sicherheit baulicher Anlagen dienen und für die es keine allgemein anerkannten Regeln der Technik gibt oder die nach allgemein anerkannten Prüfverfahren beurteilt werden.

Bauregelliste A Teil 3

Die Bauregelliste A Teil 3 gilt entsprechend für nicht geregelte Bauarten.

Bauregelliste B Teil 1 und Teil 2

In die Bauregelliste B werden Bauprodukte aufgenommen, die nach Vorschriften der Mitgliedstaaten der EU – einschließlich deutscher Vorschriften – und der Vertragsstaaten des Abkommens über den Europäischen Wirtschaftsraum zur Umsetzung von Richtlinien der EU in Verkehr gebracht und gehandelt werden dürfen und die, die CE-Kennzeichnung tragen.

Bauregelliste B Teil 1

Die Bauregelliste B Teil 1 ist Bauprodukten vorbehalten, die aufgrund des Bauproduktengesetzes in Verkehr gebracht werden, für die es technische Spezifikationen und in Abhängigkeit vom Verwendungszweck Klassen und Leistungsstufen gibt.

Bauregelliste B Teil 2

In die Bauregelliste B Teil 2 werden Bauprodukte aufgenommen, die aufgrund anderer Richtlinien als der Bauproduktenrichtlinie in Verkehr gebracht werden, die CE-Kennzeichnung tragen und nicht alle wesentlichen Anforderungen nach dem Bauproduktengesetz erfüllen. Zusätzliche Verwendbarkeitsnachweise sind deshalb erforderlich.

Liste C

In die Liste C werden nicht geregelte Bauprodukte aufgenommen, für die es weder technische Baubestimmungen noch Regeln der Technik gibt, und die für die Erfüllung baurechtlicher Anforderungen nur eine untergeordnete Rolle spielen."

2.7 Änderungen technischer Grundlagen

Sofern der Gesetzgeber neue Gesetze erlässt, welche eine bestimmte und auf die Bautechnik sich auswirkende Zielsetzung beinhalten, werden diese in der Regel von Durchführungsverordnungen und evtl. Änderungen im Normenwerk ergänzt.

Dazu dieses Beispiel:

Wärmeschutz

a) Gesetze:
- Gesetz zur Einsparung von Energie in Gebäuden (Energieeinsparungsgesetz – EnEG)
  „EnEG 2013" gilt seit dem 13. Juli 2013

b) Verordnungen:
- Verordnung über einen energiesparenden Wärmeschutz und energiesprarende Anlagentechnik bei Gebäuden (Energieeinsparverordnung – EnEV)
  „EnEV 2009" Inkrafttreten am 1. Oktober 2009 geändert durch Artikel 2 des Gesetzes vom 4. Juli 2013

c) Normen:

DIN 4108-2:2013-02-00
Wärmeschutz und Energie-Einsparung in Gebäuden
Teil 2: Mindestanforderungen an den Wärmeschutz

DIN 4108-3:2012-01-00
Wärmeschutz und Energie-Einsparung in Gebäuden
Teil 3: Klimabedingter Feuchteschutz; Anforderungen, Berechnungsverfahren und Hinweise für Planung und Ausführung

DIN 4108-3 Berichtigung 1, Ausgabe:2002-04
Berichtigungen zu DIN 4108-3:2001-07

DIN V 4108-4:2013-02-00
Wärmeschutz und Energie-Einsparung in Gebäuden
Teil 4: Wärme- und feuchteschutztechnische Bemessungswerte

DIN V 4108-6:2003-06
Wärmeschutz und Energie-Einsparung in Gebäuden
Teil 6: Berechnung des Jahresheizwärme- und des Jahresheizenergiebedarfs

DIN V 4108-6 Berichtigung 1, Ausgabe:2004-03

DIN 4108-7:2011-01
Wärmeschutz und Energie-Einsparung in Gebäuden, Anforderungen, Planungs- und Ausführungsempfehlungen sowie Beispiele
Teil 7: Luftdichtheit von Gebäuden, Anforderungen, Planungs- und Ausführungsempfehlungen sowie -beispiele

DIN V 4108-10:2008-06
Wärmeschutz und Energie-Einsparung in Gebäuden
Teil 10: Anwendungsbezogene Anforderungen an Wärmedämmstoffe – werkmäßig hergestellte Wärmedämmstoffe

3 Angebotsverfahren

Ein Vertrag kommt durch Annahme eines Angebots zustande, d. h. zunächst hat der Bieter bzw. haben mehrere Bieter je ein Angebot zu unterbreiten. Damit es vorlegt werden kann, ist zuvor genau zu definieren, was der Gegenstand des Angebotes sein soll. Die dafür notwendigen Informationen über die geforderte Leistung sind vom Auslober (dem späteren sog. Auftraggeber) in den **Vergabe- und Vertragsunterlagen** an den Bieter zu geben. Man bezeichnet dieses Verfahren zur Erlangung von Angeboten als Ausschreibung.

BGB § 145 ff.

Bild 3-1   Schema für die Vergabe und Abwicklung

3.1 Vergabearten

Die Vergabe- und Vertragsordnung für Bauleistungen sieht in den Allgemeinen Bestimmungen für die Vergabe von Bauleistungen (Allgemeine Vergabebestimmungen, VOB/A, DIN 1960) grundsätzlich folgende drei Arten der Vergabe vor:

VOB/A § 3

1. Öffentliche Ausschreibung,

d. h. Aufforderung zur Abgabe eines Angebotes an eine unbeschränkte Zahl von Unternehmern;

2. Beschränkte Ausschreibung,
d. h. Aufforderung zur Abgabe eines Angebots an eine beschränkte Anzahl ausgewählter Unternehmer, evtl. nach öffentlichem Teilnahmewettbewerb.

3. Freihändige Vergabe,
d. h. Vergabe ohne ein förmliches Verfahren auf der Grundlage eines Angebots. Diese Vergabeart wird dort angewendet, wo eine Wettbewerbssituation nicht gegeben ist (Beispiel konkurrenzloses, spezielles Produkt, das allein verwendet werden kann).

Einzelheiten zu diesen drei Vergabearten sind in VOB/A § 3 geregelt. Diese Festlegungen sind für die Vergabe von Bauleistungen der öffentlichen Hand vorgeschrieben. Bei privaten Bauvorhaben können sie angewandt werden. Für öffentliche Bauaufträge ab einem Vergabewert von 5.000.000,– € (netto) gelten neben den Basis-Paragraphen der VOB/A zusätzliche „a-Paragraphen" aufgrund der EG-Baukoordinierungsrichtlinie. Diese und weitere besondere Bestimmungen für die Ausschreibung und für die Vergabe öffentlicher Bauaufträge behandelt dieses Buch nicht. Im jeweiligen Einzelfall gelten die dafür anzuwendenden Bestimmungen, z. B. Vergabehandbücher, Dienstanweisungen u. dgl.

3.2 Wettbewerbsteilnehmer

VOB/A § 6
VOB/A § 12

Welche Unternehmer an einem Wettbewerb teilnehmen können, bleibt im privaten Bereich der Auswahl des Auslobers vorbehalten. Für die Baumaßnahmen der öffentlichen Hand gelten jedoch ausschließlich die Festlegungen der Vergabe- und Vertragsordnung sowohl für den Kreis der Wettbewerbsteilnehmer als auch für die Art der Bekanntmachung der Ausschreibungen.

VOB/A § 6

Bei privaten Bauten sollten die für die Auswahl der Unternehmer bei Projekten der öffentlichen Hand anzulegenden Maßstäbe auch angewandt werden. Nach erfolgter Festlegung der für die Ausführung der einzelnen Leistungen in Betracht kommenden Unternehmer fragt man zweckmäßig schriftlich bei diesen an, ob sie bereit sind, ein Angebot zu unterbreiten. Bereits bei dieser ersten Anfrage ist es wichtig, einige Aussagen über Art und Umfang der auszuschreibenden Arbeiten sowie den vorgesehenen Zeitraum der Ausführung zu machen. Man vermeidet dadurch weitgehend, trotz späterer Aufforderung, ein Angebot nicht zu erhalten.

Ein Beispiel für eine Voranfrage zur Ausschreibung findet man in Bild 3-2.

```
Adresse -
                                                      Datum: TT.MM.JJJJ

Betr.:   Angebot über:    Fenster- und Verglasungsarbeiten
                          (DIN 18335/18361)
         Bauherr:         Eheleute Schulz, Kastanienweg 3a,
                          90513 Fürth
         Baustelle:       Vestnerstr. 105, 90513 Zirndorf/Fürth

Falls Sie bis spätestens TT.MM.JJJJ schriftlich mitteilen, dass Sie bereit
sind, ein für den Bauherrn kostenloses und unverbindliches Angebot
zu unterbreiten, werden Ihnen die Ausschreibungsunterlagen in
doppelter Ausfertigung zugesandt, bzw. übermittelt.

Vorgesehene Abgabe des Angebots:       TT.MM.JJJJ
Umfang wesentlicher Leistungen:        21 Stck. Fenster (über 4 qm)
                                       12 Stck. Fenster (unter 4 qm)
            Doppelverglasung (Verbundscheiben)
            Fensterkonstruktion Holz/Aluminium (alternativ)

Vorgesehene Ausführungsfristen
an der BaustelleTT.MM.JJJJ–TT.MM.JJJJ
```

Bild 3-2 Beispiel für eine Voranfrage zur Ausschreibung (vorgedruckter Formbrief). Antwort des Unternehmens nur bei Interesse erforderlich.

3.3 Das richtige Vergabeverfahren

Die Anwendung des richtigen Vergabeverfahrens kann für die der Annahme des Angebots (Vertrag) folgende Bauabwicklung bedeutsam sein. Es ist deshalb so zu vergeben, dass eine **einheitliche Ausführung** und eine **zweifelsfreie umfassende Haftung für Mängelansprüche** erreicht werden. Umfangreiche Bauleistungen können in Lose (Teilabschnitte einer Leistung) gegliedert vergeben werden, bzw. nach Fachlosen, die jeweils alle technisch zusammenhängenden Arbeiten eines bestimmten Gewerbezweigs umfassen. Hier ist zu beachten, dass ein Auftragnehmer dann die Ausführung einer nach dem Zustandekommen des Werkvertrages zusätzlich geforderten Leistung verweigern kann, wenn sein Betrieb auf derartige Leistungen nicht eingerichtet ist. Werden solche Leistungen dennoch – auch bereits in den Vergabe- und Vertragsunterlagen – verlangt, so ist der Bieter gezwungen, einen anderen Unternehmer als Nachunternehmer einzuschalten, wodurch in der Regel wegen der erforderlichen Geschäftskostenzuschläge des Hauptunternehmers höhere Angebotspreise kalkuliert werden müssen. Im Interesse der umfassenden Mängelansprüche ist jedoch anzuraten, die technologisch zusammenhängenden Leistungen, wel-

VOB/A § 5

VOB/B § 1 (4)

che zur Herbeiführung eines bestimmten Erfolgs erforderlich sind, in eine Hand zu vergeben.

Beispiel: Herstellung einer wasserdichten Wanne im Erdreich.

VOB/A § 13

VOB/B § 4 (8)

Die Abdichtungsarbeiten gegen drückendes Wasser (DIN 18336) werden im Regelfall von Spezialunternehmen ausgeführt. Wegen der fachtechnischen Bedingungen der Ausführung, der Ansprüche an den Untergrund, wegen des sachgemäßen Schutzes der vollendeten Abdichtung und der sich aus diesen Zusammenhängen ergebenden Koordinationsaufgaben für die Abwicklung der Arbeiten sollte der Hauptunternehmer neben den Erd-, Stahlbeton- und Wasserhaltungsarbeiten auch mit der Ausführung der Abdichtungsarbeiten gegen drückendes Wasser beauftragt werden. Er wird diese Arbeiten nicht mit seinem eigenen Betrieb ausführen, sondern sie an ein erfahrenes Fachunternehmen in eigenem Namen und für eigene Rechnung (Nachunternehmer) weitervergeben. Der Auslober kann verlangen, dass im Angebot die als Nachunternehmer vorgesehen (Fach-)Unternehmen bezeichnet werden.

VOB/A § 4

Die Vergabe- und Vertragsordnung verlangt, dass der Bieter die Preise, die er für seine Leistung fordert, in dem Angebot anzugeben hat. Wie dies im einzelnen zu geschehen hat, ist in den Vergabe- und Vertragsunterlagen vom Auslober vorzuschreiben.

3.4 Einzel-/Generalvergabe

Vor Erstellung der Vergabe- und Vertragsunterlagen sollte man festlegen, ob die Bauleistungen einzeln ausgeschrieben und an einzelne Unternehmer vergeben werden sollen oder ob als Auftragnehmer für alle oder mehrere Gewerke ein oder mehrere Generalunternehmer vorzusehen sind. Die Entscheidung für die eine oder andere Art der Vergabe kann man auch evtl. erst dann treffen, wenn beispielsweise wegen des Wettbewerbs parallel sowohl einzelne Bauleistungen als auch die Gesamtleistung ausgeschrieben wurden und die Angebote vorliegen.

Die Vergabe von Bauleistungen verschiedener Art und größeren Umfangs an einen Generalunternehmer kann besonders dann für den Auftraggeber wirtschaftliche, rechtliche und organisatorische Vorteile bieten, wenn die geforderten Bauleistungen ganz oder teilweise auf firmeneigenen Verfahren beruhen.

4 Vergabe- und Vertragsunterlagen

Ausschreiben einer gewünschten Leistung und/oder Lieferung bedeutet, den oder die Bieter über die technischen, qualitativen, quantitativen und rechtlichen Bedingungen zu informieren. Diese Informationen müssen umfassend und eindeutig sein.

In den Vergabe- und Vertragsunterlagen wird die Basis für das später einzugehende Vertragsverhältnis begründet. Was hier nicht geregelt ist, kann später zu Konflikten führen. Die sorgfältige Analyse der für den Einzelfall maßgebenden technischen und rechtlichen Umstände muss ihren Niederschlag in den Vertragsbedingungen und im Leistungsverzeichnis finden.

Die Vergabe- und Vertragsunterlagen sind generell in folgende Teile zu gliedern, wobei sie bei Widersprüchen im Vertrag in dieser Reihenfolge **nacheinander** gelten:

Bezeichnung	Inhalt	
		VOB/B § 1
a) die Leistungsbeschreibung	technisch	
b) die Besonderen Vertragsbedingungen	rechtlich	
c) etwaige Zusätzliche Vertragsbedingungen	rechtlich	
d) etwaige Zusätzliche Technische Vertragsbedingungen	technisch	
e) die Allgemeinen Technischen Vertragsbedingungen für Bauleistungen (ATV = VOB/C)	technisch	
f) die Allgemeinen Vertragsbedingungen für die Ausführung von Bauleistungen (VOB/B)	rechtlich	

Ergänzend gelten die Bestimmungen des BGB über den Werkvertrag. Der Hinweis darauf erübrigt sich, da es nach geltendem Recht selbstverständlich ist. Im Interesse einer klaren und wirtschaftlichen Angebots-Preisbildung sind die Vergabe- und Vertragsunterlagen so abzufassen, dass unkalkulierbare Risiken ausgeschlossen bleiben. Es sind dazu die in den ATV enthaltenen Hinweise für die Leistungsbeschreibung zu beachten.

BGB § 631

4.1 Leistungsbeschreibung, Standardleistungsbuch-Bau – StLB-Bau

4.1.1 Leistungsbeschreibung

VOB/A § 7

Man unterscheidet zwei Arten von Leistungsbeschreibungen:
1. Leistungsbeschreibung mit Leistungsverzeichnis
2. Leistungsbeschreibung mit Leistungsprogramm.

Diesen ist jeweils eine allgemeine Beschreibung der Baumaßnahme voranzustellen.

VOB/C Im **Leistungsverzeichnis** werden die anzubietenden Leistungen im einzelnen beschrieben und die auszuführenden Mengen je Leistungseinheit (Position) definiert. Maßgebend für die Formulierungen in den Leistungsbeschreibungen sind die in den ATV enthaltenen Festlegungen. Allgemein gültige technische Aussagen, die für mehrere Positionen zutreffen, können den Einzelbeschreibungen als sog. Vorbemerkungen vorangestellt werden. Dieses Vorgehen erspart Wiederholungen und verkürzt die Texte der Leistungsbeschreibung. Um diese **Vorbemerkungen** jedoch besonders hinsichtlich der Vergütung eindeutig zu fassen, sollten sie auf diese Einleitung abgestimmt sein, die jeweils den ersten Satz bildet:

„Nebenleistungen ergeben sich aus den Bestimmungen des Vertrages. Hierzu gehören u.a. auch, soweit sie nachstehend aufgeführt sind:"

Und dazu als Beispiel für eine Bestimmung zu DIN 18 330 Mauerarbeiten:

„Bei Sichtmauerwerk im Rauminnern sind die Fugen 15 mm tief auszukratzen."

Dies besagt:

a) Das Auskratzen der Fugen hat bei allen Sichtmauerwerksflächen im Inneren von Räumen zu erfolgen.
b) Einer weiteren Erwähnung in den entsprechenden Positionen des Leistungsverzeichnisses, in den das Sichtmauerwerk technisch und qualitativ beschrieben ist, bedarf es nicht.
c) Es handelt sich um eine Nebenleistung, die mit dem Preis für die einschlägige Position abgegolten ist. Also ist bei der Kalkulation des Einheitspreises (EP) die Leistung „Auskratzen der Fugen" einzurechnen.

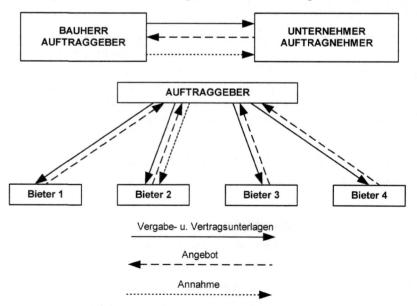

Bild 4-1 Angebot und Auftrag

4.1 Leistungsbeschreibung, Standardleistungsbuch-Bau – StLB-Bau

Bild 4-2 Informationsschema bei der Ausschreibung

Sofern es sich bei einer in den Vorbemerkungen enthaltenen Aussage nicht um eine Nebenleistung, sondern um eine Ausführungsanweisung handelt, ergibt sich keine Auswirkung auf den Preis. Beispiel dafür: „Alle 11,5 cm dicken Sichtmauerwerkwände sind als Läuferverband um ¼ Stein versetzt, vertikal steigend auszuführen."

Generell sollen Leistungsbeschreibungen untergliedert sein, so dass sich überschaubare Abschnitte eines Leistungsverzeichnisses ergeben.

Beispiel A: Rohbauarbeiten

Titel 1	Baustelleneinrichtung (a)	
Titel 2	Erdarbeiten	DIN 18 300
Titel 3	Verbauarbeiten	DIN 18 303
Titel 4	Wasserhaltungsarbeiten	DIN 18 305
Titel 5	Entwässerungskanalarbeiten	DIN 18 306
Titel 6	Mauerarbeiten	DIN 18 330
Titel 7	Stahlbetonarbeiten (b)	DIN 18 331
Titel 8	Betonstahlarbeiten (b)	DIN 18 331
Titel 9	Stahlbauarbeiten (c)	DIN 18 335
Titel 10	Abdichtungsarbeiten	DIN 18 336
Titel 11	Verschiedene Arbeiten (d)	–
Titel 12	Stundenlohnarbeiten (e)	–

Erläuterungen zu dieser Gliederung:

a) Nur bei größeren Bauten ist es sinnvoll, die Baustelleneinrichtung als eigenen Teil (Titel) des LV zu behandeln. Bei kleineren Bauten, wie Ein-

und Zweifamilienhäusern, entfällt dieser Titel; die Kosten der Baustelleneinrichtung werden in die EP eingerechnet.

b) Die Trennung der Stahlbeton- und Betonstahl-Arbeiten ist nicht erforderlich, wird aber bei großen Stahlbeton-Massivbauten häufig angewandt, um die Kostenrelation dieser Arbeiten besser überschauen zu können.

c) Stahlbauarbeiten sollten nur dann nicht als eigene Leistung unter Stahlbaufirmen ausgeschrieben werden, wenn es sich im Vergleich zu den Stahlbetonarbeiten um relativ geringfügige Arbeiten handelt. In der Regel muss ein normales Bauunternehmen für die Durchführung dieser Stahlbauarbeiten einen anderen Unternehmer als Nach- bzw. Subunternehmer einsetzen.

d) Unter verschiedene Arbeiten sollen alle die Arbeiten erfasst werden, die den anderen Titeln nicht zugeordnet werden können.

VOB/B § 15
VOB/B § 2 (10)

e) Stundenlohnarbeiten ergeben sich erfahrungsgemäß bei jedem Bauvorhaben. Man versteht darunter Arbeiten, die im Rahmen der Leistungsbeschreibung einzelner Positionen nicht erfassbar waren oder nicht ausgeschrieben wurden, und die im Zuge der allgemeinen Ausführung der Arbeiten erforderlich werden. In diesem Titel sind neben den Stundenlohnsätzen auch die im Zusammenhang damit zu verrechnenden Material- und Gerätepreise auszuschreiben. Falls sich dennoch im Lauf der Vertragserfüllung die Notwendigkeit ergeben sollte, nicht angebotene Leistungen im Bereich der Stundenlohnarbeiten auszuführen, gelten für die dann erforderliche Preisbildung die Festlegung VOB/B § 15, § 2 Nr. 10, sofern nichts anderes vorgesehen wird.

Beispiel B: Schlosserarbeiten

Titel 1   Brandschutztüren
Titel 2   Stahltürzargen für Holztüren
Titel 3   Geländer, Handläufe, Umwehrungen
Titel 4   Gitterroste, Abdeckungen
Titel 5   Kellerfenster
Titel 6   Stundenlohnarbeiten

Erläuterung:

Hier kann die Gliederung der DIN 18 360 Metallbauarbeiten, Schlosserarbeiten (Ziffer 3.2 und 3.3) sinngemäß zugrunde gelegt werden.

Die kleinste Einheit einer Leistungsbeschreibung bezeichnet man als **Position**. Hier erfolgt die Definition der geforderten Leistungen nach Art,

Qualität, Menge und Dimension. Dafür hat der Bieter seinen Preis anzubieten.

Zulage zu einer Position ist ein qualitativer und quantitativer Zusatz zu einer bereits an anderer Stelle beschriebenen Leistung. Der dafür anzubietende Preis wird einzeln berechnet, die Leistung beim Aufmaß der Grundposition zunächst übermessen.

4.1 Leistungsbeschreibung, Standardleistungsbuch-Bau – StLB-Bau

Bild 4-3 Gliederung in der Leistungsbeschreibung

Behält man sich eine andere Art oder Qualität der Leistung als die zuvor beschriebene außerdem vor, so wird diese in einer **Alternativ-Position** definiert. Es ist dafür nur der Einzelpreis (EP) anzubieten oder die voraussichtliche Menge auszuschreiben. Im Fall der Ausführung der Alternativ-Position tritt der hier angebotene Preis an die Stelle des Preises der Erstposition.

Will man für eine Leistung, welche vielleicht erforderlich werden kann, den Preis erfragen, so verwendet man die **Eventualposition** (Bedarfsposition). Sie wird ohne Mengenangabe nur mit dem Einheitspreis ausgewiesen oder mit der voraussichtlichen Menge ausgeschrieben.

Alle Grundpositionen, Zulagen-, Alternativ- und Eventualpositionen sind durch Ordnungszahlen zu kennzeichnen.

4.1.2 Standardleistungsbuch-Bau – StLB-Bau Dynamische Baudaten

Die Formulierung der Beschreibung der einzelnen Leistungen sollte nach dem Standardleistungsbuch-Bau – StLB-Bau erfolgen. Es werden dadurch weitschweifige, ungenaue Texte vermieden, und es werden die Aussagen von Baufachleuten richtig verstanden.

Das StLB-Bau wird vom **Gemeinsamen Ausschuss Elektronik im Bauwesen** (GAEB) aufgestellt, dem Vertreter der öffentlichen und privaten Auftraggeber, der Architekten, der Ingenieure und der Bauwirtschaft angehören, in Verbindung mit dem Deutschen Verdingungsausschuss für Bauleistungen (DVA) und vom Deutschen Institut für Normung e.V. (DIN) herausgegeben.

Die nach Leistungsbereichen gegliederten StLB enthalten Standardbeschreibungen, das sind vorgegebene Texte für Allgemeine Bestimmungen zur Leistungsbeschreibung und für Zusätzliche Technische Vorschriften, sowie Standardleistungsbeschreibungen, das sind vorgegebene Texte zur Beschreibung von Leistungen oder Teilleistungen; sie enthalten die Angaben über Bauart, Bauteil, Baustoff und Dimension für den Herstellungsvorgang und die Qualität einer Leistung

Das Prinzip des StLB-Bau beruht auf der Anwendung von hierarchisch gegliederten Textbausteinen, die zu Standartleistungsbeschreibungen zusammengefügt werden. Die Anwendung des StLB kann sowohl manuell als auch mit elektronischen Datenverarbeitungsanlagen erfolgen. Die Textbausteine des StLB-Bau lassen, soweit nötig, Ergänzungen zu. Besondere Beschreibungen, die im StLB nicht enthalten sind, können frei formuliert werden. Über Aufbau und Anwendung des StLB unterrichten die Schriften des GAEB.

Ordnungs- zahl	Leistungsdefinition nach			
	Art	Qualität	Menge	Dimension
3.10	Mauerwerk der Außenwand	Hohlblocksteine aus Leichtbeton, DIN 18151, 3K Hbl 2–0,7 20DF–300 MG II Mauerwerksdicke 30 cm	250	m^3
3.11	Türsturz als **Zulage** zu Pos. 3.10	Stahlbeton B 25 0,30 × 0,25 m einschl. Schalung und Bewehrung	15	m
3.12	Alternativ zu Pos. 3.10 Mauerwerk der Außenwand	Kalksandsteine DIN 106 KS12–1,6–15 DF MG II Mauerwerksdicke 30 cm	1/EP*	m^3
3.13	Eventualpos.: Mauerwerk der Außenwand als Sichtmauerwerk	Kalksandsteine DIN 106 KS Vm L 12–1,2–2 DF	1/EP*	m^2

*Anmerkung: Nach Vergabehandbüchern sind Alternativ- und Eventualpositionen mit der voraussichtlichen Menge auszuschreiben

Tabelle 4-1 Auszug aus Leistungsverzeichnis (Leistungsdefinition)

4.1 Leistungsbeschreibung, Standardleistungsbuch-Bau – StLB-Bau

Das StLB-Bau ist als eine der Grundlagen für die integrierte Datenverarbeitung im Bauwesen, welche die Auftraggeber- und die Auftragnehmerseite umfasst, vorgesehen, u.a. mit dem Ziel, Erfahrungswerte zu speichern und bei zukünftigen Bauvorhaben nutzbar zu machen. Mittlerweile hat das StLB-Bau mit den „Dynamischen Baudaten" fusioniert. Seitdem wird das StLB-Bau nur noch in elektronischer Form aktualisiert und gepflegt.

Bei der Leistungsbeschreibung mit **Leistungsprogramm** erstreckt sich der Wettbewerb auch auf die technisch, wirtschaftlich und gestalterisch beste sowie funktionale Lösung der Bauaufgabe (funktionale Leistungsbeschreibung). Diese Art der Ausschreibung ist nur in besonderen Fällen anzuwenden, da sie vom Wettbewerber einen sehr hohen Aufwand zur Angebotsbearbeitung verlangt.

Die Erstellung eines Leistungsprogramms erfordert auf Seiten des Ausschreibenden den hochqualifizierten Fachmann, wenn nicht Unsicherheiten in der Preisbildung sowie in der Qualität zu nicht vergleichbaren Angeboten führen sollen.

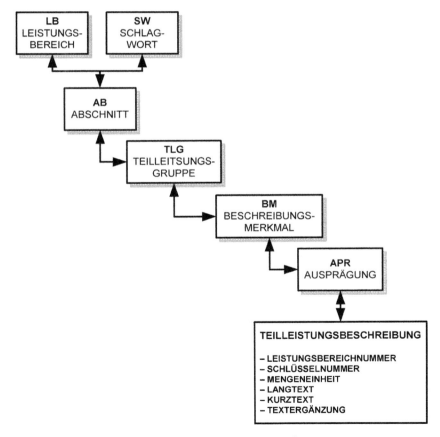

Bild 4-4 Textspeicher StLB-Bau Dynamische Baudaten

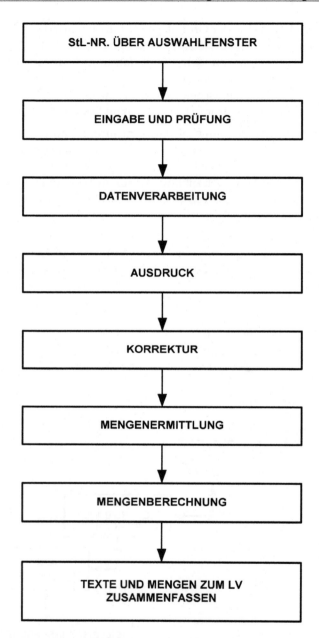

Bild 4-5 LV-Bearbeitung mit Standardleistungsbuch-Bau

4.2 Vertragsbedingungen

Bild 4-6 Arbeitsweise beim Erstellen einer Ausschreibung

4.2 Vertragsbedingungen

Die Formulierung von besonderen und zusätzlichen Vertragsbedingungen, abweichend oder ergänzend zur VOB/B, erfordert eine intensive Kenntnis der VOB/B, BGB, und die Kenntnis der aktuellen Rechtsprechung, insbesondere des Bundesgerichtshofs.

VOB/A § 9

Darum ist zu empfehlen, rechtlich relevante Vertragsbedingungen nicht ohne Mitwirkung eines in diesen Dingen sachverständigen Juristen aufzustellen. Dies gilt in besonderem Maß für die Zusätzlichen Vertragsbedingungen, welche von Auftraggebern, die ständig Bauleistungen vergeben, in Ergänzung der Allgemeinen Vertragsbedingungen benutzt werden. Sofern Regelungen rechtlichen Inhalts nur in Einzelfällen erforderlich sind, sollen diese in den Besonderen Vertragsbedingungen niedergelegt werden: (siehe auch VOB/A § 9:

In den Zusätzlichen Vertragsbedingungen oder in den Besonderen Vertragsbedingungen können, soweit erforderlich, beispielsweise folgende Punkte geregelt werden:

Bild 4-7   VOB/B Paragrafenübersicht

VOB/B § 2   a) **Vergütung**

Zum Beispiel:

1. ob die vereinbarten Einheits- oder Pauschalpreise über die gesamte Bauzeit als Festpreise garantiert werden,
2. ob Gleitklauseln vereinbart werden.

3. ob die Leistungen und Lieferungen, wenn sie vom Auftraggeber beigestellt werden, auch das Abladen sowie den Transport zur Einbaustelle beinhalten,
4. ob eine Vergütung bei Schlechtwetterlage erfolgt,

usw.

b) Ausführungsunterlagen
VOB/B § 3

Zum Beispiel:

1. was unter rechtzeitiger Übergabe der für die Ausführung notwendigen Unterlagen zu verstehen ist,
2. welche Unterlagen der Auftragnehmer selbst zu beschaffen hat,
3. in welcher Anzahl der Auftraggeber dem Auftragnehmer die notwendigen Lichtpausen und die sonstigen für die Ausführung erforderlichen Unterlagen unentgeltlich zur Verfügung stellt,

usw.

c) Ausführung
VOB/B § 4

Zum Beispiel:

1. ob und in welchem Umfang der Auftragnehmer Bautagesberichte zu führen hat und welcher Inhalt verlangt wird,
2. ob der Auftragnehmer den Bauleiter als fachkundige Aufsicht im Sinne der jeweiligen Landesbauordnung für sein Gewerk zu stellen hat,
3. wie zu verfahren ist, wenn der Auftragnehmer Bedenken irgendwelcher Art gegen die vorgesehene Art der Ausführung, bauseits gelieferte Werkstoffe oder die Vorarbeiten anderer Unternehmer hat,
4. ob beliebige Nachunternehmer eingesetzt werden dürfen oder ob dies von der Zustimmung des Auftraggeber abhängig gemacht wird,

usw.

d) Ausführungsfristen
VOB/B § 5

Zum Beispiel:

1. ob vom Auftragnehmer auf Verlangen des Auftraggebers vor Arbeitsbeginn ein Bauzeitenplan der Einzelleistungen aufzustellen und dem Auftraggeber zur Genehmigung vorzulegen ist,
2. ob die in den Vergabe- und Vertragsunterlagen genannten bzw. bei der Auftragsverhandlung vereinbarten Fristen Vertragsbestandteil werden,

usw.

e) Behinderung und Unterbrechung der Ausführung
VOB/B § 6

Zum Beispiel:

was unter Witterungseinflüssen während der Ausführungszeit, mit denen bei Abgabe des Angebots normalerweise gerechnet werden muss, zu verstehen ist (z. B. das sog. Normalwetter, das vom zuständigen Wetteramt festgestellte letzte 25jährige Mittel).

VOB/B § 7	**f) Verteilung der Gefahr**

Zum Beispiel:

ob diese VOB-Regelung Vertragsbestandteil werden soll,

VOB/B § 8	**g) Kündigung durch den Auftraggeber**

Zum Beispiel:

1. ob sich der Auftraggeber die außerordentliche Kündigung des Vertrags auch aus Gründen vorbehält, die in der VOB nicht aufgeführt sind,
2. ob der Auftraggeber Schadensersatz wegen Nichterfüllung verlangen will, sofern die Kündigung auf einem vom Auftragnehmer zu vertretenden Umstand beruht.

usw.

VOB/B § 9	**h) Kündigung durch den Auftragnehmer**

Zum Beispiel:

ob für die Kündigungsmöglichkeit weiter Bedingungen vorzuschreiben sind.

VOB/B § 10	**i) Haftung der Vertragsparteien**

Zum Beispiel:

1. ob sich der Auftragnehmer zu verpflichten hat, den Auftraggeber von allen Ansprüchen Dritter freizustellen, die durch das Verhalten des Auftragnehmers oder seiner Erfüllungs- oder Verrichtungshilfen ausgelöst und gegen den Auftraggeber geltend gemacht werden,
2. ob der Auftragnehmer den Ausschluss des § 4 Nr. 5, 6b AHB mit ausreichend hoher Versicherungssumme im Rahmen seiner gesetzlichen Haftpflicht mitzuversichern hat,
3. ob der Auftraggeber den Abschluss einer Bauleistungsversicherung beabsichtigt und wie die Prämienaufteilung zu regeln ist,

usw.

VOB/B § 11	**j) Vertragsstrafe**

Zum Beispiel:

1. ob und in welcher Höhe eine Vertragsstrafe vorgesehen ist, wie sie berechnet werden soll und in welcher Höhe sie begrenzt wird,
2. ob sich der Auftraggeber vorbehält, eine Vertragsstrafe bis zur Fälligkeit der Abschlusszahlung geltend zu machen, auch wenn diese bei der Abnahme nicht vorbehalten wurde,

usw.

VOB/B § 12	**k) Abnahme**

Zum Beispiel:

1. ob stets eine förmliche Abnahme stattfinden soll,

4.2 Vertragsbedingungen

2. wie zu verfahren ist, wenn der Auftraggeber die Abnahme wegen wesentlicher Mängel verweigert,
3. ob Sachverständige bei der Abnahme herangezogen werden,

usw.

l) Mängelansprüche   VOB/B § 13

Zum Beispiel:

1. ob die Verjährungsfrist wegen Mängeln an Bauwerken fünf Jahre nach der Abnahme betragen soll,
2. ob besondere Regelungen für den Beginn der Verjährungsfrist bei genehmigungspflichtigen, technischen Anlagen vereinbart werden:
3. z. B. frühestens mit dem Tag der Genehmigung und Zulassung zum Betrieb,
4. z. B. eine Regelung für den Fall, dass dem Werk eine zugesicherte Eigenschaft fehlt,
5. ob Besonderheiten der Betriebszustände von Anlagen mehrere Abnahmen erfordern (z. B. Klimaanlage bei Winter- und Sommerbetrieb),
6. ob Leistungsmessungen gefordert werden und wer die Kosten dafür trägt,
7. wie eventuell in besonderen Fällen die Mängelbeseitigung vorzunehmen ist,

usw.

m) Abrechnung   VOB/B § 14

Zum Beispiel:

1. ob ein Leistungsvertrag, ein Stundenlohnvertrag oder ein Selbstkostenerstattungsvertrag vorgesehen ist,
2. in wievielen Ausfertigungen die Rechnung zu stellen sind,
3. ob die Abrechnung manuell oder mit EDV zu erfolgen hat,
4. ob besondere Fristen für die Abrechnung zu berücksichtigen sind,
5. ob Sonderregelungen zu den Aufmaßvorschriften der ATV getroffen werden,
6. ob eine Pauschalsumme gebildet werden soll und wie der Zahlungsplan zu regeln ist,
7. wann frühestens beim Auftraggeber die Schlussrechnung eingereicht werden kann (z. B. erst nach der förmlichen Abnahme)

usw.

n) Stundenlohnarbeiten   VOB/B § 15

Zum Beispiel:

1. ob bei Stundenlohnarbeiten in jedem Fall Aufsichtspersonen gefordert und gesondert vergütet werden oder in die Preise einzurechnen sind,
2. ob Fristen für die Abrechnung der Stundenlohnarbeiten gesetzt werden,

3. ob für die Abrechnung der Stundenlohnarbeiten besondere Formulare zu verwenden sind oder besondere Form gewahrt werden soll,
4. welche Lohnnebenkosten (Auslösungen, Trennungs-, Wege-, Unterkunftsgelder, Reisekosten, Wochenendheimfahrten u. dgl.) in die anzubietenden Stundenlohnsätze einzurechnen sind,

usw.

VOB/B § 16   **o) Zahlung (neu in der Fassung 2012)**

Zum Beispiel:

1. unter welchen Bedingungen Vorauszahlungen geleistet werden (z. B. nur gegen ausreichende Sicherheit durch unbefristete, selbstschuldnerische Bankbürgschaft unter Verzicht auf die Einrede der Anfechtung, Aufrechnung und Vorausklage),
2. bis zu welcher Höhe Abschlagszahlungen auf erbrachte und vom Auftraggeber anerkannte Leistungen gewährt werden,
3. ob die in VOB/B, § 16 vorgesehenen Zahlungsfristen eingehalten werden können oder welche besonderen Regelungen hier zu treffen sind,
4. ob Rückzahlungsklauseln z. B. bis zum Ende der abschließenden Prüfung durch eine Revisionsinstanz des Auftraggebers vorbehalten bleiben,
5. ob die in der VOB/B, § 16 vorgesehene Frist für die Schlusszahlung nach Prüfung und Feststellung der vom Auftragnehmer vorgelegten Schlussrechnung eingehalten werden kann, bzw. welche besonderen Fristen hier festgelegt werden,

usw.

VOB/B § 17   **p) Sicherheitsleistung**

Zum Beispiel:

1. in welcher Höhe eine Sicherheitsleistung für die Dauer der Frist für die Mängelbehebung eingehalten wird,
2. unter welchen Bedingungen die Sicherheitsleistung dennoch ausgezahlt werden kann (z. B. gegen Bürgschaft),
3. ob sich der Auftraggeber vorbehält, einen vom Auftragnehmer vorgeschlagenen Bürgen evtl. abzulehnen,

usw.

VOB/B § 18   **q) Streitigkeiten**

Zum Beispiel:

1. ob eine Schiedsgerichtsvereinbarung getroffen werden soll (Schiedsgerichtsordnung für das Bauwesen),
2. ob alle eventuellen Streitfragen im ordentlichen Rechtsweg entschieden werden sollen.

Die Vielzahl der hier aufgeführten Punkte belegt die Bedeutung der Zusätzlichen Vertragsbedingungen bzw. der Besonderen Vertragsbedingungen. Bei jedem Bauvorhaben ist stets eine Reihe projektspezifischer Regelungen zu bedenken, die in den Vergabe- und Vertragsunterlagen definiert werden müssen.

Unter rechtlichen Aspekten ist zu beachten, dass Zusätzliche Vertragsbedingungen nach den Vorschriften der §§ 305 BGB zu beurteilen sind, wenn sie für eine Vielzahl von Verträgen vorformulierte Vertragsbedingungen darstellen, die der Auftraggeber den Auftragnehmern bei Abschluss des Vertrages stellt. Allgemeine Geschäftsbedingungen liegen jedoch dann nicht vor, wenn diese Vertragungsbedingungen zwischen den Vertragsparteien im Einzelnen ausgehandelt sind.

4.3 Die Zusätzlichen Technischen Vertragsbedingungen

Sie gelten als Ergänzung der ATV und sind den Anforderungen des Einzelfalls entsprechend zu formulieren. Sie können sich z. B. auf gültige DIN-Normen beziehen, falls diese nicht den Erfordernissen genügen (dazu zählen besonders Forderungen an die Genauigkeit von Abmessungen, wenn sie sonst nach DIN zulässigen Bautoleranzen zu groß sind, wie es beim Montagebau zutreffen kann).

_{VOB/A § 9}

4.4 Umsatz-(Mehrwert-)Steuer

Die in den Angeboten vom Bieter anzugebenden Preise sind ohne die auf sie entfallende Umsatz-(Mehrwert-)Steuer einzusetzen und rechnerisch bis zum Angebotsendbetrag zu verarbeiten. Auf diesen ist dann als ein prozentualer Anteil entsprechend den jeweiligen gesetzlichen Bestimmungen als Umsatz-(Mehrwert-)Steuer aufzuschlagen. Die Summe aus Netto-Angebotsendbetrag zuzüglich Umsatz-(Mehrwert-)Steuer ergibt die Brutto-Angebotssumme.

5 Angebot und Vertrag

5.1 Fristen

Im Zuge eines der möglichen Angebotsverfahren werden die Angebote von den Wettbewerbsteilnehmern bearbeitet. Dafür steht diesen eine für alle einheitliche Zeitspanne, die Angebotsfrist, zur Verfügung. Sie soll ausreichend bemessen sein und selbst bei kleinen Bauleistungen 10 Kalendertage nicht unterschreiten. Für Angebote an die öffentliche Hand gelten besondere Regelungen.

VOB/A § 2, § 5, § 10

Das Zurückziehen bereits vorgelegter Angebote kann bis zum Ablauf der Angebotsfrist erfolgen.

5.2 Eröffnungstermin, Öffnung der Angebote

Vor allem bei Bauten der öffentlichen Hand findet nach Beendigung der Angebotsfrist ein Eröffnungstermin (Submission) statt, bei der die Angebotsendpreise in Gegenwart der evtl. anwesenden Bieter verlesen werden, nachdem die Angebote den bis dahin ungeöffneten Umschlägen entnommen wurden. Dieses formale Verfahren wird im privaten Bereich seltener angewandt. Man legt häufig Wert darauf, die Angebotsergebnisse geheim zu halten (Vorteil bei evtl. Preisverhandlungen).

VOB/A § 14

5.3 Prüfung mit Wertung der Angebote

Die eingegangenen Angebote sind in mannigfacher Hinsicht zu prüfen. Es ist ratsam, die Ergebnisse der Prüfungen schriftlich niederzulegen. Man sollte ein Protokoll der Angebotsprüfung erstellen, das sich auf folgende Punkte erstrecken kann:

VOB/A § 16

Formal: Vollständigkeit aller geforderten Angaben und Unterlagen, Muster, Nebenangebot, Begleitbrief ...

Rechtlich: Rechtsverbindliche Unterschrift(en), Einschränkungen hinsichtlich der Vertragsbedingungen ...

Technisch: Alternativen zur ausgeschriebenen Leistung, Vorbehalte gegenüber der ausgeschriebenen Leistung ...

Preislich: Angemessenheit der Preise, rechnerische Richtigkeit ...

Die vorgelegten Angebote müssen in ihrem Inhalt den formalen Festlegungen der Allgemeinen Vergabebestimmungen entsprechen. Für besondere Mitteilungen wie Änderungsvorschläge oder Nebenangebote müssen besondere und deutlich gekennzeichnete Anlagen verwendet werden. Ange-

VOB/A § 13
VOB /A § 16

bote, die den formalen Bestimmungen nicht entsprechen, brauchen nicht geprüft zu werden. Die rechnerische Prüfung stellt fest, ob die rechnerischen Operationen richtig sind. Fehler sind kenntlich zu machen (VOB/A § 23, 3 (1)).

	Ende der Zuschlagsfrist: TT.MM.JJJJ
ANGEBOT	über **FASSADEN-VERKLEIDUNGEN**
	VERWALTUNGSGEBÄUDE IN FRANKFURT/Main
Bauherr:	Carolus GmbH & Co. KG Schmitterstr. 102 60489 Frankfurt/M.
Baustelle:	Kurzius-Anlage 8-12 60933 Frankfurt/M.
Planung:	Ing.-Büro C. Möbius Reichenbachstr. 17 60489 Frankfurt/M. Tel.: 069/70007
Bauüberwachung:	Bau-Real GmbH & Co. KG Pfungstädter Str. 81 64297 Darmstadt Tel.: 06151/57475
Angebotsabgabe:	am TT.MM.JJJJ in Darmstadt, Pfungstädter Str. 81 in verschlossenem Umschlag. verspätet eingehende Angebote können nicht berücksichtigt werden.
Angebotssumme:	netto................ EUR .... EUR ... MWST............. EUR .... EUR ——————————— ——————————— .... EUR .... EUR (v. Bieter einzusetzen) (geprüfte Summe)

(Stempel des Bieters)

Bild 5-1 Titelseite eines Angebotes

5.3 Prüfung mit Wertung der Angebote

Projekt: AH-2007-01 Seniorenstift "Am alten Markt"
LV: 0.012 Rohbauarbeiten
*** Preisspiegel: Alle Positionsarten ***
Währung: EUR

		B-Nr.: 1 Rosenthal ..	B-Nr.: 2 Einsturz ..	B-Nr.: 3 Neuner Her..	LV-Preis	Mittelpreis
1.1.10.	Außenwand MD 30cm HLzB SFK 12 RDK 1,6 28,142 m3 *** Grundposition 1.0, bezuschlagt					
Einheitspreis		186,50	188,13	175,60	196,03	183,41
Gesamtbetrag		5.248,48	5.294,35	4.941,74	5.516,68	5.161,52
Prozent/Rang		106,2/ 2	107,1/ 3	100,0/ 1	111,6	104,5
1.1.20.	Außenwand MD 30cm HLzC SFK 12 RDK 1,4 9,206 m3 *** Wahlposition 1.1					
Einheitspreis		231,80	240,11	240,50	232,47	237,47
Gesamtbetrag		(2.133,95)	(2.210,45)	(2.214,04)	(2.140,12)	(2.186,15)
Prozent/Rang		100,0/ 1	103,6/ 2	103,8/ 3	100,3	102,5
1.1.30.	Zuschlag für Naturbimsmauerwerk HBL 6/II *** Z.-Pos., Bedarfsposition ohne GB					
Zuschlagssatz		3,50	3,15	4,00	3,40	0,00
Zuschlagssumme		5.248,48	5.294,35	4.941,74	5.516,68	0,00
Gesamtbetrag		(183,70)	(166,77)	(197,67)	(187,57)	(0,00)
Prozent/Rang		110,2/ 2	100,0/ 1	118,5/ 3	112,5	
1.1.40.	Schlitz herstellen Mauerwerk B 5-10cm T 5-10cm 1,219 m					
Einheitspreis		10,02	11,33	12,80	10,41	11,38
Gesamtbetrag		12,21	13,81	15,60	12,69	13,87
Prozent/Rang		100,0/ 1	113,1/ 2	127,8/ 3	103,9	113,6
1.1.50.	Kernbohrung Wand Durchmesser 250-300mm T 25-30cm 1,000 St					
Einheitspreis		81,22	79,44	82,34	80,83	81,00
Gesamtbetrag		81,22	79,44	82,34	80,83	81,00
Prozent/Rang		102,2/ 2	100,0/ 1	103,7/ 3	101,8	102,0
1.1.60.	Schlitz schließen MG II a Mauerziegel B 5-10cm T 5-10cm 1,534m					
Einheitspreis		16,22	14,55	13,78	15,49	14,85
Gesamtbetrag		24,88	22,32	21,14	23,76	22,78
Prozent/Rang		117,7/ 3	105,6/ 2	100,0/ 1	112,4	107,8
1.1.	Mauerarbeiten					
Summe		5.366,79	5.409,92	5.060,82	5.633,96	0,00
Prozent/Rang		106,1/ 2	106,9/ 3	100,0/ 1	111,3	
1.2.10.	Ortbeton Einzelfundament Stahlbeton C16/20 20,000 m3 *** Grundposition 2.0					
Einheitspreis		123,89	128,38	120,49	123,12	124,25
Gesamtbetrag		2.477,80	2.567,60	2.409,80	2.462,40	2.485,07
Prozent/Rang		102,8/ 2	106,6/ 3	100,0/ 1	102,2	103,1
1.2.20.	Ortbeton Einzelfundament Stahlbeton C20/25 20,000 m3 *** Wahlposition 2.1					
Einheitspreis		131,66	138,50	128,40	130,98	132,85
Gesamtbetrag		(2.633,20)	(2.770,00)	(2.568,00)	(2.619,60)	(2.657,07)
Prozent/Rang		102,5/ 2	107,9/ 3	100,0/ 1	102,0	103,5

Bild 5-2 Angebotsvergleich (Preisspiegel) Seite 1

Projekt:	AH-2007-01	Seniorenstift "Am alten Markt"				
LV:	0.012	Rohbauarbeiten			Währung:	EUR
		*** Preisspiegel: Alle Positionsarten ***				

	B-Nr.: 1 Rosenthal ..	B-Nr.: 2 Einsturz ..	B-Nr.: 3 Neuner Her..	LV-Preis	Mittelpreis
1.2.30.	**Ortbeton Einzelfundament Stahlbeton C25/30** 20,000 m3				
*** Wahlposition 2.2					
Einheitspreis	138,23	145,60	133,56	137,53	139,13
Gesamtbetrag	(2.764,60)	(2.912,00)	(2.671,20)	(2.750,60)	(2.782,60)
Prozent/Rang	103,5/ 2	109,0/ 3	100,0/ 1	103,0	104,2
1.2.	**Beton- und Stahlbetonarbeiten**				
Summe	2.477,80	2.567,60	2.409,80	2.462,40	0,00
Prozent/Rang	102,8/ 2	106,6/ 3	100,0/ 1	102,2	
1.	**Rohbauarbeiten**				
Summe	7.844,59	7.977,52	7.470,62	8.096,36	0,00
Prozent/Rang	105,0/ 2	106,8/ 3	100,0/ 1	108,4	
LV	**Rohbauarbeiten**				
Summe	7.844,59	7.977,52	7.470,62	8.096,36	0,00
MwSt. in %	19,00	19,00	19,00	19,00	0,00
MwSt.-Betrag	1.490,47	1.515,73	1.419,42	1.538,31	0,00
Bruttosumme	9.335,06	9.493,25	8.890,04	9.634,67	0,00
Prozent/Rang	105,0/ 2	106,8/ 3	100,0/ 1	108,4	

Legende:

MS-Sans-Serif, 8Pt =	Billigster Bieter
Courier New, 8Pt =	Teuerster Bieter
MS-Sans-Serif, fett =	**Gruppenstufen-Summen**
MS-Sans-Serif, kursiv =	*Nicht einberechnete Werte*

Bild 5-2 Angebotsvergleich (Preisspiegel) Seite 2

Es empfiehlt sich, die Einheits- und Gesamtpreise aller Bieter vergleichend in einem Preisspiegel gegenüberzustellen. Dies kann manuell oder über EDV geschehen. Die Preise für gleiche Leistungen sind bezüglich ihrer Relation untereinander zu kennzeichnen (beim manuellen Verfahren jeweils der höchste und niedrigste Preis). Aus einem derartigen Preisspiegel kann man sehr schnell ein Urteil über die Angemessenheit der Preise gewinnen.

5.4 Aufklärung des Angebotsinhalts

VOB/A § 15

Nach den Allgemeinen Vergabebedingungen sind die Verhandlungen mit den Bietern über Änderung der Preise unstatthaft, in dem privaten Baubereich jedoch durchaus üblich mit dem Ziel, einen möglichst günstigen Preis zu erreichen.

Über die Verhandlungen werden zweckmäßig während ihrer Dauer handschriftliche Protokolle gefertigt, die am Schluss der Gespräche verlesen und von den Parteien sofort unterschrieben werden. Die Protokolle sind im Auftragsfall Vertragsbestandteil.

a) Technische Vorgespräche:
   Diese haben lediglich die Aufgabe, alle aus den Angebotsunterlagen erkennbaren Fragen bezüglich der technischen und wirtschaftlichen Leistungsfähigkeit, hinsichtlich etwaiger Änderungsvorschläge, Vorbehalte gegenüber der geplanten Art der Durchführung, der evtl. Unangemessenheit einzelner Angebotspreise und dgl., jedoch nicht die evtl. Änderung der Preise zu behandeln. Es wird auf diese Weise weitgehend sichergestellt, dass – und das gilt besonders bei Leistungsbeschreibungen mit Leistungsprogrammen – die Vergleichbarkeit bzw. Gleichwertigkeit der Angebote in technischer und rechtlicher Hinsicht gegeben sind.   VOB/A § 7

b) Vergabegespräch:
   In diesem geht es um die Angebotspreise. Dabei können auch Zahlungsplanvereinbarungen, Skonti, Nachlässe, Bürgschaften, Zahlungsziele und dgl. behandelt werden. Ein während der Verhandlung geführtes Protokoll kann mit der Annahme des Angebots (Zuschlag) abschließen.   VOB/A § 18

5.5 Wertung der Angebote

Angebote, die von der Wertung auszuschließen sind, werden in den Allgemeinen Vergabebestimmungen näher umrissen.   VOB/A § 16

Bei der Wertung der Angebote kommt es vor allem darauf an, dass diejenigen Bieter ausgewählt werden, die für die Erfüllung der einzugehenden vertraglichen Verpflichtungen die notwendige Sicherheit bieten. Dazu gehört, dass sie die erforderliche Fachkunde, Leistungsfähigkeit und Zuverlässigkeit besitzen und über ausreichende technische und wirtschaftliche Mittel verfügen. (VOB/A § 25, 2(1)). Der niedrigste Angebotspreis allein ist nicht entscheidend.

Die Ausschreibung kann aufgehoben werden, wenn kein den Bedingungen entsprechendes Angebot eingegangen ist, sich wesentliche Änderungen der Grundlagen oder sonstige schwerwiegende Gründe ergeben haben.   VOB/A § 17

5.6 Vertrag

Der Vertrag kommt durch Annahme eines (des) Angebots zustande, d.h. der Auftraggeber erklärt einem der (dem) Bieter, dass er sein Angebot annimmt. Einer besonderen schriftlichen Beurkundung bedarf es dazu nicht.   BGB §§ 145–152 VOB/A § 18

Aus formalen und organisatorischen Gründen ist die Schriftform jedoch sinnvoll.

VOB/A § 20 In der Regel wird der Architekt die Vertragsurkunde vorbereiten. Davon sind mindestens 3 Ausfertigungen notwendig, von denen je eine die beiden Vertragsparteien (Bauherr = Auftraggeber sowie Bauunternehmer = Auftragnehmer) und eine der Architekt für seine Akten erhalten, nachdem diese alle Exemplare des Schriftstücks unterschrieben haben. Der Inhalt der Urkunde soll sich auf Wichtiges beschränken, da alle Regelungen bereits in den Vergabe- und Vertragsunterlagen bzw. in den Protokollen der Verhandlungen erschöpfend niedergelegt sind.

Muster für ein Auftragsschreiben:

Auftrags-Nr.:003/..   Datum: TT.MM.JJJJ

Bauherr: Herr Karl Müller und Ehefrau Olga
               Gutenbergstr. 40, 34131 Kassel
Projekt: Einfamilienwohnhaus, Wiesweg 9, 34109 Kassel

Im Namen und für Rechnung des Bauherrn wird dem Unternehmer:
               Fa. Schmid und Meyer GmbH, Niederlassung Kassel,
               Dreifensterstr. 121, 34135 Kassel,
der Auftrag erteilt für die Ausführung der

ROHBAUARBEITEN

zum Preis von: 125 319,20 EUR
19 % Mwst: 23 810,65 EUR
Auftragssumme: 149 129,85 EUR
In Worten: einhundertneunundvierzigtausendundeinhundertneunundzwanzig

Grundlagen des Vertrages in dieser Reihenfolge:
1. Protokoll der Verhandlung vom: TT.MM.JJJJ
2. Angebot vom: TT.MM.JJJJ nach Nachtrag vom: TT.MM.JJJJ
Termine: Beginn der Arbeiten auf der Baustelle: TT.MM.JJJJ
              Fertigstellung der Arbeiten a.d. Baustelle   TT.MM.JJJJ
Dauer der Mängelansprüche ab förmlicher Abnahme: 5 Jahre
Der Bauherr: Der Architekt:

....

Auftragsschreiben erhalten: **Zahlungen des AG sind mit**
Datum: ....   **befreiender Wirkung zu leisten**
                                           auf Konto:
....
(Unterschrift und Firmen-   ....
stempel)   BLZ ....

In der Baupraxis wird bei privaten Auftragnehmern heute in zunehmendem Maße nicht mehr der traditionelle Einheitsvertrag sondern ein Pauschalpreisvertrag, ein Garantierter Maximalpreis-Vertrag oder ein anderer Vertragstyp vereinbart. Bei der öffentlichen Hand spielen zunehmend auch PPP-Verträge eine Rolle.

5.7 Nachträge

Häufig kommt es vor, dass im Vertrag nicht enthaltene Leistungen auf Verlangen auszuführen sind. Derartige Arbeiten sind auf der Grundlage der bestehenden vertraglichen Vereinbarungen vor der Ausführung anzubieten; die Annahme des Angebotes durch den AG sollte jedoch vom AN grundsätzlich abgewartet werden, bevor die Leistung begonnen wird. Man vermeidet damit sonst in der Regel unvermeidbare Querelen bei der Abrechnung. *(VOB/B § 2(6), § 2(5))*

Leistungen, die der AN ohne Auftrag oder unter eigenmächtiger Abweichung vom Vertrag ausführt, werden nicht vergütet. *(VOB/B § 2(8))*

Der AN hat aber die Möglichkeit Leistungen, die ohne Auftrag ausgeführt werden, dem AG in Rechnung zu stellen, sofern die Voraussetzungen der Geschäftsführung ohne Auftrag vorliegen. *(BGB § 677)*

Für die Ausfertigung einer weiteren Urkunde zum Hauptvertrag gelten die beschriebenen Grundsätze. Bei Nachträgen beachte man, dass zusätzliche Arbeiten den Ablauf der Ausführung und die Fristen beeinflussen können; Änderungen der im Hauptvertrag vereinbarten Termine sind darum ggf. zu definieren.

5.8 Auftragsbestätigung

Einer Auftragsbsbestätigung durch den AN bedarf es nicht. Lediglich der Erhalt der Vertragsurkunde ist auf den Rücksendeexemplaren für den AG und den Architekt zu bescheinigen. Auftragsbestätigungen wiederholen – völlig überflüssig – die vorher getroffenen und schriftlich fixierten Festlegungen. Da sie jedoch abweichende Regelungen enthalten können (z. B. in Hinweisen auf AN-eigene Bedingungen), stellen sie evtl. ein neues Angebot dar, das der AG stillschweigend annimmt und das dann an die Stelle vorheriger Vereinbarungen tritt, wenn er nicht sofort widerspricht. Es ist darum anzuraten, Auftragsbestätigungen ohne besondere Prüfung kurzerhand dem AN wieder zuzusenden mit dem ausdrücklichen Hinweis, dass es ihrer nicht bedarf. *(BGB § 150)*

5.9 Änderungen von Leistungen

Es ist nicht ungewöhnlich, dass nach Auftragserteilung vor oder während der Ausführung der vertragsgegenständlichen Leistungen unvorhergesehene Änderungen eintreten, welche den bestehenden Vertragsregelungen nicht entsprechen. Um Unklarheiten zu begegnen, sind unverzüglich die notwendigen Vertragsveränderungen bzw. -ergänzungen vorzunehmen. Dazu ein Beispielfall:

Ereignis:	Man trifft bei Aushub einer Baugrube vereinzelt auf nicht tragfähigen Baugrund.
Maßnahme:	Es wird Bodenaustausch erforderlich.
Wirkung auf Vertrag:	Mehrarbeit erforderlich, die nach Art und Umfang im bestehenden Vertrag nicht vorgesehen ist.
AN:	Angebot über neue Leistungen nach mutmaßlichem Umfang. Hinweise auf sonstige Folgen, wie Fristen, Bauablauf usw.
AN und AG:	Vereinbarung über Leistung und Preise, Fristen usw.
AG:	Zusatzauftrag gemäß Vereinbarung.
AN:	Ausführung der zusätzlichen Leistung.

(VOB/B § 1(4) § 2(6))

Bei diesem Vorgehen ist weitgehend sichergestellt, dass Unstimmigkeiten in der weiteren Vertragsabwicklung unterbleiben.

6 Auftragsabwicklung

Die Abwicklung des Auftrags richtet sich nach den vertraglichen Bestimmungen. Diese sind im Vertrag bzw. in den Vergabeunterlagen und im Angebot definiert. Generell gelten die Allgemeinen Vertragsbedingungen für die Ausführung von Bauleistungen, DIN 1961, sofern diese vereinbart sind einschl. evtl. Besonderer und/oder etwaiger Zusätzlicher Vertragsbedingungen bzw. etwaiger Zusätzlicher Technischer Vertragsbedingungen.

VOB/B
VOB/A § 8
VOB/B § 1

6.1 Ausführungsunterlagen

Sofern nichts anderes vereinbart, sind die Ausführungsunterlagen dem Auftragnehmer unentgeltlich und vor allem rechtzeitig zu übergeben. Darüber hinaus müssen diese Ausführungsunterlagen formal und inhaltlich richtig, eindeutig und vollständig sein, um den Unternehmer in die Lage zu versetzen, die angebotene Leistung vertragsgerecht zu erbringen.

VOB/B § 3

Für ein übliches Ein-/Zweifamilienhaus werden bei handwerklicher Bauweise folgende über die Leistungsbeschreibungen hinausgehenden Ausführungsunterlagen benötigt:

Rohbau:	Lageplan
	Höhenplan
	Baustellenordnungsplan
	Architekten-Werkpläne
	Rohbauzeichnungen (Schalpläne) u. Bewehrungspläne
	Zeichnungen konstruktiver Details
	Bodengutachten
Haustechnik:	(Heizung, Lüftung, Sanitär, Elektro)
	Installationspläne
	Strangschemata
	Schalt- u. Verdrahtungspläne
Ausbau:	Architekten-Werkpläne
	Detail-Zeichnungen
Außenanlagen:	Leitungstraßenplan
	Freiflächengestaltungsplan
	Einfriedungsplan
	Pflanzplan

Je nach Art und Ausstattung des Bauwerks werden vielfältige zeichnerische Darstellungen erforderlich. Bei Großbauten ergeben sich besondere Anforderungen an die Planung, insbesondere hinsichtlich der Einarbeitung technischer Einzelheiten in die Bau-Ausführungsunterlagen.

6.2 Ausführung und Ausführungsfristen

VOB/B § 4
VOB/B § 5

Die Pflichten von Auftraggeber und Auftragnehmer bei der Ausführung sind in den Allgemeinen Vertragsbedingungen hinlänglich beschrieben.

Der Auftragnehmer hat die ihm übertragenen Leistungen eigenverantwortlich und vertragsgerecht auszuführen, insbesondere in Übereinstimmung mit den allgemein anerkannten Regeln der Technik. Die Überwachung der Ausführung der Arbeiten auf der Baustelle obliegt im Regelfall dem damit beauftragten Architekten in dem Umfang der jeweiligen Bestimmungen des Architektenvertrages.

Entsprechendes gilt für Ingenieure.

Mangelhafte Leistungen, die schon während der Ausführung als solche erkannt werden, hat der Auftragnehmer auf eigene Kosten durch mangelfreie zu ersetzen (Näheres regelt VOB/B § 4, 7).

Die fristgerechte Erbringung der vertragsgegenständlichen Leistungen ist als ein Teil des Erfolges anzusehen, der im Sinne des Werkvertrages durch „Herstellung oder Veränderung einer Sache", hier die Herstellung des Bauwerks, herbeizuführen ist. Die Ausführungsfristen sind jedoch in den Vergabe- und Vertragsunterlagen genau zu definieren, damit eine Vorgabe für die zeitliche Vertragserfüllung gegeben ist.

Die Festlegung der Baufristen bedarf sorgfältiger Überlegungen, an denen im Einzelfall weitere an der Planung Tätige sowie die Unternehmer zu beteiligen sind. Bei großen Bauten oder Projekten mit großem Zeitrisiko erfolgt die Bauzeitplanung mit Hilfe der Netzwerktechnik unter Anwendung elektronischer Datenverarbeitung (EDV). Diese Verfahren erfassen neben den Realisierungsprozessen auch die Planungs-, Genehmigungs-, und Entscheidungsvorgänge. Dadurch werden genaue Zeitfestlegungen, die in die Vertragsgrundlagen eingehen, begründet. Zu kurz bemessene Fristen bedingen häufig wegen des ungewöhnlich großen Personal- und Geräte-Einsatzes bei der Ausführung höhere Kosten, zu lange Fristen zögern die Fertigstellung unnötig hinaus. Für die Berechnung der Ausführungsfristen und ihre kalendermäßige Festlegung sind die Betriebskalender hilfreich, die alle normalen Arbeitstage, wie im Baugewerbe und in der Industrie üblich, nummeriert enthalten und die unterschiedlichen regionalen Feiertage in den deutschen Bundesländern, in der Schweiz und in Österreich berücksichtigen.

VOB/B § 4, 1

Dem AG obliegt die Regelung des Zusammenwirkens der verschiedenen Unternehmer auch hinsichtlich der Ausführungsfristen; er hat also auch den zeitlichen Ablauf der Bauabwicklung zu bestimmen.

Wenn die Ausführung dennoch nicht innerhalb des vorgegebenen Zeitplans erfolgt, so ist die dafür maßgebende Ursache festzustellen. Sie kann auf der Seite des Auftraggebers vorliegen, wie z. B.

a) nicht rechtzeitige Übergabe der Ausführungsunterlagen, VOB/B § 3, 1	VOB/B § 3(1)
b) fehlende Angaben über Grenzen des Geländes, fehlende Höhenfestpunkte,	VOB/B § 3(2)
c) nicht mangelfreie bzw. nicht eindeutige Ausführungsunterlagen,	VOB/B § 3(3)
d) fehlende Regelungen hinsichtlich der allgemeinen Ordnung auf der Baustelle, fehlende Koordination der am Bau beteiligten Unternehmer,	VOB/B § 4(1)
e) fehlende öffentlich-rechtliche Genehmigungen und Erlaubnisse,	VOB/B § 4(1)(1)
f) fehlende, unvollständige, nicht eindeutige Anordnungen über die Ausführung der Arbeiten,	VOB/B § 4(1)(3)
g) fehlende Lager- und Arbeitsplätze, fehlende Baustellenerschließung und	VOB/B § 4(4)
h) unvollständige oder säumige Zahlungen.	VOB/B § 16

Liegt die Ursache der nicht fristgerechten Ausführung beim Auftragnehmer, so kann sie z. B. in Folgendem bestehen:

a) der Betrieb des Auftragnehmers ist auf die Ausführung evtl. zusätzlich geforderter Leistungen nicht eingerichtet,	VOB/B § 1(4)
b) die vom Auftragnehmer nach dem Vertrag zu beschaffenden Ausführungsunterlagen werden dem Auftraggeber nicht rechtzeitig vorgelegt,	VOB/B § 3(5) VOB/B § 4(2)(1)
c) fehlende Initiative bei der Ausführung seiner vertraglichen Leistungen auf der Baustelle,	
d) er kommt seinen gesetzlichen, behördlichen und berufsgenossenschaftlichen Verpflichtungen gegenüber seinen Arbeitnehmern nicht nach,	VOB/B § 4(2)(2)
e) die gelieferten Stoffe oder Bauteile entsprechen nicht dem Vertrag und werden zurückgewiesen,	VOB/B § 4(6)
f) die erbrachten Leistungen sind mangelhaft oder vertragswidrig und müssen neu erbracht werden,	VOB/B § 4(7)
g) der Auftragnehmer unterlässt es, die Arbeiten angemessen zu fördern, er richtet sich nicht nach den vertraglichen Fristen und	VOB/B § 5(1)
h) die vom Auftragnehmer eingesetzten Arbeitskräfte, Geräte, Gerüste, Stoffe oder Bauteile sind unzureichend.	VOB/B § 5(3)

6.3 Mahnung wegen Baufristen

Wenn die Ursache der nicht fristgerechten Vertragserfüllung vom Auftragnehmer zu vertreten ist und dies erkannt wird, ist er vom Auftraggeber bzw. vom Architekten zu mahnen. Dies soll aus Gründen der Beweisführungsmöglichkeit stets schriftlich geschehen, wobei Fristen für den Beginn, die Weiterführung oder die Beendigung der Arbeiten zu setzen sind.

Besonders wichtig ist es, nach erfolgloser vorangegangener Mahnung schließlich eine Nachfrist zu setzen, die angemessen sein muss. Die Frage der Angemessenheit ist in jedem Einzelfall spezifisch zu beurteilen. Eine Kündigung des Vertrages kann wirksam dann nicht sein, wenn die gesetzte Nachfrist nicht angemessen war.

BGB § 323
VOB/B § 5(4)

> VOB/B § 5(4)
> VOB/B § 8, (3) 1

Als letzte Mahnung vor einer evtl. beabsichtigten Kündigung des Vertrages ist diese Formulierung eines Briefes möglich: „Sie haben die verschiedenen schriftlichen Mahnungen, die vertragsgegenständlichen Arbeiten zu beginnen (... wegen unzureichender Ausrüstung Abhilfe zu schaffen, ... die Arbeiten zu fördern, ... die Arbeiten zu vollenden,) nicht befolgt.

Es wird Ihnen hiermit eine angemessene, letzte Nachfrist zum ... (Tag, Uhrzeit) gesetzt.

Sollten Sie wider Erwarten auch diesen Termin nicht einhalten, werden Sie hiermit bereits vorsorglich unter Verzug gesetzt. Der Auftraggeber behält sich vor, Sie für alle aus der Nichteinhaltung der Nachfrist entstehenden Schäden haftbar zu machen (... Ihnen den Auftrag zu entziehen und die restlichen Arbeiten von einem anderen Unternehmer ausführen zu lassen. Alle daraus entstehenden Mehrkosten gehen zu Ihren Lasten)."

Dieser Brief ist durch Boten gegen Empfangsquittung oder durch die Post per Einschreiben/Rückschein zuzustellen. Einschreiben allein ohne Rückschein ist nicht zu empfehlen, da der Absender keine Empfangsbestätigung erhält. Die Übersendung per Telefax ist ebenfalls nicht ausreichend.

Ein sinngemäß gleiches Verfahren kann ein AN im Falle der notwendigen Mahnung seines AG anwenden.

6.4 Behinderung und Unterbrechung

Die Allgemeinen Vertragsbedingungen behandeln diesen Bereich ausführlich. Hier sei nur besonders darauf hingewiesen, dass häufig Behinderungen und/oder Unterbrechungen der Ausführung durch

a) fehlende, unvollständige, unrichtige und nicht rechtzeitig übergebene Ausführungsunterlagen,
b) nicht mangelfreies Vorarbeiten anderer Unternehmer entstehen. Darum kommt der Koordination und der Bauüberwachung durch den Auftraggeber große Bedeutung zu.

> VOB/B § 6

Normale Witterungseinflüsse sind keine Behinderung, dagegen jedoch der auslösende Umstand der so genannten höheren Gewalt. Diese ist nach Meyers Konversations-Lexikon so definiert:

„Von außen her einwirkendes, außergewöhnliches, nicht vorhersehbares, durch äußerste zumutbare Sorgfalt nicht abwendbares Ereignis".

Unter normaler Witterung ist das letzte 25jährige Mittel zu verstehen. Wenn also zu einer Jahreszeit mit Frost zu rechnen ist, so hat der Unternehmer die Art der Ausführung und den Ablauf der Arbeiten so einzurichten, dass die vorgesehenen Termine dennoch gehalten werden können. Einen Überblick der Frost- und Eistage, Schneeverhältnisse, Niederschläge und Windverhältnisse geben die Klimazonenkarten Deutschlands. Bei extremer Lage der Baustelle sind von den zuständigen Wetterämtern Auskünfte einzuholen.

6.5 Kündigung

Die Kündigung des Vertrages ist sowohl dem Auftraggeber als auch dem Auftragnehmer möglich. Einzelheiten ergeben sich aus den vertraglichen Bestimmungen.

VOB/B § 8
VOB/B § 9
BGB § 648a (5)

6.6 Vertragsstrafe/Prämie

Für die Vertragsstrafen und Prämien gelten, sofern sie vereinbart sind, die gesetzlichen Bestimmungen bzw. höchstrichterliche Rechtssprechung und die vertraglichen Vereinbarungen, z. B. über die Höhe, die Berechnung und dgl.

Wichtig ist, die evtl. verwirkte Vertragsstrafe bei der Abnahme vorzubehalten, da sie sonst nicht verlangt werden kann. In den Vergabe- und Vertragsunterlagen, spätestens jedoch in der Niederschrift über die Abnahme ist zu vermerken. Der Auftraggeber behält sich eine eventuell verwirkte Vertragsstrafe vor.

VOB/B
§§ 11(12)
BGB
§§ 336–345
BGB § 341

6.7 Abnahme

Die Abnahme beendet die Herstellung der Arbeiten. Sie begründet gleichzeitig die Pflicht des Auftraggebers zur Entrichtung der Vergütung. Der Unternehmer trägt die Gefahr bis zur Abnahme. Mit der Abnahme geht die Gefahr auf den Auftraggeber über. Die Abnahme kann (s. § 640 I 2 BGB i. d. F. 2002) nur wegen wesentlicher Mängel verweigert werden.

BGB § 640
BGB § 641
BGB § 644
VOB/B § 7
VOB/B
§ 12(3)
VOB/B § 12

Man unterscheidet verschiedene Arten der Abnahme:

a) Förmliche Abnahme mit Ausfertigung eines Abnahmeprotokolls,
b) Abnahme auf Verlangen des Auftragnehmers (ausführliche Abnahme),
c) stillschweigende Abnahme,
d) fiktive Abnahme

Die Einzelheiten regeln die Allgemeinen Vertragsbedingungen.

Bei der Abnahme festgestellte unwesentliche Mängel sind vom Auftragnehmer unter Fristsetzung zu beseitigen. Falls die Mängel nicht beseitigt werden können oder ihre Behebung vom Auftragnehmer verweigert wird (indem er z. B. gesetzte Fristen ungenutzt verstreichen lässt), kann Minderung, Wandelung oder Schadensersatz geltend gemacht werden. z. B. wird die Vergütung entsprechend des geringeren Wertes reduziert. Mit dem Zeitpunkt der Abnahme beginnt die Verjährungsfrist für die Mängelansprüche des Auftragnehmers.

BGB § 635
VOB/B § 13
BGB § 634

Aus allgemein rechtlichen, haftungsrechtlichen und versicherungsrechtlichen Gründen hat der Bauherr die Abnahme des Werkes (der Leistungen) als Besteller selbst vorzunehmen. Er kann sich dabei in fachlicher Hinsicht von seinem Architekten beraten lassen.

6.8 Firmenzusammenbruch

VOB/B § 8(2)   Wenn ein Auftragnehmer seine Zahlungen einstellt, Vergleich beantragt oder das Insolvenzverfahren anmeldet, so kann der Auftraggeber den Vertrag kündigen und Schadensersatz wegen Nichterfüllung des Restes verlangen.

Sofern besondere Gründe nicht entgegenstehen, sollte der Vertrag sofort gekündigt werden, wenn Gewissheit darüber besteht, dass der Auftragnehmer wegen wirtschaftlicher Gründe die Arbeiten nicht fortführen kann und Vergleich bzw. Insolvenz beantragt hat. Diese Kündigung muss schriftlich (Einschreiben/Rückschein) erfolgen. Es ist ratsam, einen Rechtsanwalt mit der Wahrnehmung der Interessen des Auftraggebers zu betrauen, damit Rechtsnachteile vermieden werden.

VOB/B § 12   Als nächstes ist dann der Zustand der Baustelle genau festzustellen; die geleisteten Arbeiten sind aufzumessen. Dabei empfiehlt es sich, von einem öffentlich bestellten Sachverständigen den in Zeichnungen, Fotos, Beschreibungen und sonstigen Informationsträgern festgestellten Zustand bestätigen zu lassen. Die Maßnahme kommt einer Abnahme gleich, an der eine oder beide Parteien teilnehmen können. Vorher darf mit der Fortsetzung der Arbeiten durch einen anderen Unternehmer nicht begonnen oder die Baustelleneinrichtung nicht verändert werden.

Im Kündigungsschreiben ist der Auftragnehmer bzw. der Insolvenzverwalter unter Setzung einer angemessenen Frist aufzufordern, alle noch nicht bezahlten und nicht fest eingebauten Stoffe und Bauteile sowie die Baustelleneinrichtung zu entfernen. Besonders ist darauf zu achten, dass die Vorkehrungen zu den Mängelansprüchen der gebotenen Sicherheit auf der Baustelle nicht beeinträchtigt werden (z. B. Bauzaun, Absperrungen und dgl.)

VOB/B 14(4)   Falls der gekündigte Auftragnehmer eine prüfbare Schlussrechnung selbst nach Aufforderung unter Fristsetzung nicht einreicht, so kann der Auftraggeber diese selbst (durch seinen Architekten) auf Kosten des AN aufstellen.

BGB § 634 Nr. 4
VOB/B § 8(3)   Als Schaden, der dem Auftraggeber infolge der Kündigung entsteht, können evtl. geltend gemacht werden:

a) höhere Kosten durch Ausführung der noch nicht geleisteten Arbeiten durch einen neu beauftragten Unternehmer, der höhere Preise fordert,

b) Beseitigung von Mängeln an der ausgeführten Leistung,
c) zusätzlicher Aufwand des Architekten und anderer Planungsbeteiligter beim Beauftragen einer neuen Firma, Einweisen in die Baustelle usw.,
d) neue Ausfertigungen der Ausführungsunterlagen, wie Zeichnungen, Berechnungen, Beschreibungen,
e) Kosten eines Rechtsanwalts,
f) Kosten eines Sachverständigen,
g) Kosten für Erstellung der prüfbaren Schlussrechnung,
h) verwirkte Vertragsstrafe,
i) Kosten infolge Bauverzögerung.

Alle Forderungen sind zu belegen (Aufmaße, Rechnungen).

Dieser Schaden kann im Wege der Aufrechnung von einem Werklohnanspruch des AN abgezogen werden.

6.9 Zahlungsunfähigkeit des Auftraggebers

Wenn der Auftraggeber zahlungsunfähig ist und keine Zahlungen leistet, kann der Auftragnehmer den Vertrag kündigen. Der Gesetzgeber hat mit der Neuregelung des § 648 a BGB für den AN ein wirksames Instrument geschaffen, sich gegen die Zahlungsunfähigkeit eines AG abzusichern. Der AN darf jederzeit, am besten bereits kurz nach Abschluss des Vertrages, vom AG Sicherheitsleistungen z. B. in Form einer Bankbürgschaft für seine zu erbringenden Werkleistungen verlangen. Die Höhe dieser Sicherheit kann bis zur vollen Höhe des zu erwartenden Werklohns reichen. Dies ist im Einzelfall zu entscheiden. Dieses Recht des AN gemäß § 648a BGB ist nicht abdingbar. Es kann weder durch zusätzliche Vertragsbedingungen noch durch individuelle vertragliche Regelungen zwischen den Parteien ausgeschlossen werden.

VOB/B § 9
BGB § 648 a

6.10 Streitigkeiten

Trotz erschöpfender vertraglicher Regelungen sind Streitigkeiten bei der Bauabwicklung nicht ausgeschlossen. Der ordentliche Rechtsweg unter Anrufung eines Gerichts ist nur dann anzuraten, wenn das Prozessrisiko kalkulierbar ist. Bauprozesse sind nicht nur teuer, sie sind häufig auch von Sachverständigengutachten abhängig, dauern lange und führen in vielen Fällen – weil dort die Schuld nicht nur auf einer Seite liegt – zu Vergleichen. Der rechtzeitig konsultierte Rechtsanwalt kann die Prozessaussichten beurteilen.

Bauprozesse sind Zivilprozesse, bei denen Kläger und Beklagte durch ihre Rechtsanwälte vor Gericht vertreten werden, um die Beweismittel formgerecht zu formulieren und in der Verhandlung vorzutragen. Die Verhand-

ZPO

lungen finden vor den ordentlichen Gerichten statt. Bei Streitwerten bis 5.000 EUR ist das Amtsgericht, bei höheren Streitwerten ist das Landgericht als erste Instanz zuständig.

VOB/B § 18 Um Auseinandersetzungen vor ordentlichen Gerichten zu vermeiden, können Schiedsgutachten zur Aufklärung gewisser Sachverhalte bei Stoffen und Bauteilen von den Parteien bei einer staatlichen oder staatlich anerkannten Materialprüfstelle in Auftrag gegeben werden.

Darüber hinaus kann man bei Vertragsabschluss ein Schiedsgericht vereinbaren, das rechtliche Entscheidungen anstelle eines ordentlichen Gerichts fällt. Schiedsgerichte, die schon bei einem Fachverband bestehen können oder von den Parteien zu bestimmen sind, werden gewöhnlich mit erfahrenen Baufachleuten und (Bau-) Juristen besetzt. Ihr Urteilsspruch ist in gleicher Weise vollstreckbar wie ein staatliches Urteil. Einzelheiten regelt z. B. die Schiedsgerichtsordnung für das Bauwesen.

VOB/B § 9 Streitigkeiten berechtigen den AN in der Regel nicht, die Arbeiten einzustellen, es sei denn, dass er den Vertrag kündigt, sofern die dafür nötigen Voraussetzungen vorliegen.

7 Aufmaß, Abrechnung, Zahlung

7.1 Aufmaß

Nicht erst nach Beendigung aller Arbeiten, sondern im Zuge des Baufortschritts sind die Aufmaße der ausgeführten Leistungen festzustellen, dies gilt besonders dann, wenn Bauteile von den Zeichnungen abweichen, auf diesen nicht dargestellt oder nach ihrer Fertigstellung nicht mehr zugänglich sind (Fundamente). Die Aufmaße sind aus den Zeichnungen zu entnehmen, und falls solche Maßangaben nicht vorhanden sind, in die Zeichnungen zusätzlich einzutragen. In den Abrechnungszeichnungen, welche die Grundlage für die Abrechnung darstellen, müssen exakt die Maße stehen bzw. gegebenenfalls neu angegeben werden, die in die Aufmaßurkunden einzutragen sind (also das Ergebnis einer ausgerechneten Maßkette bzw. ein Differenzmaß). Wenn diese Identität in den Abrechnungsunterlagen nicht gegeben ist, wird die Prüfung der Abrechnung sehr erschwert oder gar ausgeschlossen.

ATV/
Abschn. 5

VOB/B § 14

Die Aufmaße sind vom Auftragnehmer und Auftraggeber gemeinsam vorzunehmen und in doppelt auszufertigende Messurkunden einzutragen, die von den Parteien zu unterzeichnen sind und von denen jede Seite eine Ausfertigung erhält. Die Messurkunden können für manuelle Rechenoperationen abgefasst oder als Beleg zur Eingabevorbereitung für elektronische Datenverarbeitung auf den vorgeschriebenen Formularen aufgestellt werden. Die Abrechnungsbestimmungen der ATV (Abschnitt 5) der jeweils gültigen DIN-Ausgabe und die sonstigen in den Vergabe- und Vertragsunterlagen getroffenen Festlegungen sind zu beachten sowie außerdem die jeweiligen Bestimmungen über Nebenleistungen.

7.2 Abrechnung

Die Ermittlung der für die Erfüllung des Vertrages vereinbarten Vergütung erfolgt durch die Abrechnung. Basis für die Abrechnung sind der Vertrag und die (durch Aufmaß) festgestellte Leistung. Es geht zumeist um folgende Abrechnungskonditionen:

VOB/B § 14
BGB § 631

a 1)   Einheitspreisvertrag und Festpreise:
       Menge x EP = Gesamtpreis je Position
       Summe aller Positionen = Gesamt-Vergütung.

VOB/A § 4

a 2)   Einheitspreisvertrag mit Gleitklausel für EP:
       Menge x EP = Gesamtpreis je Position + Zuschlag
       Summe aller Positionen+ Zuschläge = Gesamt-Vergütung.
b 1)   Pauschal-Festpreisvertrag:
       kein Aufmaß, keine Abrechnung,
       Gesamtvergütung vertraglich genau definiert.

b 2) Pauschal-Festpreisvertrag mit Preisklausel:
kein Aufmaß, keine Abrechnung,
Pauschalpreis + Zuschläge = Gesamt-Vergütung.

	Benennung der Arbeit	Abst. − | +	Abmessungen			Abzug	Meßgeh.	Reiner Meßgeh.
1	POS. 3.21							
	Mauerwerk HbL 4,		5,11					
	30 cm dick, cbm		3,11					
			7,135					
			3,385					
			1,06					
			19,80	2,58	0,30		15,325	
	Fenster	−	0,76	0,57	0,30	0,116		
	"	−	2,76	1,33	0,30	1,101		
	Tür	−	1,01	2,08	0,30	0,630		13,614
2	POS. 3.22, Zulage							
	Türsturz 0,30 × 0,25, m							1,49
	Stahlbeton							
3	POS. 3.22							
	Mauerwerk HLZ,		2,51	2,58			6,47	
	11,5 cm dick, qm	−	0,885	2,01		1.78		4,69
4	POS. 7.1							
	Horizont. Sperrschicht, qm							
	Länge wie Pos. 3.21		19,80					
	Tür	−	1,01					
			18,79	0,30			5,63	
	unter Bruchstein-MW	+	3,61	0,50			1,80	7,43
5	POS. 3.35							
	Schornstein, stgm		2,58					
			0,15					2,73
6	POS. 3.36							
	Reinigungstür, Stck							1
7	POS. 3.37							
	Schornsteinkopf, Stck							1
8	POS. 3.42							
	Bruchsteinmauerwerk		3,61	2,58	0,50		4,657	
	50 cm dick, cbm	−	0,76	0,76	0,50	0,288		
		−	0,90	0,20	1,47	0,264		4,105
9	POS. 3.45							
	Ausfugen Pos. 3.42, qm		3,61	2,58			9,31	
	Fenster	−	0,76	0,76		0,57		
					Übertrag:		9,31	

Bild 7-1 Messurkunde für manuelle Bearbeitung

7.2 Abrechnung

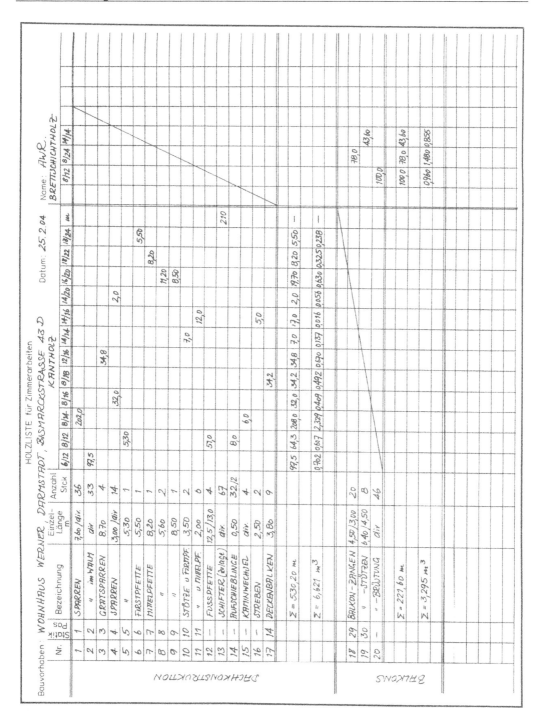

Bild 7-2 Mengenermittlung für Zimmererarbeiten mit Holzliste

SCHMIDT & MEYER
HOCH- U. TIEFBAU
Dreifensterstr. 121
3500 KASSEL

Baustelle: DA - Oberstr. 14 Konto-Nr.: 61-242
Niederlassung: DA
Auftraggeber: Müller

Stundenlohnarbeiten-Bescheinigung Nr. 14

den 25.5.04

Ausgeführte Arbeiten	Polier	Gesamtstundenanfall bei				
		Vor-arbeiter	Fach-arbeiter	Bau-helfer	Hilfs-arbeiter	
Tür im 1.OG auf Anweisung von Frau Müller geändert. Neue Öffnung gestemmt, Leibung gemauert, Sturz eingezogen, alte Türöffnung zugemauert, Schutt heraus- geschafft und abtransportiert.	Schulze Albrecht Azurro Adamo Baretti	4	8	4 4	5	
Aufsicht						
insgesamt		4	8	8	5	

hiervon Mehrarbeitsstunden:
Ü = Überstd.   S = Sonntagsarbeit
N = Nachtstd.   F = Feiertagsstd.

Zuschlagsart				
Stundenzahl	4	8	8	5

a) Leistungs- und Erschwerniszulagen   b) anteilige Lohnnebenkosten (Art und Betrag)
b) Anweisung 3 × 18,—

c) Einbaumaterial   d) Vorhaltematerial, Rüstungen, Betriebsstoffe   e) Geräteeinsatz
c) 115 Stck HLZ, NF
   70 ltr Mörtel MG II
e) Kompressor 1,5 Std.
   2 Fahrten 5t-LKW zum Bauhof (2 × 19 km)

Aufgestellt
Bauführer / Polier: *Kusten*

Als Forderung anerkannt
für den Auftraggeber: *Nägeli*

Bild 7-3   Tagelohnzettel

7.2 Abrechnung

	Bauteil	Maßart	Dim.	Ansatz	DIN 18331
BETON	Decke	Flächenmaß	m^2	a x b	5.1
		Raummaß	m^3	a x b x d	5.1
	Balken	Raummaß	m^3	c x e x b	5.1
		Längenmaß	m	b	5.1
	Stütze	Raummaß	m^3	f x g x (h + c)	5.1
		Längenmaß	m	h + c + d	5.1
		Anzahl	St.	1	–
SCHALUNG	Decke	Flächenmaß	m^2	(a x b) - (b x e)	5.2
	Balken	Flächenmaß	m^2	(2c + e) x b	5.2
	Stütze	Flächenmaß	m^2	(2f + 2g) x (h + c)	5.2
STAHL	Alle Bauteile	Gewicht	t	nach Stahllisten (G x m)	5.3

Bild 7-4 Verschiedene Möglichkeiten der Abrechnung nach DIN 18 331:2002-12 (Beispiel Stahlbetonarbeiten) sowie DIN 18 299:2002:12.05

VOB/B § 14 Es ist Sache des Auftragnehmers, die Forderung dem Grunde und der Höhe nach zu formulieren und fristgerecht seine Rechnungen zu stellen. Die Prüfbarkeit der Rechnungen ist im Allgemeinen anzunehmen, wenn folgende Konditionen erfüllt sind:

- Reihenfolge und Bezeichnung der Positionen wie im Angebot
- Vollständige Belege (Aufmaß-Urkunden, Abrechnungs-Zeichnungen, Lieferscheine und dgl.)

Abschlagsrechnung

Nachweis:

Pos.	Leistung	Menge	Dim.	EP	Ges.-Preis
3.1	Mutterbodenabtrag	120	m^2	4,80	576,00 EUR
3.2	Aushub Baugrube	700	m^3	9,10	6 370,00 EUR
	usw.				

Gesamt:	102 760,50 EUR
Sicherheitseinbehalt 10 %	10 276,05 EUR
Summe:	92 484,45 EUR
Erhaltene Abschlagzahlungen 1–3	60 000,00 EUR
Rest	32 484,45 EUR
4. Abschlagzahlung	32 000,00 EUR
19 % Mwst	6 080,00 EUR
Rechnungsbetrag	38 080,00 EUR

Bankverbindung:
Deutsche Bank Kassel: Nr. 471 10815 BLZ 520 700 12

Schlussrechnung:
Zunächst Nachweis wie oben

Netto-Summe	349 551,50 EUR
Erhaltene Abschlagzahlungen netto	290 000,00 EUR
Rest	59 551,50 EUR
19 % Mwst.	11 314,79 EUR
Restforderung	**70 866,29 EUR**

Bild 7-5   Formulierungsbeispiel für Rechnung

7.2 Abrechnung

Für Abschlagszahlung können überschlägige Ermittlungen zugelassen werden. Stundenlohnarbeiten sollten in jedem Fall gesondert – möglichst schriftlich – in Auftrag gegeben und aufgrund arbeitstäglich vom Auftraggeber bzw. seinem Architekten anerkannter Belege (Tagelohnzettel, Rapporte) für festgelegte Zeiträume, z.B. monatlich zusammengefasst, abgerechnet werden.

VOB/B § 16, 1
VOB/B § 15

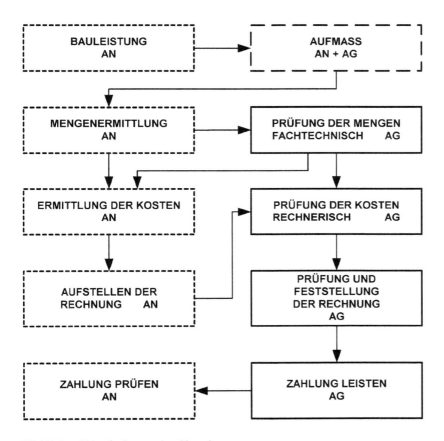

Bild 7-6   Ablaufschema der Abrechnung

Stundenlohnarbeiten entstehen je nach Verursachung als

Regie-Arbeit, d. h. Arbeit, die nicht im LV enthalten ist oder nicht als Leistung beschreibbar und kalkulierbar war, oder als

Beihilfe, d. h. Leistung, die als hilfsweise Unterstützung für andere Unternehmer erbracht wird (Beispiel: Einmörteln von Verankerungen technischer Anlagenteile).

Je weniger Tagelohnkosten in der Gesamtherstellungssumme enthalten sind, umso höher ist die Qualität der Ausschreibung anzusehen.

Die Rechnungen sollen in mindestens 3-facher Ausfertigung vom Auftragnehmer vorgelegt werden:

- das Original mit Prüfeintragungen erhält der Auftraggeber,
- die 1. Kopie mit Prüfeintragungen behält der Architekt,
- die 2. Kopie mit Prüfeintragungen erhält der Auftragnehmer zurück, damit der die bei der Rechnungsprüfung vorgenommenen Korrekturen feststellen kann.

Die Prüfung der Auftragnehmer-Rechnungen erfolgt im Normalfall durch den Architekten. Sie erstreckt sich auf die fachtechnische und rechnerische Behandlung. Dann erfolgt die Feststellung der Rechnung, d.h. es wird bescheinigt, dass die Abrechnung nicht nur fachtechnisch und rechnerisch in Ordnung ist, sondern dass sie sich auch in Übereinstimmung mit den vertraglichen Bedingungen befindet. Zur eindeutigen Kennzeichnung der Prüfungsvorgänge sollten folgende Texte in Stempeln verwendet werden:

IN ALLEN TEILEN FACHTECHNISCH UND RECHNERISCH GEPRÜFT UND MIT DEN AUS DER MASSENBERECHUNG (ABRECHNUNGSZEICHNUNG) EINSICHTLICHEN ÄNDERUNGEN FÜR RICHTIG BEFUNDEN:	IN ALLEN TEILEN SACHLICH GEPRÜFT UND MIT DEN AUS DER RECHNUNG ERSICHTLICHEN ÄNDERUNGEN FÜR RICHTIG GEFUNDEN:
	ENDBETRAG: EUR ....
Ort und Datum Unterschrift	Ort und Datum Unterschrift

Bild 7-7 Stempel (links unterschreibt Sachbearbeiter, rechts unterschreibt Architekt)

VOB/B § 14(16) Bei der abschließenden Bearbeitung der **Schlussrechnung** sind einige besondere Punkte zu beachten. Dazu zählen vor allem Forderungen, die der Auftraggeber gegen den Auftragnehmer geltend macht, wie z.B. vom Auftragnehmer verursachte Beschädigung (Glasbruch), anteilige Prämie für die Bauleistungsversicherung, verwirkte Konventionalstrafe, Minderung wegen mangelhafter Qualität und dergleichen.

Schließlich ist der Sicherheitseinbehalt in der vertraglich vereinbarten Höhe abzusetzen, sofern dieser nicht mit einer Bankbürgschaft abgelöst wurde.

Es empfiehlt sich, die Abrechnung mit einer **Schlusserklärung** abzuschließen, um sicherzustellen, dass keine nachträglichen Forderungen später erhoben werden (Vergl. Auch VOB/B § 16, 3 (2)).

Bei Anwendung der elektronischen Datenverarbeitung bei der Bauabrechnung ergeben sich für Auftragnehmer und Auftraggeber erhebliche Vorteile durch Beschleunigung der Abrechnung und Kostensicherheit. Maßgebend sind die Regelungen für die elektronische Bauabrechnung REB, die von der Forschungsgesellschaft für das Straßen- und Verkehrswesen in Verbindung mit dem Gemeinsamen Ausschuss Elektronik im Bauwesen (GAEB) aufgestellt wurden. Für die Programmanwendungen gelten die Anwendungsvorschriften der EDV-Anlagen und -Programme. Der Architekt haftet für die Richtigkeit der Abrechnung. Für Schäden, die dem Auftraggeber aus Fehlern in der Abrechnung erwachsen, hat er einzustehen.

7.3 Zahlung

Falls über die Zahlungsweise in den Vergabe- und Vertragsunterlagen nichts Besonderes angegeben und bei der Vergabeverhandlung keine Vereinbarungen darüber getroffen wurden, gilt – sofern vereinbart – die VOB.   VOB/B § 16

Vorauszahlungen auf Leistungen, Baustoffe oder Bauteile, die noch nicht erbracht bzw. eingebaut sind, sollen durch Bankbürgschaften abgesichert werden. Diese müssen unbefristet und unter dem Verzicht der Einrede der Vorausklage ausgestellt sein. Da durch diese Zahlungsweise dem Auftragnehmer ein Zins- bzw. Liquiditätsvorteil erwächst, kann bei der Vergabeverhandlung ein wertentsprechender Nachlass vereinbart werden.   VOB/B § 16, § 17 BGB § 771

Abschlagszahlungen sind für nachgewiesene vertragsgemäße Arbeiten zu leisten. Es kommt jedoch darauf an, dass diese **prüfbar** nachgewiesen werden. Falls Zahlungen auf noch nicht fest eingebaute Stoffe oder Bauteile geleistet werden sollen, sind diese zuvor zu übereignen, oder es ist Bankbürgschaft entsprechenden Wertes vom Auftragnehmer vorzulegen.   VOB/B § 16

Die für Vorauszahlungen und Abschlagszahlungen hinterlegten, unbefristeten Bankbürgschaften sind dem Auftragnehmer zurückzugeben, wenn der entsprechende Leistungswert unter Berücksichtigung der Abschlagszahlungen erreicht ist.

Zahlungspläne sind bei pauschalierten Vergütungen üblich. Im Falle eines Stahlbetonfertigteilbauwerks kann z.B. vereinbart werden:
- 30% bei Auftragserteilung (gegen Bankbürgschaft)
- 30% bei Montagebeginn (gegen Bankbürgschaft)
- 30% bei Montageende
- 10% nach Abnahme und Schlussrechnung unter Berücksichtigung evtl. vorzunehmender Abzüge.

Die Bankbürgschaften sind zurückzugeben, wenn die erbrachte Leistung auf der Baustelle ihrem Wert entspricht.

Schlusszahlungen sind als solche zu kennzeichnen. Sie stellen die letzte Zahlung dar, nachdem die auf die Vergütung entfallenden bereits geleisteten Zahlungen, Abzüge u. dgl. abgesetzt sind.

VOB/B § 16, (1)1.	**Umsatz-(Mehrwert-)Steuer** wird nach dem Umsatzsteuergesetz bei bewirkter Leistung, auch bei Teilleistungen fällig. Darum ist der entsprechende Steuerbetrag bei allen Abschlags- und Schlusszahlungen zu leisten. Bei Änderung der Höhe des Umsatz-(Mehrwert-) Steuersatzes sind die bis zum Änderungszeitpunkt bewirkten Leistungen nach altem, die danach bewirkten Leistungen nach dem neuen Steuersatz zu versteuern (Näheres regeln Gesetze und Durchführungsverordnungen).
VOB/B § 16(1) 3. VOB/B § 16(3)1.	Die Fälligkeit der Zahlungen ist in der VOB/B so geregelt: – Abschlagszahlungen binnen 21 Tagen nach Zugang der Aufstellung. – Schlusszahlungen spätestens 30 Tage nach Zugang.

Eventuell sind abweichende Zahlungsfristen in den Vergabe- und Vertragsunterlagen zu regeln, falls diese Dauern für den Prüfungs- und Zahlungsvorgang nicht ausreichen.

Vom Architekt sind für die vom Auftraggeber zu leistenden Zahlungen entsprechende Zahlungsanweisungen auszufertigen.

Beispiel:
Zahlungsanweisung Nr. 06/G35/125

Auf Grund der geprüften und festgestellten Rechnung vom 10.8.2010 ist gem. Vertrag

an	Fa. Schmidt & Meyer GmbH, Dreifenster Str. 121, 34135 Kassel,	
für	Rohbauarbeiten	
am	17.8.2010	
die Summe von		25 000,00 EUR
	19,00 % Mwst.	4 750,00 EUR
		29 750,00 EUR

in Worten:	neunundzwanzigtausendsiebenhundertfünfzig
als	4. Abschlagszahlung/Schlusszahlung
auszuzahlen.	

auf Konto Nr. 40100507 bei Deutsche Bank Kassel, BLZ 520 700 12
Kassel, den 10.8.2010

....
(Unterschrift)

Zahlungen, die ohne Anweisung geleistet werden, können nicht ordnungsgemäß gebucht werden.

Bild 7-8 Beispiel einer Zahlungsanweisung

Für die sonstigen in Zusammenhang mit Zahlungen auftretenden Fragen gelten die vertraglichen bzw. gesetzlichen Bestimmungen. Im Falle vertraglich vereinbarter Rückzahlungsklauseln können z.B. nach Überprüfung der gesamten Vertragsabwicklung, besonders der Abrechnung, durch Revisionsinstanzen des Auftraggebers später bis zu einem Spätest-Zeitpunkt zuviel bezahlte Beträge zuzüglich Zinsen vom Auftragnehmer zurückgefordert werden.

7.4 Freistellungsbescheinigung

Freistellungsbescheinigungen sind vom Auftragnehmer im Zuge der Auftragserteilung für Bauleistungen beim Auftraggeber vorzulegen. Sie besagen, dass der Auftragnehmer seinen Pflichten zur Zahlung der Umsatzsteuer (Mehrwertsteuer) nachgekommen ist. Wird eine Freistellungsbescheinigung nicht vorgelegt oder ist die vorgelegte nicht gültig, so hat der Auftraggeber 15% der festgestellten Summe an das für den Auftragnehmer zuständige Finanzamt abzuführen und nur 85% an den Auftragnehmer zu überweisen.

Zur Sicherung von Steueransprüchen gilt ab 1.Januar 2002 das Gesetz zur Eindämmung illegaler Betätigung im Baugewerbe vom 30. August 2001. Wegen der Eigenart dieser Materie wird auf die von den Finanzämtern dazu herausgegeben Merkblätter verwiesen. Infolge der Komplexität und des Umfangs des Sachverhalts kann die Steuerabzugsregelung bei Bauleistungen hier nicht im Einzelnen behandelt werden.

Da Auftraggeber die Überprüfung der von den Auftragnehmern vorzulegenden Freistellungsbescheinigungen häufig den Architekten übertragen, oder diese die Überprüfung von sich aus übernehmen, wird auf die vorgeschriebenen Verfahrensweisen nachdrücklich hingewiesen. So genügt es beispielsweise nicht, die von einem Auftragnehmer vorgelegte und mit einer Gültigkeitsfrist versehene Freistellungsbescheinigung zum Steuerabzug bei Bauleistungen ohne weiteres zu akzeptieren. Vielmehr ist es erforderlich, um eine Haftung des Auftraggebers für den Steuerabzug zu vermeiden, die Richtigkeit der Freistellungsbescheinigung beim BUNDESZENTRALE FÜR STEUERN zu überprüfen. Das erfolgt auf dem Weg einer elektronischen Abfrage (www.bzst.bund.de). Ansonsten geben auch die ausstellenden Finanzämter auf Anfrage über die Gültigkeit der Freistellungsbescheinigung Auskunft.

7.5 Sicherheitsleistung

Die Sicherheitsleistung dient dazu, den Auftraggeber mit einem Geldbetrag in vereinbarter Höhe während der Ausführung und während der Verjährungsfrist für Mängelansprüche vor Schaden zu bewahren.

VOB/B § 16 VOB/B § 17 VOB/B § 4(7)	Bei **Abschlagszahlungen** werden gewöhnlich 10% des Wertes der nachgewiesenen, erbrachten Leistung ohne Umsatzsteueranteil als Sicherheitsleistung bis zur Schlussabrechnung einbehalten, bzw. 90% werden ausbezahlt. Mit dem Einbehalt können Gegenforderungen des Auftraggebers verrechnet werden, z.B. wegen nicht vom Auftragnehmer während der Ausführung beseitigter Mängel, die der Auftraggeber auf Kosten des Auftragnehmers von einem Dritten beheben lässt.
VOB/B § 17	Bei **Schlusszahlungen** werden von der Gesamt-Abrechnungssumme (ohne den Umsatzsteueranteil) gewöhnlich 3% bis 5% einbehalten.
BGB § 232–240	Der **Sicherheitseinbehalt** ist der prozentuale Anteil der Netto-Abrechnungssumme, der vom Auftraggeber aufgrund vertraglicher Vereinbarungen einbehalten werden kann, um bei evtl. späteren Mängeln, die im Laufe der Verjährungsfrist auftreten, gegebenenfalls die Mängelbeseitigung durch andere Unternehmer vornehmen zu lassen und den Sicherheitseinbehalt dafür zu verwenden. Die Sicherheit kann in Geld geleistet werden, indem der Betrag einbehalten wird oder gegen Stellung einer Bürgschaft.
BGB § 771 VOB/B § 17	Eine andere häufige Form ist die Vorlage einer schriftlichen Bürgschaftserklärung eines Kreditinstituts oder Kreditversicherers, die unbefristet (wegen evtl. Unterbrechung der Verjährung) und unter Verzicht auf die Einrede der Vorausklage ausgestellt sein muss. Spätestens nach Ablauf der Verjährungsfrist für Mängelansprüche ist der Geldbetrag an den AN auszuzahlen bzw. die Bürgschaft zurückzugeben. In den Vergabe- und Vertragsunterlagen ist zu regeln, ob eine in Geld geleistete Sicherheit auf ein Sperrkonto im Sinne der Allgemeinen Vertragsbedingungen einzuzahlen ist.

7.6 Lohn-/Materialpreis-Erhöhungen

	Ob der AN während oder nach der Ausführung Mehrkosten geltend machen kann, die aus Lohn- und/oder Materialpreis-Erhöhungen herrühren, hängt von den vertraglichen Vereinbarungen ab. Das muss in den Vergabe- und Vertragsunterlagen geregelt werden, damit der Bieter das daraus sich ergebende preisliche Risiko bei seiner Kalkulation einschätzen kann.
VOB/B § 15 VOB/B § 2	Sofern nichts anderes vereinbart ist, gelten alle Angebotspreise als **Festpreise**, d.h. es können weder wegen nach Angebotsabgabe eingetretenen Erhöhungen von Löhnen und Materialpreisen, noch aus anderen Gründen höherer Kosten geltend gemacht werden. (Einschränkungen können nach VOB/B § 2 gelten!)
BGB § 242	Ändern sich jedoch die Löhne bzw. Preise unvorhersehbar in einem solchen Maß, dass der „Wegfall der Geschäftsgrundlage" in Betracht kommt, so kann der AN dennoch die Anpassung der Preise verlangen. Notfalls muss er wegen seiner Ansprüche klagen.

7.6 Lohn-/Materialpreis-Erhöhungen

In der Regel wird sich ein Unternehmer nicht auf eine Festpreisbindung einlassen, sondern sich die Anpassung der Preise bei geänderter Kostensituation vorbehalten und darum eine **Gleitklausel** vereinbaren wollen. Dieser Wunsch wird angesichts ständiger, zumeist in jährlichem Abstand erfolgender tariflicher Lohnerhöhungen besonders bei längerfristigen Bauabwicklungen verständlich. Bei Bauarbeiten, die voraussichtlich nicht vor dem Ablauf von neun Monaten nach Angebotsabgabe abgeschlossen sein werden, hat sich folgende Vereinbarung als akzeptabel erwiesen:

VOB/B § 15

„Alle Materialpreise sind Festpreise. Erhöhen sich jedoch die Baustellen-Lohnkosten aufgrund tariflicher Lohnvereinbarungen der Tarifpartner nach dem Ablauf von neun Monaten nach Abgabe des Angebots, so können die unter Verwendung der Baustellen-Lohnkosten nachgewiesenen Lohnmehraufwendungen zuzüglich der lohngebundenen Zuschläge (die vom Bieter in diesem Angebot in den Zusätzlichen Vertragsbedingungen als v.H.-Satz des tariflichen Bruttolohnes ohne freiwillige Zuwendungen des Arbeitgebers, wie etwa Prämien und dergleichen anzubieten sind) abgerechnet werden."

Eine derartige Formulierung kann den Unternehmer von unnützen Risikozuschlägen bei seiner Preiskalkulation entbinden und damit dem AG einen reellen Preis für die geforderte Leistung bieten. Die Eingrenzung auf die Baustellenlöhne soll die Überprüfungsmöglichkeit sicherstellen.

Bei Aufträgen der öffentlichen Hand gelten für nachträgliche Preiserhöhungen besondere Festlegungen, auf die hier nicht näher eingegangen wird.

8 Haftung und Mängelansprüche

8.1 Haftung

Haften heißt, für den Schaden eines anderen verantwortlich zu sein mit der Folge, dass dem Geschädigten Ersatz zu leisten ist.

Die Haftung der Vertragsparteien untereinander regelt sich nach gesetzlichen Bestimmungen wie

- Haftung für Vorsatz und Fahrlässigkeit,   BGB § 276
- Haftung für gesetzliche Vertreter und Erfüllungsgehilfen.   BGB § 278

Wird ein Dritter geschädigt, so gelten ebenfalls die gesetzlichen Bestimmungen, sofern nichts anderes vereinbart ist.

Besonderen Hinweises bedarf die Bestimmung VOB/B § 10(2), 2. die den vom Auftragnehmer allein zu tragenden Schaden einschränkt (Regelung in den Vertragsbedingungen evtl. erforderlich). Der Auftragnehmer sollte dem Auftraggeber vor dem Zustandekommen des Vertrages den Nachweis über seine Betriebshaftpflichtversicherung durch Vorlage der Versicherungsurkunde (Police) führen.   VOB/B § 10

Der Auftragnehmer haftet dafür, dass seine Leistung zur Zeit der Abnahme als Werk i.S. BGB frei von Sachmängeln und Rechtsmängeln ist. Ist dies nicht der Fall, kann der Auftraggeber Nacherfüllung verlangen, sowie unter den im BGB geregelten Bedingungen den Mangel selbst beseitigen und Ersatz der erforderlichen Aufwendungen verlangen, oder von dem Vertrag zurücktreten, oder die Vergütung mindern, oder Schadenersatz oder den Ersatz vergeblicher Aufwendungen verlangen.   BGB §§ 633, 634, 634a, 635, 636, 637, 638 VOB/B § 13

Zur Bewertung des jeweiligen Falles und zur Entscheidung über die zu treffenden Maßnahmen wird im Rahmen dieser Schrift auf die evtl. nötige Rechtsberatung verwiesen.

Der Auftragnehmer ist dafür verantwortlich, dass seine Leistungen den allgemein anerkannten Regeln der Technik entsprechen. Dieser Bestimmung unterliegen auch die Leistungen der Architekten und der Ingenieure. Dies trifft nur evtl. dann nicht zu, wenn die Planenden bzw. die ausführenden Auftragnehmer vorher schriftlich darauf hinweisen, dass eine vom Auftraggeber ausdrücklich verlangte Ausführung den allgemein anerkannten Regeln der Technik nicht entspricht, sie ihre Haftung dafür ablehnen und dann vom Auftraggeber ausdrücklich schriftlich aus der Haftung dafür entlassen werden – sofern eine Baugefährdung nicht eintritt.   VOB/B § 4(2) VOB/B § 13(1)

StGB § 323

Wer jedoch bei Planung, Leitung oder Ausführung eines Baues oder des Abbruchs eines Bauwerks gegen die allgemein anerkannten Regeln der Technik verstößt und dadurch den Tatbestand der Baugefährdung herbeiführt, riskiert Freiheits- oder Geldstrafe, auch dann, wenn Fahrlässigkeit vorliegt.   StGB § 323

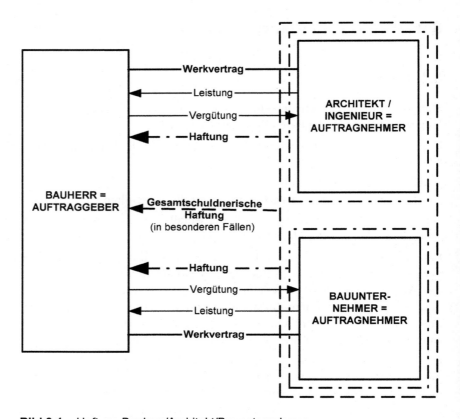

Bild 8-1 Haftung Bauherr/Architekt/Bauunternehmer

8.2 Mängelhaftung

Die Mängelhaftung verpflichtet den Unternehmer beim Werkvertrag, dem Besteller das Werk frei von Sach- und Rechtsmängeln zum Zeitpunkt der Abnahme zu verschaffen. Die Dauer der Mängelhaftung beginnt mit der Abnahme und endet mit Ablauf der Verjährungsfrist.

8.3 Mängelansprüche

VOB/B § 13 (1)   Die vom Unternehmer geschuldete Leistung ist frei von Sachmängeln, wenn sie die **vereinbarte Beschaffenheit** hat und den **anerkannten Regeln der Technik** entspricht.

Die vereinbarte Beschaffenheit kann sich aus der Leistungsbeschreibung ergeben. Sollte die Beschaffenheit nicht vereinbart sein, so ist die Leistung zur Zeit der Abnahme frei von Sachmängeln,

a) wenn sie sich für die nach dem Vertrag vorausgesetzte, sonst

b) für die gewöhnliche Verwendung eignet und eine Beschaffenheit aufweist, die bei Werken gleicher Art üblich ist und die der Auftraggeber nach der Art der Leistung erwarten kann.

Auch die Maßgabe, die Beschaffenheit nach Proben zu definieren, ist gem. VOB zu beachten. Von großer Bedeutung ist die Regelung in VOB/B § 13, Nr. 3, welche den Unternehmer verpflichtet für solche Mängel einzustehen, welche aus der Leistungsbeschreibung, Anordnungen des Auftraggebers, auf von diesem gelieferten oder vorgeschriebenen Stoffe oder Bauteile oder die Beschaffenheit der Vorleistung eines anderen Unternehmers herrühren, sofern er nicht die ihm nach VOB/B § 4, Nr. 3 obliegende Mitteilung gemacht hat. VOB/B § 13 (3)

VOB/B § 4 (3)

Aus vorstehenden Regelungen folgt beispielsweise für Architekten und Ingenieure ein hoher Anspruch an die Formulierung von Leistungsbeschreibungen, insbesondere im Falle besonderer Anforderungen des Auftraggebers an die Beschaffenheit von Bauleistungen, welche über das zu erwartende, übliche Maß hinausgehen. Dies ist in der Regel dann gegeben, wenn besondere ästhetische Zielsetzungen erfüllt werden sollen.

8.4 Mängelbeseitigung

8.4.1 Mängelbeseitigung durch Nacherfüllung

Wenn ein Mangel in der Weise vorliegt, dass der Vertragsgegenstand gem. VOB/B § 13 Nr. 1, 2 oder 3 nicht frei von Sachmängeln ist, kann der Auftraggeber innerhalb der Verjährungsfrist die Mängelbeseitigung durch Nacherfüllung verlangen, wobei eine angemessene Frist zu setzen ist. BGB § 633
BGB § 634

Die Aufforderung zur Mängelbeseitigung durch Nacherfüllung nach der Abnahme der Leistung kann, innerhalb der Verjährungsfrist, so formuliert werden:

„An den von Ihnen ausgeführten Leistungen/Lieferungen wurden folgende Mängel festgestellt: VOB/B § 13

....

....

Gemäß den vertraglichen Vereinbarungen teile ich Ihnen mit:
1. Für die Beseitigung dieser Mängel setze ich Ihnen eine angemessene Frist zum ....
   .... Uhr. BGB § 633

2. Die Erledigung dieser Arbeiten ist mir unverzüglich schriftlich mitzuteilen, damit die Abnahme dieser Mängelbeseitigung vorgenommen werden kann. BGB § 635

> VOB/B § 13, 5 (1)
>
> 3. Die Verjährung ist ab heute gehemmt, bzw. beginnt neu.
>
> BGB § 634 ff
>
> 4. Sollten Sie wider Erwarten die Beseitigung der Mängel zum gesetzten Termin nicht vornehmen, bin ich berechtigt, einen anderen Unternehmer auf Ihre Kosten die Mängel beseitigen zu lassen oder einen der Wertminderung entsprechenden Betrag von dem Sicherheitseinbehalt abzuziehen.
> 5. Die Kosten für meine im Zusammenhang mit der Mängelbeseitigung entstehenden Aufwendungen gehen ebenfalls zu Ihren Lasten."

8.4.2 Mängelbeseitigung durch Selbstvornahme

BGB § 637
VOB/B § 13, Nr. 5 (2)

Wie zuvor bereits unter Ziffer 4 und 5 des Briefbeispiels der Aufforderung zur Mängelbeseitigung angedroht, hat der Auftraggeber das Recht, die Mängelbeseitigung auf Kosten des Unternehmers durchführen zu lassen.

8.5 Minderung

BGB § 638
VOB/B § 13 (6)

Die im BGB geregelten Möglichkeiten zur Minderung des vereinbarten Preises werden in der VOB/B eingeschränkt auf diese Fälle, in denen die Mängelbeseitigung

– für den Auftraggeber unzumutbar ist;
– unmöglich ist;
– einen unverhältnismäßigen Aufwand erfordert und der Auftragnehmer deswegen die Beseitigung verweigert.

8.6 Verjährungsfrist

BGB § 195

Die regelmäßige Verjährungsfrist beträgt **drei** Jahre, sonst gelten unterschiedliche Fristen entsprechend den Bestimmungen des BGB. Die Verjährungsfristen sind ebenfalls unterschiedlich geregelt.

Vergl. 6, 7
BGB § 187

Bei Mängelansprüchen bei Bauleistungen gelten folgende Bestimmungen:

a) Die Verjährung beginnt mit der Abnahme der gesamten Leistung, nur für in sich abgeschlossenen Teile der Leistung beginnt sie mit der Teilabnahme (an dem auf den der Abnahme folgenden Tag).

BGB § 634 a

b1) Die Verjährungsfrist beträgt nach BGB bei einem Bauwerk **fünf** Jahre oder

VOB/B § 13, 4

b2) die Verjährungsfrist beträgt nach VOB
– für ein Bauwerk **vier** Jahre, wenn nichts anderes vereinbart wurde. Es empfiehlt sich, eine verlängerte Verjährungsfrist von 5 Jahren zu vereinbaren.

8.6 Verjährungsfrist

- für andere Bauwerke, deren Erfolg in der Herstellung, Wartung oder Veränderung einer Sache besteht und für die vom Feuer berührten Teile von Feuerungsanlagen **zwei** Jahre,
- für feuerberührte und abgasdämmende Teile von industriellen Feuerungsanlagen **ein** Jahr und
- für Teile von maschinellen und elektrotechnischen/elektronischen Anlagen ohne Wartungsvertrag **zwei** Jahre, auch wenn für weitere Leistungen eine andere Verjährungsfrist vereinbart ist, sofern keine hiervon abweichende Verjährungsfrist im Vertrag vereinbart ist.

Die Verjährungsfrist endet mit dem Ablauf des Tages, der dem Abnahmetag kalendermäßig entspricht. Vergl. 4.2
BGB § 188

Welche der möglichen, auch längeren Verjährungsfristen, gelten sollen, ist im Vertrag zu regeln. BGB § 202

Der Anspruch des Auftraggebers auf Beseitigung der gerügten Mängel verjährt **zwei** Jahre nach Zugang der schriftlichen Aufforderung, nicht jedoch vor Ablauf der vereinbarten evtl. längeren Fristen. VOB/B
§ 13, 5 (1)

Nach Abnahme der Mängelbeseitigung beginnt für diese Leistung eine Verjährungsfrist von **zwei Jahren neu**, die jedoch nicht vor Ablauf der vereinbarten evtl. längeren Frist endet.

Hemmung der Verjährung heißt, dass der Zeitraum, während dessen die Verjährung gehemmt ist, in die Verjährungsfrist nicht eingerechnet wird. BGB § 209

Neubeginn der Verjährung bedeutet, dass die bis zur Unterbrechung verstrichene Verjährungszeit nicht gilt und die Verjährungsfrist erst wieder nach Beendigung der Unterbrechung neu zu laufen beginnt. BGB § 212

Beispiele:

A. Tritt bei einer fünfjährigen Verjährungsfrist gemäß BGB nach 40 Monaten ein Neubeginn ein, dann beginnt eine zweijährige Verjährungsfrist neu.

B. Tritt bei einer vierjährigen Verjährungsfrist nach VOB/B nach 5 Monaten ein Mangel auf, welcher zwei Monate nach Aufforderung beseitigt wird und daraufhin die Abnahme der Mängelbeseitigung erfolgt, so gilt die vierjährige Verjährungsfrist ab erster Abnahme weiter, weil die vereinbarte, längere Frist durch die neu einsetzende Verjährungsfrist von zwei Jahren ab Mängelbeseitigungs-Abnahme nicht überschritten wird.

Die Verjährung kann im Fall der fünfjährigen BGB-Verjährungsfrist durch bloße Mahnung des Schuldners nicht neu beginnen, sondern nur durch Anerkenntnis oder durch gerichtliche oder behördliche Vollstreckungshandlungen. BGB § 212

Sobald sich in diesen Fällen Schwierigkeiten abzeichnen, unverzüglich Rechtsanwalt einschalten, um Form und Fristen zu wahren!

Sofern VOB/B als Vertragsgrundlage vereinbart ist, beginnt durch die schriftliche Mängelrüge, die nur einmal erhoben werden kann, die Verjährungsfrist neu zu laufen.

8.7 Gesamtschuldnerische Haftung

BGB § 421

Bei der Gesamtschuld schulden mehrere Auftragnehmer eine Leistung in der Weise, dass jeder die ganze Leistung zu erbringen verpflichtet ist, die der Auftraggeber jedoch nur einmal fordern kann.

Beispiel: Wenn drei Firmen eine **Arbeitsgemeinschaft** zur Erbringung einer Bauleistung bilden und eine Firma während der Vertragserfüllung durch Insolvenz ausscheidet, so sind die beiden in der Arbeitsgemeinschaft verbleibenden Firmen verpflichtet, die geforderten Leistungen insgesamt zu erbringen und auch für die Mängel einzustehen, die an der Leistung des früheren Arbeitsgemeinschaftspartners auftreten.

Nach der BGH-Entscheidung vom 1.2.1965 sind Architekt und Bauunternehmer immer dann als Gesamtschuldner anzusehen, wenn sie beide wegen eines Mangels am Bauwerk wegen Schlechterfüllung haften. Dies gilt auch dann, wenn der Architekt auf Schadensersatz in Geld in Anspruch genommen, vom Bauunternehmer jedoch zunächst nur Nachbesserung verlangt wird. (Gegebenenfalls besondere Regelung im Architektenvertrag bezüglich Haftungsbeschränkungen des Architekten und der Verjährungsfristen erforderlich.)

8.8 Haftung des Architekten und des Ingenieurs

BGB § 634 a

Nach der gesetzlichen Regelung gilt für die Haftung des Architekten wie des Ingenieurs eine Verjährungsfrist von 5 Jahren nach Abnahme seiner vertraglichen Leistungen. Für Bauunternehmer gelten jedoch – sofern nichts anderes vereinbart – häufig kürzere Verjährungszeiten, wie gemäß VOB 4 Jahre nach Abnahme.

VOB/B § 13 (4)

Sofern der Architekt oder Ingenieur und der Bauunternehmer wegen eines Mangels am Bauwerk als Gesamtschuldner haften, kann der Fall eintreten, dass der Architekt oder Ingenieur noch haftet, während die Haftung des Bauunternehmers gegenüber dem Bauherrn bereits abgelaufen ist. Trotzdem kann auch in diesem Fall der Architekt oder Ingenieur aus dem Gesamtschuldverhältnis noch auf den Unternehmer zurückgreifen. Dieser Anspruch verjährt aber ab Kenntnis in drei Jahren. Nach aller Erfahrung ist es deshalb ratsam und billig, mit dem Bauherrn die Klausel zu vereinbaren, dass der Architekt oder Ingenieur „nicht länger haftet als die an der Bauleistung beteiligten Bauunternehmer".

8.9 Haftung wegen positiver Vertragsverletzung

§ 280 BGB ersetzt den ungeschriebenen Tatbestand der positiven Vertragsverletzung. Diese Ansprüche aus § 280 BGB unterliegen der regelmäßigen Verjährungsfrist von 3 Jahren gemäß § 195 BGB.

BGB § 280

BGB § 195

Beispiel für einen entfernteren Mangelfolgeschaden:

Ein Ingenieur hat eine Heizung fehlerhaft geplant mit der Folge, dass Heizungswasser austritt (Bauwerkschaden), welches Möbel unbrauchbar macht (unmittelbarer Mangelfolgeschaden), der wie ein Bauschaden behandelt wird.

Beispiel für eine Nebenpflichtverletzung: (entfernter Mangelfolgeschaden)

Ein Architekt hat einen Dachaufbau fehlerhaft geplant. Wegen der bauphysikalischen Unzulänglichkeiten entstehen Bauwerksschäden. Ein Gerichtsverfahren (zu dem der Architekt seinem Auftraggeber geraten hatte) gegen den ausführenden Unternehmer erweist in letzter Instanz die Schuld des Architekten. Der Architekt haftet auf Schadenersatz der durch den Prozess entstandenen Kosten, weil er seinem Auftraggeber zu einem aussichtslosen Prozess geraten hatte. (entfernter Mangelfolgeschaden) und auch noch für den Bauschaden selber (= Planungsfehler)

9 Versicherungen[1]

Versicherungen sollen den Versicherten vor den Schadensfolgen von Risiken schützen, die er während des Planes und/oder des Ausführens eines Bauwerks zu tragen hat. Man unterscheidet allgemein zwischen sog. **Sachversicherungen** und **Haftpflichtversicherungen**. Die sog. Sachversicherungen schützen vor Risiken, die auf die versicherte Sache einwirken (Gefahrendeckung). Hierzu zählen die Bauleistungsversicherung und die Gebäudeversicherung, in der das sog. Feuerrohbaurisiko regelmäßig mitversichert ist. Die Haftpflichtversicherung schützt den Versicherungsnehmer vor der Inanspruchnahme durch einen geschädigten Dritten aufgrund gesetzlicher Bestimmungen privatrechtlichen Inhalts. (Haftung gegenüber einer anderen Person). Zu den Haftpflichtversicherungen gehören die Haftpflichtversicherung der Architekten und Ingenieure, die Betriebshaftpflichtversicherung der Baufirmen, die Bauträgerhaftpflichtversicherung und die Bauherrenhaftpflichtversicherung.

Den **Haftpflichtversicherungen** liegen die „Allgemeinen Bedingungen für die Haftpflichtversicherung" (AHB) zugrunde. Sie liegen grundsätzlich – gegebenenfalls mit besonderen Bedingungen und Risikobeschreibungen in besonderen Fällen oder mit besonderen Einschränkungen oder mit besonderen Einschlüssen – den Haftpflichtversicherungen zugrunde. Alle Versicherungsbedingungen sind sorgfältig vom Versicherten zu lesen, um auch über Einzelheiten ausreichend unterrichtet zu sein. Alle Regelungen sind im Versicherungsvertrag zu treffen. In den folgenden Darlegungen wird ein Überblick vermittelt; Einzelheiten sind den jeweiligen Versicherungsbedingungen zu entnehmen.

AHB

Wegen der sich gelegentlich **ändernden Verhältnisse** im Versicherungswesen sind diese Ausführungen als allgemeine Hinweise zu verstehen; maßgebend sind die aktuellen Bedingungen, die Rechtsprechung und der vorformulierte Versicherungsvertrag. Alle hier folgenden Angaben zu Deckungssummen, Prämien und Selbstbehalten sind unverbindlich.

9.1 Versicherungen des Bauherrn

Der Bauherr hat während der Bauausführung und nach Fertigstellung eine Reihe von Risiken zu tragen, gegen die er sich versichern kann oder muss.

---

[1] An diesem Kapitel hat Herr Rainer-Karl Bock-Wehr von HDI, Firmen und Privat Versicherung AG, Köln, beratend mitgewirkt.

9.1.1 Bauleistungsversicherung

Der Bauherr wird in der Regel eine Bauleistungsversicherung, vor 1974 auch Bauwesenversicherung genannt, für ein bestimmtes Bauwerk abschließen, jedoch ist auch ein Generalvertrag für mehrere Bauten sowie die Mitversicherung von bestehenden Altbauten möglich.

ABN 2008 **Grundlage:** Allgemeine Bedingungen für die Bauleistungsversicherung durch Auftraggeber (ABN)

ABN Abschnitt A § 2 Versicherte Risiken: Unvorhergesehen eingetretene Schäden an Bauleistungen, Baustoffen und Bauteilen für den Roh- und Ausbau oder für den Umbau einschließlich wesentlicher Einrichtungen (Ausschlüsse!) und die Außenanlagen (Ausschlüsse!), Diebstahl eingebauter Materialien und Bauteile (sofern vereinbart) und weitere gegebenenfalls besonders einzuschließende Risiken

ABN Abschnitt B § 3 bis zur Bezugsfertigkeit oder dem Ablauf von 6 Werktagen seit Beginn der Benutzung oder mit dem Tage der behördlichen Gebrauchsabnahme, wobei der früheste dieser Zeitpunkte maßgebend ist. Beim Einschluss des Altbaurisikos ist der Ganz- oder Teileinsturz dieses Altbaues mitversichert.

ABN Abschnitt A § 5 Versicherungswert/Versicherungssumme: Gesamte Herstellkosten sollen in der Versicherungssumme vereinbart sein (Neubau); Altbauten: vereinbarte Umbaukosten.

ABN Abschnitt A §§ 1, 2 Wichtige Ausschlüsse:

Diebstahl nicht mit dem Gebäude verbundener Materialien,
Mängel der versicherten Lieferungen und Leistungen,
Schäden durch normale Witterungseinflüsse,
Schäden durch Kriegsereignisse, innere Unruhen o. ä.,
mangelhafte Baustoffe oder Bauteile, die durch die Prüfstelle beanstandet oder noch nicht geprüft wurden,
Bearbeitungsschäden an Glas- und Kunststofffassaden.

Prämien: Abhängig von der Höhe der Baukosten nach Angebot des Versicherers (z.B. 0,075 bis 0,25%). Sie kann anteilig auf die Unternehmer umgelegt werden (Regelung in den Vergabe- und Vertragsunterlagen erforderlich).

Man kann entweder die sog. Grunddeckung oder zusätzlich eine sogenannte Erweiterte Deckung mit den zugehörigen Klauseln vereinbaren.

Selbstbehalt: 250,00 EUR, gilt bei mehreren Schäden jeweils einzeln. Bei Altbauten gelten besondere Regelungen. Bei großen Bauvorhaben wird in der Regel eine höhere Selbstbeteiligung gewählt, um die Prämie zu reduzieren.

1. Beispiel eines Schadens: Einbrecher stehlen aus einem abgeschlossenen, kurz vor der Bezugsfertigkeit stehenden Gebäude fertig eingebaute Heizkörper. Dabei tritt aus dem Rohrleitungssystem eine große Menge Wasser aus, das den Teppichbodenbelag unbrauchbar macht und den Estrich aufwölbt, so dass er herausgerissen und ersetzt werden muss.

2. Beispiel eines Schadens: Bei Unterfangarbeiten an einem Nachbargiebel wird ordnungsgemäß gearbeitet und abgesteift. Bei einem starken Wolkenbruch wird die Absteifung trotzdem fortgeschwemmt, der Nachbargiebel stürzt teilweise ein. Hierbei treten erhebliche Schäden am Nachbargebäude ein, Deckensenkungen usw.; der gesamte Giebel muss neu aufgemauert werden. Versichert ist die Abfangung sofern sie Bestandteil der Versicherungssumme ist. Der Nachbargiebel ist als ein Drittschaden nicht versichert (Thema Haftpflichtversicherung).

9.1.2 Bauherren-Haftpflichtversicherung

Grundlage: Allgemeine Bedingungen für die Haftpflichtversicherungen   AHB (AHB)

Versicherte Risiken: Personenschäden, Schädigung des Nachbarn, Schadenersatz unter der Voraussetzung, dass Planung, Bauausführung und Bauüberwachung an Fachleute vergeben wurden, bis zur Bauabnahme.

Deckungssummen: Standard-Deckungssumme: 3.000.000,– EUR für Personen- und Sachschäden.

Höhere Deckungssummen können vereinbart werden. Leistung des Versicherers pro Jahr wird auf das Doppelte der Versicherungssumme begrenzt.

Wichtige Ausschlüsse: Schäden am eigenen Bauwerk, an geliehenen oder   AHB § 7
gemieteten Sachen. Schäden, die Verwandte des Versicherungsnehmers betreffen, sowie die Ausschlüsse der AHB.

Prämie: Abhängig von der Höhe der Baukosten nach Angebot des Versicherers (z. B. 0,012 bis 0,030 % je nach Bausumme).

Die Bauherren-Haftpflichtversicherung sollte auch bei **Baueigenleistungen** abgeschlossen werden (Sondervertrag). Prämie dafür 0,12 % bei Eigenleistungen über 25.000,– EUR hinaus. Regelmäßig sind in der Privathaftpflichtversicherung Baumaßnahmen bis 50.000,– EUR prämienfrei mitversichert. Keine Selbstbeteiligung im Schadensfall.

Beispiel eines Schadens: Der stolze Bauherr führt Bekannte sonntags durch seinen Neubau. Einer stürzt in eine ungesicherte Bodenöffnung und zieht sich dabei erhebliche Verletzungen zu. Der Bauherr muss für diesen Personenschaden aufkommen.

9.1.3 Gebäude-Feuerversicherung

Versicherer: Versicherungsunternehmen (bis 31.12.1993 Monopol der Brandkassen).

Die Gebäudeversicherung wird meistens als gebündelte Versicherung abgeschlossen, und zwar für Feuer, Sturm, Hagel und Leitungswasser, wobei die Sturm- und Leitungswasser-Versicherung erst mit Beendigung des Baues in Kraft tritt.

VGB

Grundlage: Gesetzliche Bestimmungen und Allgemeine Wohngebäude-Versicherungsbedingungen (VGB 88) und eventuelle Haftungserweiterungen. Für andere Gebäudearten als Wohngebäude gelten besondere Bedingungen.

Versicherte Risiken: Schäden durch Brand, Löscharbeiten, Blitzschlag, Explosion oder durch Anprall von Luftfahrzeugen oder Luftfahrzeugteilen, in Zusammenhang damit erforderliche Aufräumungs- oder Abbrucharbeiten sowie Mieteinnahmeverluste oder Ausfall der eigenen Nutzung von Wohn räumen bis zu höchstens 12 Monaten seit dem Eintritt des Versicherungsfalles.

Versicherungssumme: a) Zeitwert des Gebäudes nach besonderer Berechnung. b) Neuwert des Gebäudes nach besonderer Berechnung. c) Gemeiner Wert

VGB § 9

Wichtige Ausschlüsse: Beispielsweise Schäden durch Krieg, Erdbeben, Sturm, Hagel, Hochwasser, und Kern-(Atom-)energie, gemäß VGB § 9.

Prämie: wird nach der Versicherungssumme (ortsüblicher Neubauwert) ermittelt.

1. Beispiel eines Schadens: Blitzschlag in einen gedeckten Rohbau verursacht Dachstuhlbrand. Das ganze Gebälk, die Dacheindeckung und das Mauerwerk im Dachbereich sind nach Abräumen der Trümmer neu herzustellen.

2. Beispiel eines Schadens: Durch Sturm wird das Haus abgedeckt und muss wieder neu eingedeckt werden.

9.1.4 Gewässerschaden-Haftpflichtversicherung (Öltank-Haftpflichtversicherung)

Noch vor dem Bezug eines Neubaus wird der Öltank gefüllt, um die Heizung zu erproben oder in Betrieb zu nehmen. Darum ist rechtzeitig die Öltank-Haftpflichtversicherung abzuschließen.

AHB

Grundlage: AHB und Wasserhaushaltsgesetz (WHG)

Versicherte Risiken: Gewässerschäden infolge Ölunfällen, Rettungskosten.

Deckungssummen: Personen-, Sach- und Vermögensschäden von 2.000.000,- bis 5.000.000,- EUR pauschal reicht im Allgemeinen aus. Höhere Deckungssummen sind möglich. Max. Ersatzleistung pro Jahr in Höhe des Doppelten der Deckungssumme.

Wichtige Ausschlüsse: Schäden infolge Abweichens von Verordnungen und Gesetzen, infolge von Kriegsereignissen, Aufruhr und höherer Gewalt.

Prämie: abhängig von Bauweise bzw. Ausführung des Ölbehälters als Erdtank oder Kellertank und vom jeweiligen Inhalt (Beispielsweise 5,– bis 9,– EUR je cbm Lagerung).

Die Selbstbeteiligung im Schadensfall ist abhängig vom Öltankalter, wobei der Selbstbehalt bei Tanks, welche älter als 5 Jahre sind, wesentlich höher sein kann.

Beispiel eines Schadens: Nach Abnahme und Probebetrieb der Heizung kommt es im noch unbewohnten Neubau zu einem Bruch einer Verbindungs-Ölleitung. Das auslaufende Öl versickert und verursacht eine Gefährdung des Grundwassers.

9.1.5 Haus- und Grundbesitzer-Haftpflichtversicherung

Die Haus- und Grundbesitzer-Haftpflichtversicherung ist bei Bestehen einer üblichen Privathaftpflichtversicherung dann eingeschlossen, wenn der Hausbesitzer lediglich ein Einfamilien- oder Wochenendhaus oder eine Eigentumswohnung hat. Bei Häusern mit zwei oder mehr Wohnungen ist eine Haus-Haftpflichtversicherung abzuschließen, wobei diese aus der Bauherren-Haftpflichtversicherung übergeleitet werden kann.

Grundlage: AHB

Versicherte Risiken: Anspruch auf Schadensersatz aufgrund gesetzlicher Haftpflichtbestimmungen privatrechtlichen Inhalts.

Deckungssummen:
– Personen- und Sachschäden: 2.000.000,– bis 5.000.000,– EUR
– Höhere Deckungssummen können vereinbart werden.

Wichtige Ausschlüsse: Umweltschäden, Eigenschäden und solche, die Angehörige des Versicherers erleiden. Schäden an gemieteten oder geliehenen Sachen.

Prämie (abhängig von):
a) Höhe der Jahresmieteinnahme, oder
b) Anzahl der Wohneinheiten in Wohnhäusern, oder
c) Zuschlag (100 %) bei gewerblich genutzten Wohneinheiten in Wohnhäusern

Beispiel eines Schadens: Auf einem wegrutschenden, auf glatter Unterlage liegenden Fußabstreifer an der Hauseingangstür kommt ein Besucher zu Fall und ist aufgrund der erlittenen Verletzung längere Zeit arbeitsunfähig. Der Hausbesitzer haftet.

9.2 Versicherungen des Architekten und des Ingenieurs

Für Architekten und Ingenieure ist die Berufshaftpflichtversicherung, auch aus der Sicht des Auftraggebers, die wohl wichtigste Versicherung. Sie wird darum hier als einzige behandelt. Geschäfts- und Unfallversicherungen bleiben in diesem AVA-Problemkreis unberücksichtigt. Die Verträge zwischen AG und Architekt/Ingenieur sind so zu fassen, dass sie mit den Versicherungsbedingungen vereinbar sind und die versicherten Risiken nicht ein schränken.

9.2.1 Haftpflichtversicherung von Architekten und Bauingenieuren

(Pflichtversicherung aufgrund der Architektengesetze)

AHB

BBR

Grundlage: AHB in Verbindung mit den besonderen Bedingungen und Risikobeschreibungen für die Berufshaftpflichtversicherung von Architekten und Bauingenieuren und Beratenden Ingenieuren (BBR).

Versicherte Risiken: Personenschäden und sonstige Schäden (Sach- und Vermögensschäden) als Folge von Verstößen bei der Ausübung der Berufstätigkeit einschließlich der Leistungen der übrigen an der Planung und Ausführung Beteiligten.

Das neue Versicherungsvertragsgesetz (VVG vom 1.1.2008) bestimmt, dass die Mindestversicherungssumme bei einer Pflichtversicherung, soweit durch Rechtsvorschrift nichts anders bestimmt ist, 250.000 Euro je Versicherungsfall und 1Million Euro für alle Versicherungsfälle eines Versicherungsjahres betragen muss. Es wird nicht mehr zwischen Personen-, Sach- und Vermögensschäden unterschieden.

Höhere Deckungssummen werden empfohlen oder können durch sog. Excedenten-Versicherungen vereinbart werden.

Form der Versicherung: Durchlaufende Jahresversicherung oder reine Objektversicherung, jeweils mit oder ohne Excedent.

Die Selbstbeteiligung beträgt in jedem Schadensfall normalerweise 2.500,– EUR. Auf besondere Vereinbarung kann diese Selbstbeteiligung erhöht werden.

Wichtige Ausschlüsse: Ausgeschlossen sind Ansprüche wegen Schäden

1. aus Überschreitung der Bauzeit sowie eigener Fristen und eigener Termine,
2. *aus der Überschreitung* von Kostenschätzungen, Kostenberechnungen oder Kostenanschlägen im Sinne der DIN 276 oder gleichartiger Bestimmungen anderer Länder, soweit es sich hierbei um Aufwendungen handelt, die bei ordnungsgemäßer Planung und Erstellung des Objektes ohnehin angefallen wären. Dies gilt auch für Ansprüche aus der Über-

schreitung von Baukostenobergrenzen sowie für Ansprüche aus Bausummengarantien oder Festpreisabreden des Versicherungsnehmers oder Dritter,
3. aus der Verletzung von gewerblichen Schutzrechten und Urheberrechten,
4. aus der Vergabe von Lizenzen,
5. aus dem Abhandenkommen von Sachen einschließlich Geld, Wertpapieren und Wertsachen,
6. die der Versicherungsnehmer oder ein Mitversicherter durch ein bewusst gesetz-, vorschrifts- oder sonst pflichtwidriges Verhalten (Tun oder Unterlassen) verursacht hat,
7. aus der Vermittlung von Geld-, Kredit-, Grundstücks- oder ähnlichen Geschäften sowie aus der Vertretung bei solchen Geschäften,
8. aus Zahlungsvorgängen aller Art, aus der Kassenführung sowie gegen Untreue und Unterschlagung,
9. die nachweislich auf Kriegsereignissen, anderen feindseligen Handlungen, Aufruhr, inneren Unruhen, Generalstreik, illegalem Streik oder unmittelbar auf Verfügungen oder Maßnahmen von hoher Hand beruhen; das Gleiche gilt für Schäden durch höhere Gewalt, soweit sich elementare Naturkräfte ausgewirkt haben.

Nicht versicherte Risiken: Leistungen, die über das Berufsbild eines Architekten, Bauingenieurs oder Beratenden Ingenieurs hinausgehen. Wenn der Versicherte oder sein Ehepartner oder ein Unternehmen, an dem diese beteiligt sind oder das von Ihnen geführt wird, Bauten ganz oder teilweise

im eigenen Namen und für eigene Rechnung,
im eigenen Namen und für fremde Rechnung,
im fremden Namen und für eigene Rechnung erstellen lässt,
sowie selbst Bauleistungen erbringt oder Baustoffe liefert.

Vom Versicherungsschutz ausgeschlossen bleiben Ansprüche wegen Schäden aus selbständigen Zusagen über Aufwendungen (z.B. Mengen und Kosten) mit denen der Versicherungsnehmer die Gewähr dafür übernimmt, dass die Maßnahme mit einem von ihm ermittelten Betrag durchgeführt werden kann.

Prämien: Inhaber- und eventuelle Teilhaberprämie zuzüglich prozentualer Anteil der Jahresgehaltssumme der sonstigen Mitarbeiter zuzügl. evtl. prozentualer Anteil des Wertes der an andere Büros in eigenem Namen weitervergebenen Aufträge.

Beispiele von Schäden:
a) Planungsfehler: Ein Architekt hat bei der Planung eines Hallenschwimmbades die Durchlüftung des Dachraumes falsch geplant und entsprechend verkehrt ausführen lassen. Als Folge dieses Fehlers treten

Tauwasserbildung, erhebliche Durchfeuchtungen und Schäden an Bauteilen ein. Die Beseitigung der Feuchtigkeitsschäden und die Kosten für die Mangelbeseitigung am Dach sind versichert. Der Bauunternehmer ist jedoch mitverantwortlich, da er als Fachunternehmen den Planungsmangel hätte erkennen müssen.

b) Mangelhafte Überwachung: Ein mit der Bauüberwachung beauftragter Bauingenieur übersieht beim Betonieren, dass der Bauunternehmer in dem Plan vorgesehene Bewehrungseisen nicht eingebaut hat in einer Stahlbetonkonstruktion. Die Kosten für die Mangelbeseitigung, Abriss und Neubau der Decke, sind versichert. Der Bauunternehmer ist mitverantwortlich, da er sich als Fachunternehmen nicht an den Plan gehalten hatte.

9.2.2 Haftpflichtversicherung von sonstigen Planungsbeteiligten

AHB
BBR

Die AHB und die BBR gelten grundsätzlich auch für die sonstigen an der Planung Beteiligten. Jedoch sind die Haftungsrisiken bei diesen oft erheblich geringer als bei Architekten, Bauingenieuren und Beratenden Ingenieuren, so dass die Versicherungssummen und die Prämien jeweils gesondert zu vereinbaren sind. Zu den sonst an der Planung Beteiligten gehören der Garten- und Landschaftsplaner, der Innenarchitekt, der Stadtplaner, sowie die Spezialisten für Akustik, Bauphysik und Vertragsgestaltung.

9.3 Versicherungen des Bauunternehmers

9.3.1 Betriebshaftpflichtversicherung

Die für Bauherr und Architekt wichtigste Versicherung des Bauunternehmers im Bauhaupt- und Nebengewerbe ist dessen Betriebshaftpflichtversicherung.

AHB **Grundlage:** AHB

Versicherte Risiken: Personenschäden und Sachschäden, die Dritten im Zusammenhang mit der Ausführung der Bauarbeiten entstehen.

Deckungssummen: Standarddeckungssumme: 1.000.000,– EUR für Personenschäden, Sach- und Vermögensschäden.

Höhere Deckungssummen können gegen Prämienzuschlag vereinbart werden.

Selbstbehalt: 500,– oder 1.000,– EUR bzw. höher gegen Prämiennachlass.

Bearbeitungs-, Be- und Entladeschäden, Leitungs- und Leitungsfolgeschäden zwischen 10.000,– und 50.000,– EUR sind mitversicherbar.

9.3 Versicherungen des Bauunternehmers

Wichtige Ausschlüsse: Haftpflichtansprüche aus Sprengungen und Explosionen, Planungstätigkeiten, Schäden an gemieteten oder geliehenen Sachen, Umweltschäden durch eigene Anlagen des Versicherungsnehmers.

Besonders hinzuweisen ist auf die in den AHB bestimmten weiteren Ausschlüsse von Schäden, die relativ häufig eintreten:

AHB Ziff. 1: Vertragserfüllung: Kein Versicherungsschutz besteht für Ansprüche, auch wenn es sich um gesetzliche Ansprüche handelt, (1) auf Erfüllung von Verträgen, Nacherfüllung aus Selbstvornahme, Rücktritt, Minderung, auf Schadenersatz statt der Leistung; (2) wegen Schäden, die verursacht werden, um die Nacherfüllung durchführen zu können; (3) wegen des Ausfalls der Nutzung des Vertragsgegenstandes oder wegen des Ausbleibens des mit der Vertragsleistung geschuldeten Erfolges; (4) auf Ersatz vergeblicher Aufwendungen im Vertrauen auf ordnungsgemäße Vertragserfüllung; (5) auf Ersatz von Vermögensschäden wegen Verzögerung der Leistung; (6) wegen anderer an die Stelle der Erfüllung tretender Ersatzleistungen.

AHB

AHB Ziff. 7.7: Haftpflichtansprüche wegen Schäden an fremden Sachen und allen sich daraus ergebenden Vermögensschäden, wenn

(1) die Schäden durch eine gewerbliche oder berufliche Tätigkeit des Versicherungsnehmers an diesen Sachen (Bearbeitung, Reparatur, Beförderung, Prüfung und dgl.) entstanden sind; bei unbeweglichen Sachen gilt dieser Ausschluss nur insoweit, als diese Sachen oder Teile von ihnen unmittelbar von der Tätigkeit betroffen waren;

(2) die Schäden dadurch entstanden sind, dass der Versicherungsnehmer diese Sachen zur Durchführung seiner gewerblichen oder beruflichen Tätigkeiten (als Werkzeug, Hilfsmittel, Materialablagefläche und dgl.) benutzt hat; bei unbeweglichen Sachen gilt dieser Ausschluss nur insoweit, als diese Sachen oder Teile von ihnen unmittelbar von der Benutzung betroffen waren;

(3) die Schäden durch eine gewerbliche oder berufliche Tätigkeit des Versicherungsnehmers entstanden sind und sich diese Sachen oder – sofern es sich um unbewegliche Sachen handelt – deren Teile im unmittelbaren Einwirkungsbereich der Tätigkeit befunden haben; dieser Ausschluss gilt nicht, wenn der Versicherungsnehmer beweist, dass er zum Zeitpunkt der Tätigkeit offensichtlich notwendige Schutzvorkehrungen zur Vermeidung von Schäden getroffen hatte.

Allerdings ist es möglich, auch diese Risiken nach besonderer Vereinbarung in den Versicherungsschutz gegen entsprechende Prämie einzuschließen (Regelung in den Vergabe- und Vertragsunterlagen erforderlich).

Beispiel eines versicherten Schadens: Eine Baugrubenböschung bricht trotz Absicherung ein und zerstört ein Stück der nachbarlichen Gartenmauer. Diese ist nach Verfüllen des Arbeitsraumes neu herzustellen. Der Schaden des Dritten (Nachbar) wird ersetzt.

Beispiel eines im Normalfall nicht versicherten Schadens (der jedoch als sogenannter Bearbeitungsschaden mitversichert werden kann):

Bei den Stemmarbeiten in Mauerwerk im Zusammenhang mit der Anbringung eines Stahlgeländers beschädigt ein Schlosser eine unter Putz verlegte Wasserleitung, die dadurch undicht wird. Sie ist über eine längere Strecke zu erneuern einschl. des Putzes.

9.3.2 Bauleistungsversicherung

Auch der Bauunternehmer kann eine Bauleistungsversicherung abschließen, die entweder eine einzelne Baustelle oder seinen gesamten Jahresumsatz abdeckt. Die Einzelheiten, wie Prämiensatz, Höhe der Deckungssummen, die versicherbaren Risiken und Anschlüsse sind für den jeweiligen Fall zu regeln.

9.4 Versicherungsberater

Die komplexen gesetzlichen Regelungen und die Bestimmungen der VOB, die recht erheblichen Risiken beim Planen, Bauen und Betreiben von Gebäuden und die Wettbewerbssituation der Versicherungsunternehmen lassen dazu raten, bei jedem Bauprojekt die stets verschiedenen Aspekte der Versicherungsfragen mit Hilfe einer professionellen Versicherungsberatung zu klären. Diese Berater können Mitarbeiter einer Versicherung sein oder als Makler tätig sein, die Versicherungsverträge verschiedener Unternehmen anbieten.

Der Versicherungsberater beginnt mit der projektspezifischen Risikoanalyse, klärt die Sicherheitsbedürfnisse und -erfordernisse der an Planung und Ausführung Beteiligten, einschließlich Bauherr oder Auftraggeber, und entwickelt das Gesamtkonzept aller Versicherungen für das Bauvorhaben. Dabei stimmt er die Versicherungen aufeinander ab, so dass Unter- oder Überversicherung vermieden wird. Schließlich berät er bei der Gestaltung der Versicherungsverträge, holt Angebote über Versicherungsprämien ein und betreut seine Mandantschaft zunächst bis zum Abschluss der Versicherungsverträge. Dabei kommt ihm seine Marktübersicht über die im Wettbewerb stehenden nationalen und internationalen Versicherungsbedingungen zugute. Besonders bei großen Bauvorhaben kommt es auf ein gutes Versicherungs-Gesamtkonzept an.

9.4 Versicherungsberater

Im Schadensfall unterstützt der Betreuer seine Kunden mit Rat, um für diese Versäumnisse und Nachteile zu vermeiden.

Je größer ein Bauvorhaben, um so nötiger und um so effizienter erweist sich in aller Regel die professionelle Versicherungsberatung. Sie erstreckt sich in der Regel auf diese Gebiete:

- Bauherrenhaftpflicht (Bauherren/Auftraggeber)
- Planungshaftpflicht (Architekten, Beratende Ingenieure, Projektsteuerer, Sachverständige)
- Bauunternehmerhaftpflicht (Haupt- und Nebengewerbe, Handwerker, Subunternehmer)
- Bauunterbrechung (Bauherr/Auftraggeber, Investoren)
- Bauleistung (Bauherr, Ausführungsunternehmen, Sonstige Baubeteiligte)
- Montage (Auftraggeber, alle Montageleistenden)
- Baugewährleistung (Bauherr/Auftraggeber, Planer, Ausführungsunternehmen)
- Bürgschaften (Bauherr/Auftraggeber, Baubeteiligte)
- Forderungsausfall (Auftragnehmer).

Es besteht auch die Möglichkeit, für ein Bauvorhaben alle Risiken in einem Versicherungs-Vertrag zu bündeln, so dass in einer „ALLRISK-Police" umfassender Versicherungsschutz gegeben ist. Die Versicherungsprämien werden anteilig auf die Auftragnehmer aufgeteilt.

10 Unternehmensformen und -funktionen

Weil man es bei Bauherren, Architekten, Ingenieuren, Lieferanten, Handwerkern und Baufirmen im Zuge der Planung und Ausführung von Bauten häufig mit unterschiedlichen Unternehmensformen und -funktionen zu tun hat, sollen sie hier kurz dargestellt werden. Neben dem Einzelunternehmen gibt es die Gesellschaftsunternehmen, die ihrerseits in Personengesellschaften und Kapitalgesellschaften zu unterscheiden sind.

10.1 Einzelunternehmen

Im Einzelunternehmen ist eine einzelne Person Eigentümerin der Firma, auch als Einzelkaufmann bezeichnet. Dieser leitet das Unternehmen und ihm gehört der erzielte Gewinn. Für Verbindlichkeiten haftet er voll mit seinem gesamten, also auch dem privaten Vermögen.

Diese Rechtsform des Einzelunternehmens trifft für viele der freiberuflich tätigen Architekten und Ingenieure sowie für selbständige Bauhandwerker zu.

10.2 Personengesellschaften

10.2.1 Offene Handelsgesellschaft – OHG

Die OHG ist in das Handelsregister unter Angabe aller Gesellschafter eingetragen. Die Gesellschafter haften den Gesellschaftsgläubigern gegenüber voll mit ihrem privaten Vermögen.   HGB § 105 ff.
BGB § 705 ff.

Neben den internen Regelungen des jeweiligen Gesellschaftsvertrages gelten die Bestimmungen des HGB und ergänzend die des BGB über die Gesellschaft. Wenn der Gesellschaftsvertrag nichts anderes bestimmt, ist jeder Gesellschafter für sich zur vollen Geschäftsführung in der Firma berechtigt und verpflichtet.

Das Vermögen der OHG gehört den Gesellschaftern entsprechend ihrem Eigenkapitalanteil.

Die gesetzliche Regelung über die Verteilung von Gewinn und Verlust kann durch Vereinbarungen im Gesellschaftsvertrag anders bestimmt werden.   HGB § 120
HGB § 121

10.2.2 Kommanditgesellschaft – KG

Die KG ist in das Handelsregister eingetragen unter Angabe aller Kommanditisten und der Beträge ihrer Einlagen.   HGB § 261 ff.

Die Haftung ist bei mindestens einem Gesellschafter, dem **Kommanditist**, auf die Höhe seiner Einlage beschränkt, während mindestens ein weiterer Gesellschafter, der **Komplementär**, persönlich mit seinem ganzen Vermögen voll haftet (persönlich haftender Gesellschafter).

Die Leitung der KG obliegt dem Komplementär. Die Kommanditisten sind von der Geschäftsführung ausgeschlossen, haben jedoch ein Kontrollrecht.

HGB § 167 ff.

Das Eigentum an der KG gehört den Gesellschaftern anteilig entsprechend der Höhe ihrer jeweiligen Einlage.

Vom Gewinn erhalten – wenn nichts anderes vereinbart ist – jeder Gesellschafter zunächst 4% auf seine Einlage und der geschäftsführende Komplementär eine angemessene Vergütung. Der Restgewinn wird nach den Regelungen des Gesellschaftsvertrages verteilt.

10.2.3 Gesellschaft mit beschränkter Haftung und Companie, Kommanditgesellschaft – GmbH & Co. KG

Die GmbH & Co. KG hat die Rechtsform der KG, ist also rechtlich eine Personengesellschaft. Sie ist in das Handelsregister eingetragen. Als Komplementär (persönlich haftender Gesellschafter) fungiert jedoch keine natürliche Person, sondern die GmbH, der auch die Geschäftsführung obliegt.

10.3 Kapitalgesellschaften

Kapitalgesellschaften sind eigene Rechtspersönlichkeiten (juristische Person).

10.3.1 Gesellschaft mit beschränkter Haftung – GmbH

GmbHG

Zur Gründung einer GmbH ist wenigstens ein Gesellschafter erforderlich. Die Gesellschaft ist unter Errichtung eines notariell beurkundeten Gesellschaftsvertrages zu gründen und in das Handelsregister einzutragen. Das Mindest-stammkapital beträgt 25.000,– EUR. Es setzt sich aus Stammeinlagen in Höhe von mindestens je 100,– EUR zusammen. Die Haftung der einzelnen Gesellschafter ist auf die Höhe ihrer jeweiligen Kapitaleinlage beschränkt.

Die Leitung der GmbH erfolgt durch einen oder mehrere von den Gesellschaftern zu bestellende Geschäftsführer, wobei auch ein Gesellschafter als Geschäftsführer fungieren kann. Bei fünfhundert und mehr Beschäftigten ist ein Aufsichtsrat zu bilden.

Das Eigentum an der Gesellschaft gehört den Gesellschaftern entsprechend der Höhe ihres Anteils am Stammkapital. Die Verteilung des Gewinns erfolgt auf Beschluss der Gesellschafterversammlung als Prozentsatz auf den Anteil am Stammkapital.

10.3.2 Aktiengesellschaft – AG

Die AG ist die zweckmäßige Rechtsform einer Gesellschaft mit einer großen Zahl (wechselnder) Gesellschafter. Die Gründung erfolgt durch die Hauptversammlung. Es sind mindestens fünf Gründer mit einem Grundkapital von mindestens 50.000,– EUR erforderlich, das in Anteilen mit einem Mindestnennwert von 1 EUR, den Aktien, einzubringen ist. Die Aktionäre haften nur in Höhe des Wertes ihres Anteils am Grundkapital. Aktien können an den Börsen gehandelt werden. Die Leitung obliegt dem Vorstand, der vom Aufsichtsrat bestellt wird. Der Gewinn einer AG wird anteilig auf die Aktien nach Beschluss der Hauptversammlung ausgeschüttet (Dividende).

AktG

10.3.3 Kommanditgesellschaft auf Aktien – KGaA

Die KGaA ist eine Mischform aus Personen- und Kapitalgesellschaft. Die Haftung ist wie in einer KG geregelt, d.h. die Komplementäre haften voll, während die Kommanditaktionäre nur beschränkt mit ihrer Einlage haften. Die Geschäftsführung liegt beim Komplementär. Die Hauptversammlung wird nur von den Kommanditaktionären gebildet.

10.4 Die Gesellschaft Bürgerlichen Rechts – BGB-Gesellschaft

Die BGB-Gesellschaft wird aufgrund der gesetzlichen Bestimmungen errichtet. Die Gesellschafter sind gegenseitig verpflichtet, die Erreichung eines gemeinsamen Zweckes zu fördern und dazu die vereinbarten Beiträge zu leisten. Eine BGB-Gesellschaft kommt nicht allein durch schriftlichen Vertrag zustande, es genügt vielmehr, dass mehrere zur Erreichung eines gemeinsamen Zweckes tätig sind. Es ist jedoch zu empfehlen, einen (notariellen) Gesellschaftsvertrag abzuschließen, in dem Rechte und Pflichten im einzelnen geregelt werden. Die BGB-Gesellschaft wird nicht in das Handelsregister eingetragen. Sie ist nicht rechtsfähig, keine juristische Person.

BGB § 705 ff.

Die Gesellschafter haften gesamtschuldnerisch mit ihrem ganzen Vermögen.

BGB § 421

Die Geschäftsführung kann nach Vereinbarung gemeinschaftlich oder durch einen Gesellschafter erfolgen.

BGB § 709 f.

Der Gewinn oder Verlust wird, sofern nicht anders vereinbart, zu gleichen Teilen auf die Gesellschafter verteilt.

BGB § 722

Typische BGB-Gesellschaften sind:
– Architekten-Gemeinschaften (Sozietät),
– Arbeitsgemeinschaften mehrerer Bauunternehmer (ARGE).

10.5 Partnerschaftsgesellschaft

PartGG Das Gesetz über die Partnerschaftsgesellschaften Angehöriger freier Berufe vom 25. Juli 1995 erlaubt den Zusammenschluss in einer Gesellschaftsform, welche auf ihre Bedürfnisse ausgerichtet ist. Sie ist für Architekten und Ingenieure daher geeignet. Soweit das PartGG nichts anderes bestimmt gelten für die Partnerschaft die Bestimmungen des BGB über die Gesellschaft.

Gem. BGB haften die Partner den Gläubigern neben dem Vermögen der Partnerschaft als Gesamtschuldner, wie nach HGB.

Es ist den Partnern jedoch abweichend von den BGB-Bestimmungen gestattet, Ansprüche aus fehlerhafter Berufsausübung auf denjenigen zu beschränken, der innerhalb der Partnerschaft die berufliche Leistung zu erbringen oder verantwortlich zu leiten und zu überwachen hat.

Der Name der Partnerschaft muss den Namen mindestens eines Partners, den Zusatz „und Partner" oder „Partnerschaft" sowie die Berufsbezeichnung aller in der Partnerschaft vertretenen Berufe enthalten.

Es ist ein schriftlicher Partnerschaftsvertrag abzuschließen und die Partnerschaft ist in das Partnerschaftsregister beim Registergericht einzutragen. Im Partnerschaftsvertrag sind u.a. die Geschäftsführung, die Beschlussfassung, die Beteiligung an Gewinn und Verlust sowie Haftpflichtfragen und der Gesamtschuldnerausgleich zu regeln.

10.6 Generalplaner

Sofern Architekten oder Ingenieure Leistungen übernehmen, welche nicht zu ihren originären beruflichen Leistungen zählen und diese nicht selbst mit ihrem eigenen Büro erbringen, sondern damit andere Büros als Nachunternehmer beauftragen, fungieren sie als Generalplaner. Ihrem Auftraggeber gegenüber sind sie für alle ihnen beauftragten Leistungen verantwortlich, auch wenn diese nicht von ihrem eigenen Büro erbracht worden sind. Daraus erwächst ein besonderes Risiko.

Von großer Bedeutung ist der vom Generalplaner zu leistende, häufig jedoch unterschätzte, zusätzliche Koordinationsaufwand, der in der Regel nur von eigens dafür qualifizierten Personen mit geeigneten Instrumentarien erbracht werden kann. Dafür ist eine besondere Vergütung erforderlich, welche im Einzelfall mit dem Auftraggeber zu vereinbaren ist.

10.7 Unternehmens-Funktion

a) **Generalübernehmer (Gesamtübernehmer)**
Verantwortlich für Gesamtherstellung, erbringt selbst keine Bauleistungen.

b) **Generalunternehmer (Gesamtunternehmer)**
Verantwortlich für Gesamtherstellung, erbringt selbst Teile der Bauleistung, meist die Rohbauarbeiten. Vergibt andere Leistungen im eigenen Namen und auf eigene Rechnung.

c) **Hauptunternehmer (Erstunternehmer)**
Erbringt im Auftrag des Auftraggebers (Bauherr) selbst Bauleistungen.

d) **Nachunternehmer (Subunternehmer)**
Wird von einem Hauptunternehmer beauftragt. Keine Rechtsbeziehung zum Bauherrn als Auftraggeber des Hauptunternehmers.

e) **Nebenunternehmer**
Erbringt neben dem Hauptunternehmer, von dem er mit Zustimmung des Bauherrn eingeschaltet wird, Bauleistungen. Rechtsbeziehungen zum Bauherrn als Auftraggeber.

f) **Mitunternehmer**
sind zwei oder mehr selbständige Nebenunternehmer (evtl. mit gesamtschuldnerischer Haftung!)

g) **Arbeitsgemeinschaft (ARGE)**
Zusammenschluss mehrerer Unternehmer zu einer BGB-Gesellschaft zur Durchführung eines einzelnen Bauauftrags. Die ARGE-Partner haften dem Auftraggeber gesamtschuldnerisch. ARGE ist eigene Steuerperson. Technische und/oder geschäftliche Federführung liegt bei bestimmten ARGE-Partnern. ARGEN werden häufig für Großbaustellen gebildet, bzw. im Planungsbereich für komplexe große Projekte.

BGB § 705
BGB § 421
BGB § 427

Bild 10-1 Rechtliche Beziehung zwischen Auftraggeber und Auftragnehmer

Bild 10-2 Arbeitsgemeinschaft von Unternehmen

11 AVA im Leistungsbild des Architekten

11.1 Architektenleistungen

Die Honorarordnung für Architekten und Ingenieure (HOAI Fassung vom 17.07.2013) regelt deren Leistungen und Honorare bei der Planung und Abwicklung von Gebäuden, Freianlagen und Innenräumen. Die in dem Leistungsbild Objektplanung, Flächenplanung und Fachplanung beschriebenen Leistungen gelten für Neubauten, Neuanlagen, Wiederaufbauten, Erweiterungsbauten, Umbauten, Modernisierungen, Raumbildende Ausbauten, Instandhaltungen und Instandsetzungen. Der Beginn der Architektenleistungen im AVA-Bereich setzt einen bestimmten Planungsstand voraus. Die Planung muss so weit fortgeschritten sein, dass sichere qualitative und quantitative Aussagen möglich sind. Deshalb braucht man für die auszuschreibenden Leistungen bei Hochbauten in der Regel

– Ausführungspläne, Maßstab 1:50 oder 1:100
– Details bis Maßstab 1:1 mit Materialangaben und Hinweisen für die Ausführung
– Baubeschreibung mit ausführlichen Angaben der Materialien und der Qualität
– Raumbuch, das die Angaben über die Ausbaumerkmale jedes Raumes enthält.

Diese Planungsunterlagen müssen den Vorgaben des Bauherrn/Auftraggebers entsprechen, mit ihm im Einzelnen abgestimmt und von ihm genehmigt sein. Sie haben dem gesetzten Baukostenrahmen zu genügen und sie müssen den gewünschten Qualitätsstandard wiedergeben.

Im Rahmen seines mit dem Bauherrn (Auftraggeber) geschlossenen Werkvertrags erbringt der Architekt die zur Ausschreibung, Vergabe und Abrechnung gehörenden Teile der HOAI-Gesamtleistungen. Er fungiert dabei stets im Interesse seines Bauherrn, jedoch „erteilt" er „keine Aufträge" von sich aus, sondern bereitet die Annahme von Bieterangeboten (Auftrag) vor. Auftraggeber von Bauleistungen ist stets der Bauherr. Das Leistungsbild unterscheidet Grundleistungen und Besondere Leistungen.

Grundleistungen umfassen die Leistungen, die zur ordnungsgemäßen Erfüllung eines Auftrags im Allgemeinen erforderlich und in Bezug auf Honorare verbindlich geregelt sind.

Besondere Leistungen können zu den Grundleistungen hinzu oder an deren Stelle treten, wenn besondere Anforderungen an die Ausführung des Auftrages gestellt werden, die über die allgemeinen Leistungen hinausgehen oder diese ändern. Sie können in Bezug auf die Honorare frei vereinbart werden.

Die vom Architekten bei Ausschreibung, Vergabe und Abrechnung zu erbringenden Leistungen sind in den folgenden Wiedergaben der HOAI-Leistungsbeschreibungen durch **Fettdruck** hervorgehoben.

11.2 Vorbereitung der Vergabe

Anlage 10 (zu §§ 34 Absatz 4 und 35 Absatz 7)
Grundleistungen im Leistungsbild Gebäude und Innenräume, Besondere Leistungen, Objektlisten

Grundleistungen	Besondere Leistungen
LPH Vorbereitung der Vergabe	
a) Aufstellen eines Vergabeterminplans b) Aufstellen von Leistungsbeschreibungen mit Leistungsverzeichnissen nach Leistungsbereichen, Ermitteln und Zusammenstellen von Mengen auf der Grundlage der Ausführungsplanung unter Verwendung der Beiträge anderer an der Planung fachlich Beteiligter c) Abstimmen und Koordinieren der Schnittstellen zu den Leistungsbeschreibungen der an der Planung fachlich Beteiligten d) Ermitteln der Kosten auf der Grundlage vom Planer bepreister Leistungsverzeichnisse e) Kostenkontrolle durch Vergleich der vom Planer bepreisten Leistungsverzeichnisse mit der Kostenberechnung f) Zusammenstellen der Vergabeunterlagen für alle Leistungsbereiche	– Aufstellen von Leistungsbeschreibungen mit Leistungsprogramm auf der Grundlage der detaillierten Objektbeschreibung*) – Aufstellen von alternativen Leistungsbeschreibungen für geschlossene Leistungsbereiche – Aufstellung von vergleichenden Kostenübersichten unter Auswertung der Beiträge anderer an der Planung fachlich Beteiligter

*) Diese Besondere Leistung wird bei Leistungsbeschreibungen mit Leistungsprogramm ganz oder teilweise Grundleistung. In diesem Falle entfallen die entsprechenden Grundleistungen dieser Leistungsphase

Zur Vorbereitung der Vergabe gehört auch die Verwendung von Beiträgen anderer an der Planung fachlich Beteiligter. Unter solchen Beiträgen sind Planungsleistungen zu verstehen, welche in anderen Planungsdisziplinen erbracht werden, jedoch vom Architekten für die vollständige und richtige Erbringung seiner eigenen Leistung zu verwerten sind.

1. Beispiel: Einarbeiten der Aussagen von Planungsleistungen des Tragwerksplaners in die Ausschreibung der Rohbauarbeiten; bei Stahlbetonarbeiten Aussagen über Betonqualität, Stahlqualität, Stahlmengen usw.

2. Beispiel: Einarbeiten von Aussagen des Fachgutachtens des Bauphysikers in die Leistungsverzeichnisse verschiedener Gewerke hinsichtlich Wärmedämmung, Feuerwiderstandsklasse, Schallschutz, Bauwerksabdichtung und dgl.

11.3 Mitwirkung bei der Vergabe

Anlage 10 (zu §§ 34 Absatz 4 und 35 Absatz 7)

Grundleistungen	Besondere Leistungen
LPH 7 Mitwirkung bei der Vergabe	
a) Koordinieren der Vergaben der Fachplaner b) Einholen von Angeboten c) Prüfen und Werten der Angebote einschließlich Aufstellen eines Preisspiegels nach Einzelpositionen oder Teilleistungen, Prüfen und Werten der Angebote zusätzlicher und geänderter Leistungen der ausführenden Unternehmen und der Angemessenheit der Preise d) Führen von Bietergesprächen e) Erstellen der Vergabevorschläge, Dokumentation des Vergabeverfahrens f) Zusammenstellen der Vertragsunterlagen für alle Leistungsbereiche g) Vergleichen der Ausschreibungsergebnisse mit den vom Planer bepreisten Leistungsverzeichnissen oder der Kostenberechnung h) Mitwirken bei der Auftragserteilung	– Prüfen und Werten von Nebenangeboten mit Auswirkungen auf die abgestimmte Planung – Mitwirken bei der Mittelabflussplanung – Fachliche Vorbereitung und Mitwirken bei Nachprüfungsverfahren – Mitwirken bei der Prüfung von bauwirtschaftlich begründeten Nachtragsangeboten – Prüfen und Werten der Angebote aus Leistungsbeschreibung mit Leistungsprogramm einschließlich Preisspiegel *) – Aufstellen, Prüfen und Werten von Preisspiegeln nach besonderen Anforderungen – Aufstellen von alternativen Leistungsbeschreibungen für geschlossene Leistungsbereiche

*) Diese Besondere Leistung wird bei Leistungsbeschreibungen mit Leistungsprogramm ganz oder teilweise Grundleistung. In diesem Falle entfallen die entsprechenden Grundleistungen dieser Leistungsphase.

Besonders beim Prüfen und Werten der Angebote ist die Mitwirkung aller an der Ausschreibung und Vergabe fachlich Beteiligten erforderlich, weil es deren spezifischen Fachwissens und ihrer Erfahrung bedarf, um Prüfungen und Wertungen vorzunehmen, für die der Architekt üblicherweise die nötige Ausbildung, Kenntnisse und Erfahrungen nicht besitzt.

1. Beispiel: Beurteilung der technischen Daten einer vom LV abweichend angebotenen Heizkesselanlage durch den Ingenieur für technische Ausrüstung.
2. Beispiel: Beurteilung eines konstruktiven Sondervorschlags eines Rohbauunternehmers durch den Ingenieur für Tragwerksplanung und durch den Bauphysiker.

11.4 Objektüberwachung (Bauüberwachung)

Anlage 10 (zu §§ 34 Absatz 4 und 35 Absatz 7)

Grundleistungen	Besondere Leistungen
LPH 8 Objektüberwachung (Bauüberwachung und Dokumentation)	
a) Überwachen der Ausführung des Objekts auf Übereinstimmung mit der öffentlich-rechtlichen Genehmigung oder Zustimmung, den Verträgen mit ausführenden Unternehmen, den Ausführungsunterlagen, den einschlägigen Vorschriften sowie mit den allgemeinen Regeln der Technik b) Überwachen der Ausführung von Tragwerken mit sehr geringen und geringen Planungsanforderungen auf Übereinstimmung mit dem Standsicherheitsnachweis c) Koordinieren der an der Objektüberwachung fachlich Beteiligten d) Aufstellen, Fortschreiben und Überwachen eines Terminplans (Balkendiagramm) e) Dokumentation des Bauablaufs (zum Beispiel Bautagebuch) f) **Gemeinsames Aufmaß mit den ausführenden Unternehmen** g) **Rechnungsprüfung einschließlich Prüfen der Aufmaße der bauausführenden Unternehmen** h) **Vergleich der Ergebnisse der Rechnungsprüfungen mit den Auftragssummen einschließlich Nachträgen** i) **Kostenkontrolle durch Überprüfen der Leistungsabrechnung der bauausführenden Unternehmen im Vergleich zu den Vertragspreisen** j) **Kostenfeststellung, z. B. nach DIN 276** k) Organisation der Abnahme der Bauleistungen unter Mitwirkung anderer an der Planung und Objektüberwachung fachlich Beteiligter, Feststellung von Mängeln, Abnahmeempfehlung für den Auftraggeber l) Antrag auf öffentlich-rechtliche Abnahmen und Teilnahme daran m) Systematische Zusammenstellung der Dokumentation, zeichnerischen Darstellungen und rechnerischen Ergebnissen des Objekts n) Übergabe des Objekts o) Auflisten der Verjährungsfristen für Mängelansprüche p) Überwachen der Beseitigung der bei der Abnahme festgestellten Mängel	– **Aufstellen, Überwachen und Fortschreiben eines Zahlungsplanes** – **Aufstellen, Überwachen und Fortschreiben von differenzierten Zeit-, Kosten- oder Kapazitätsplänen** – Tätigkeit als verantwortlicher Bauleiter, soweit diese Tätigkeit nach jeweiligem Landesrecht über die Grundleistungen der LPH 8 hinausgeht.

In diesem Leistungsbereich überwiegen die vom Architekten in der Funktion des Bauleiters zu erbringenden Tätigkeiten. Bei der Bauüberwachung zählen zum AVA-Bereich das Aufmaß, die Rechnungsprüfung und die weitere kaufmännische und rechtliche Abwicklung aller in Zusammenhang mit der Zahlung stehenden Vorgänge. Diese sind in der HOAI nicht besonders beschrieben, da sie nicht einheitlich sind. Ihre formalen Einzelheiten sind von Art und Größe des Bauwerks, der Art des Bauherrn (z. B. Behörde, Industriebetrieb, privater Bauherr) sowie von den dem jeweiligen Vertragsverhältnis zugrunde liegenden besonderen oder zusätzlichen Vertragsbedingungen abhängig.

Bei der Abrechnung von Bauten erweist sich die Qualität der Ausschreibung. Ob das Abrechnungsergebnis eines Projekts oder eines Gewerks dem Auftragswert nahe kommt oder entspricht, hängt im Allgemeinen vor allem von diesen Fakten ab:

- Vollständigkeit der auszuführenden Einzelleistungen im Leistungsverzeichnis (sonst Nachträge und Mehrkosten).
- Richtigkeit der Mengen der Ausschreibung (sonst Preisänderungen, Nachträge, Kostenerhöhungen, Bauzeitveränderung usw.).
- Genauigkeit der Leistungsbeschreibung (sonst Qualitätsänderungen, Nachträge, Kostenerhöhungen usw.).
- Eindeutigkeit der besonderen oder der zusätzlichen Vertragsbedingungen, sowie der zusätzlichen technischen Vorschriften (sonst Missverständnisse, Fehleinschätzungen, Streit, Mehrkosten usw.).

Außerdem soll der Anteil der Tagelohnarbeiten an der Abrechnungssumme möglichst gering sein, denn oft werden im Leistungsverzeichnis vergessene Leistungen im Tagelohn ausgeführt.

11.5 Objektbetreuung

In dieser Leistungsphase überwiegen ebenfalls die organisatorischen Leistungen und Abwicklungsaufgaben des Bauleiters. Die Abwicklung der Freigabe von Sicherheitsleistungen ist von den vertraglichen Vereinbarungen abhängig. Die Durchführung der sonstigen Leistungen im AVA-Bereich ist wie in der Leistungsphase 8 – Objektüberwachung (Bauüberwachung) – von Fall zu Fall besonders zu regeln.

Besondere Leistungen bei Umbauten und Modernisierungen: Maßliches, technisches und verformungsgerechtes Aufmaß, Schadenskartierung, Ermitteln von Schadensursachen.

Grundleistungen	Besondere Leistungen
LPH 9 Objektbetreuung	
a) Fachliche Bewertung der innerhalb der Verjährungsfristen für Gewährleistungsansprüche festgestellten Mängel, längstens jedoch bis zum Ablauf von fünf Jahren seit Abnahme der Leistung, einschließlich notwendiger Begehungen b) Objektbegehung zur Mängelfeststellung vor Ablauf der Verjährungsfristen für Mängelansprüche gegenüber den ausführenden Unternehmen c) Mitwirken bei der Freigabe von Sicherheitsleistungen	– Überwachen der Mängelbeseitigung innerhalb der Verjährungsfrist – Erstellen einer Gebäudebestandsdokumentation – Aufstellen von Ausrüstungs- und Inventarverzeichnissen – Erstellen von Wartungs- und Pflegeanweisungen – Erstellen eines Instandhaltungskonzepts – Objektbeobachtung – Objektverwaltung – Baubegehungen nach Übergabe – Aufbereiten der Planungs- und Kostendaten für eine Objektdatei oder Kostenrichtwerte – Evaluieren von Wirtschaftlichkeitsberechnungen

11.6 Arbeitsteilung: Bauplanung/Bauabwicklung

Bei mittleren und großen Bauprojekten vergeben viele Bauherren häufig die Architektenleistungen nach HOAI nicht in eine Hand. Man beauftragt einen Architekten mit der Bauplanung, ein anderes Architekturbüro mit der Bauabwicklung. Dabei können sowohl die in der HOAI beschriebenen Leistungsbilder jeweils als Ganzes oder in Teilen vergeben werden. Besonders wegen der Verantwortung für Qualität, Kosten und Termine vergibt man alle den AVA-Bereich betreffenden Teilleistungen in die Hand des mit der Bauabwicklung Beauftragten.

Generell empfiehlt sich, bei der arbeitsteiligen Beauftragung das Gesamtleistungsbild in der Form des Beispiels in Bild 11-1 aufzuteilen.

Für viele Auftraggeber sind die besseren Erfahrungen, welche sie bei großen Bauvorhaben mit der arbeitsteiligen Vergabe gemacht haben, dafür maßgebend, dieses Modell zu handhaben. Weil in der überwiegenden Zahl aller Fälle die Bedeutung der Einhaltung von Kosten, Terminen und Qualität vorrangig ist, betraut man mit der Bauabwicklung auf diesem Gebiet besonders leistungsfähige Architekturbüros. Diese Arbeitsteilung ist nicht neu, sie existierte in der Geschichte des Bauens immer und der Architekt auch in früherer Zeit, ist nicht als der alles beherrschende Generalist nach Ausbildung, Funktion und Stand anzusehen.

11.6 Arbeitsteilung: Bauplanung/Bauabwicklung

Die Anwendung neuer Arbeitstechniken im Leistungsbereich Bauabwicklung, besonders der Einsatz der elektronischen Datenverarbeitung bei Ausschreibung, Vergabe und Abrechnung, hat die Leistungsfähigkeit der auf diesem Gebiet tätigen Architekturbüros im Laufe der letzten zwanzig Jahre sehr gesteigert. Ergänzt durch computerunterstützte Managementmethoden hat sich ein eigener, leistungsfähiger Berufszweig unter den Architekten herausgebildet.

Auftraggeber nennen aus ihrer Sicht für die Arbeitsteilung in Bauplanung und Bauabwicklung erstrangig diese Gründe:

– Auswahl und Einsatz der Architekten nach deren individueller größter Leistungsfähigkeit und Erfahrung,
– gegenseitige fachliche Kontrolle der arbeitsteilig beauftragten Architekten,
– klare Verantwortungsteilung und Haftungsabgrenzung für Planung einerseits und Bauabwicklung andererseits,
– größerer Versicherungsschutz der arbeitsteilig Beauftragten für eventuelle Haftungsfälle im Planungs- und/oder Abwicklungsbereich,
– keine Honorarmehrkosten trotz erheblicher Vorteile für den Bauherrn.

Nach HOAI ist es ausdrücklich möglich, nicht alle Leistungsphasen sowie nicht alle Leistungen einer Leistungsphase in eine Hand zu vergeben. Die Berechnung des Honorars hat entsprechend den Leistungsanteilen zu erfolgen.

	Bau-Planung			Bauabwicklung
1.	Grundlagenermittlung	– ganz –	1.	–
2.	Vorplanung	– teilweise, bis auf	2.	Vorplanung-Teilleistung: Kostenschätzung nach DIN 276 oder nach dem wohnungsrechtlichen Berechnungsrecht
3.	Entwurfsplanung	– teilweise, bis auf	3.	Entwurfsplanung-Teilleistung: Kostenberechnung nach DIN 276 oder nach dem wohnungsrechtlichen Berechnungsrecht
4.	Genehmigungsplanung		4.	–
5.	Ausführungsplanung	– ganz oder alternativ	5.	Ausführungsplanung
6.	–		6.	Vorbereitung der Vergabe – ganz –
7.	–		7.	Mitwirkung bei der Vergabe – ganz –
8.	–		8.	Objektübrewachung (Bauüberwachung) – ganz –
9.	–		9.	Objektbetreuung – ganz –

Bild 11-1 Beispiel einer arbeitsteiligen Beauftragung von Architekten bei großen Bauvorhaben

12 Computergestützte AVA[1]

12.1 Entwicklungsstand 2014

Wegen der schnell fortschreitenden weiteren Entwicklung des Einsatzes elektronischer Datenverarbeitung im AVA-Bereich soll am Anfang der hier komprimierten Darlegungen die Historie sowie der Entwicklungsstand im Jahre 2014 kurz beschrieben werden:

– Bereits im Jahre 1974 ging das erste AVA-Programm als Lochkartensystem bei den Landes- und Bundesbauverwaltungen in Betrieb. 1979 wurden diese ersten Programmentwicklungen von dialogorientierten Systemen abgelöst. Auch diese Systeme wurden weiterhin auf Großrechenanlagen entwickelt und betrieben. In den achtziger Jahren verbreitete sich dann das Betriebssystem MS-DOS sowie der Personal Computer (PC). Der schnell folgende Durchbruch von AVA-Programmen auf dem PC war dann eine logische Fortentwicklung, beschleunigt durch die Markteinführung der grafischen Benutzeroberfläche Windows Ende der achtziger Jahre.

– Personal Computer (PC), Notebooks (mobile PC) sowie Tablet Computer (mit Touchscreen) haben sich heute als unverzichtbare Arbeitsgeräte im AVA-Bereich bei Architekten, Ingenieuren und Projektsteurer etabliert. Im mobilen Einsatz ergänzen Smartphones mit speziellen Apps (Anwendungssoftware für Mobilgeräte) die Vielfalt der Rechnersysteme. Diese werden i. d. R. mit Android, Apple IOS oder mit Windows-Phone Betriebssystemen eingesetzt und besitzen intelligente, grafische Benutzeroberflächen die per Touchscreen bedient werden. Die Rechnersysteme (PCs) sind – mit wenigen Ausnahmen – grundsätzlich miteinander vernetzt und haben einen Zugang zum Internet. Eine zentrale Daten- und Programmablage wird durch den Einsatz von zentralen Server-Systemen ermöglicht. Heute werden meistens Windows-Terminal-Server (WTS) eingesetzt, die nicht nur den Zugriff auf Daten und Programme innerhalb des geschlossenen Firmen-Netzwerkes ermöglichen, sondern auch einen Zugriff über das Internet von jedem beliebigen Ort auf dieser Welt zulassen. Dies bezeichnet man heute dann auch gerne als „private Cloud". Das Internet hat somit auch die räumlichen Barrieren durchbrochen, weil die Rechnersysteme auch an unterschiedlichen Örtlichkeiten weltweit über das Internet miteinander kommunizieren und auch Daten transferieren können. Wer in seinem Unternehmen keine aufwändigen IT-Server-Landschaften aufbauen

---

[1] An diesem Kapitel hat Herr Dipl.-Betriebswirt Rainer Diehl von der RIB Software AG, Stuttgart, mitgewirkt.

will, kann seine Programme und Daten auch problemlos bei einem Rechenzentrums-Dienstleister vorzuhalten und betreuen zu lassen. Hierbei werden dann die Dienste einer „public Cloud" genutzt. Smartphones und Mini-Tablets ergänzen das PC-Rechnerumfeld im mobilen Einsatz des Bauwesens vor Ort um z.B.: Aufmasse direkt auf der Baustelle digital zu erfassen oder bei der digitalen Mängelerfassung direkt an der Schadenstelle, das Führen von Bautagebüchern, usw. Bei vielen Baufirmen sind die mobilen Endgeräte heute nicht mehr wegzudenken. Mobile Stundenerfassung, Leistungsmeldung, usw. sind dort zum täglichen Standard geworden.

- AVA-Programme besitzen grundsätzlich grafische Benutzeroberflächen. Moderne Systeme bieten dem Anwender die Möglichkeit sowohl die Arbeitsoberfläche als auch die funktionsorientierten Dialoge nach seinen individuellen Bedürfnissen einzurichten und automatisch abzurufen. Die Anwenderfreundlichkeit und auch die Wirtschaftlichkeit dieser Programmsysteme konnte dadurch nochmals um ein vielfaches gesteigert werden. Die Abbildung von Prozessen und Workflows bekommt auch im Bereich der AVA und Projektsteuerung immer größere Bedeutung. Seit dem Jahre 2010 erfüllen erste, hochmoderne AVA-Systeme diese Anforderungen über individuelle Profilierungs-Funktionen und durch die Einführung von prozess- und workfloworientierten Arbeitsoberflächen. Dabei werden in der Programmentwicklung Service-Orientierte-Software-Architekturen (SOA) konsequent berücksichtigt. Die große Herausforderung an die heutigen AVA-Systeme liegt in der Zusammenführung der Prozesse AVA und BIM (Building Information Modeling).
Detaillierte Ausführungen hierzu finden Sie auch im nachfolgenden Kapitel 12.5.15.

- Die stetige Pflege dieser AVA-Programmsysteme beinhaltet natürlich auch die Einbindung aller Änderungen und Neuerungen hinsichtlich des Deutschen Normenwerks (DIN, VOB, GAEB).

- Der vollkommen papierlose Informationsaustauch zwischen den Projektbeteiligten ist noch nicht zur Realität geworden. Die Voraussetzungen hierfür sind im Bauwesen heute besser denn je zuvor. Vertragsentwürfe, Ausschreibungen, Bieterangebote, Leistungsmeldungen, u. v. m. werden tagtäglich per E-Mail zwischen den am Bau-Projekt beteiligten Personen und Organisationen ausgetauscht. In vielen Fällen dient auch die CD-ROM bzw. DVD als Datenträger, wegen der enormen Dateigrößen. Nur in den Fällen, wo es nicht vermeidbar ist, werden die Unterlagen noch immer in konventioneller Papierform ausgetauscht. Der elektronische Datenaustausch findet somit fast ausschließlich über das Internet statt. Da das Medium E-Mail in seiner ureigenen Eigenschaft für den Transport großer Datenmengen ungeeignet ist, werden diese Projektdaten bevorzugt über e-Vergabe-Plattformen, Projekträume oder individuelle Web-Services bereitgestellt und ausgetauscht.

- Projektdokumente – insbesondere Unterlagen des Bauvertrages – können problemlos auch elektronisch unterzeichnet werden. Grundlage hierfür sind Signaturkarten und Kartenlesegeräte, die den Anforderungen des Signaturgesetzes für „qualifizierte Signaturen" entsprechen. Alternativ lässt die VOB auch die Verwendung von fortgeschrittenen Signaturen (Softwarezertifikate) zu. Mit dieser vereinfachten Technologie ist es möglich sämtliche Ausschreibungs- und Vergabeunterlagen mit einer elektronischen Unterschrift zu versehen und ggf. mit einem elektronischen Zeitschloss zu ergänzen. Weitere Informationen zur elektronischen Signatur erhalten Sie auch bei der Regulierungsbehörde für Telekommunikation und Post (RegTP) über www.regtp.de unter dem Stichwort „elektronische Signatur".

- An den Ausbildungsinstitutionen sind AVA- und CAD-Programmsysteme sowie weitere Bausoftware-Programmsysteme integraler Bestandteil des Studieninhaltes. Die Methode der „Integrierten modellbasierten Arbeitsweisen" ist heute bei nahezu allen Ausbildungsinstitutionen Bestandteil der Lehrinhalte geworden. Die Rechenzentren der Lehranstalten sind mit den aktuellen Bausoftware-Programmsystemen ausgestattet, auf denen Praxiskurse vermittelt werden. So auch mit BIM CAD-Systemen und mit 5D-AVA bzw. Projektmanagement-Systemen.

12.2 Rechtlicher Rahmen des Software-Einsatzes

Für den Einsatz von computergestützten Arbeitstechniken gelten sämtliche rechtlichen Bedingungen, wie sie sich aus dem BGB und der VOB ergeben. Ebenso sind die einschlägigen Bestimmungen der DIN-Norm wie bei konventioneller Bauabwicklung maßgebend. Das gilt vor allem für die Allgemeinen Technischen Vertragsbedingungen, ATV der VOB/Teil C, hinsichtlich der Bestimmungen über Nebenleistungen und Abrechnung.

Besonders sind die gesetzlichen Bestimmungen über den Datenschutz ergänzend zu beachten. Dies gilt vorrangig für den Datenaustausch. Die elektronische Vergabe von Bauleistungen ist seit der VOB Ausgabe 2009 eindeutig geregelt.

12.3 Regelungen für elektronische Bauabrechnung

Für die Berechnung von Mengen gilt die „Sammlung der Regelungen für die elektronische Bauabrechnung – Sammlung REB", welche auf der Grundlage eines Entwurfs aus dem Jahre 1963 von dem fachlich zuständigen Bundesminister, dem Bundesrechnungshof sowie den entsprechenden

Organen der Länder 1979 eingeführt worden ist. Im Hochbau und im Tiefbau wendet man im Allgemeinen die REB-Verfahrensbeschreibung 23.003, Allgemeine Bauabrechnung, an. Die Sammlung REB wird von der Forschungsgesellschaft für das Straßen- und Verkehrswesen in Köln herausgegeben. Das Gesamtwerk und seine Ergänzungen können dort ebenso wie einzelne REB bezogen werden (http://www.fgsv-verlag.de). Seit 2000 gibt es ergänzend zur REB die GAEB-Verfahrensbeschreibung GAEB-VB 23.004, die vom Gemeinsamen Ausschuss Elektronik im Bauwesen (GAEB) herausgegeben wird. Die GAEB-VB 23.004 hat sich in der Praxis nicht durchsetzen können.

In den Jahren 2009 und 2012 sind deshalb modifizierte Ausgaben der REB23.003 eingeführt worden. In der Arbeitsgruppe „Sammlung REB" wird seit längerer Zeit an einer neuen modernen XML-orientierten Definition gearbeitet. Diese wird dann auch langfristig die bisherige REB23.003 und GAEB23.004 Verfahrensbeschreibungen ablösen. Die bisherigen Verfahrensbeschreibungen berücksichtigen ausschließlich den neutralen Austausch der Mengenermittlungen. Die zukünftige Verfahrensbeschreibung soll darüber hinaus noch die Aspekte für den Prozessablauf berücksichtigen und regeln. Dazu zählen die Berücksichtigung von Mengenarten, Perioden, Auftragnehmer- und Auftraggeber-Kennzeichen, u. v. m.

12.4 DV-Anwendung

Die konventionelle Abwicklung von Projekten mit Papier, Bleistift und Schere ist heute komplett durch die EDV-Anwendung ersetzt worden. Auch dort, wo bei speziellen Aufgabenstellungen keine Bausoftware vorhanden ist (z.B. Kostenschätzung nach DIN276, Mängelmanagement, ...), werden hierfür Standard-Software-Werkzeuge wie z.B. Textverarbeitung, Tabellenkalkulation eingesetzt. Sämtliche AVA-Leistungen können heute digital mit AVA-Software abgewickelt werden, von der Erstellung des Ausschreibungs-LVs über die Angebotsnachrechnung bis hin zur Bauabrechnung und Kostenüberwachung. Im Bild 12-1 wird der elektronische Ablauf schematisch dargestellt. Moderne, innovative AVA-Systeme erweitern ständig das Leistungsspektrum, sodass man diese bereits als Kosten- und Projektmanagement-Systeme bezeichnen kann. Dies sind z. B. erweiterte Aufgabenstellungen aus der Bauleitung die mit Funktionsbausteinen wie z. B. Mängelmanagement, Bautagebuch, Ablaufplanung (Vorgangsmodell), u. v. m. in einem integrierten Programmsystem abgedeckt werden.

12.4 DV-Anwendung

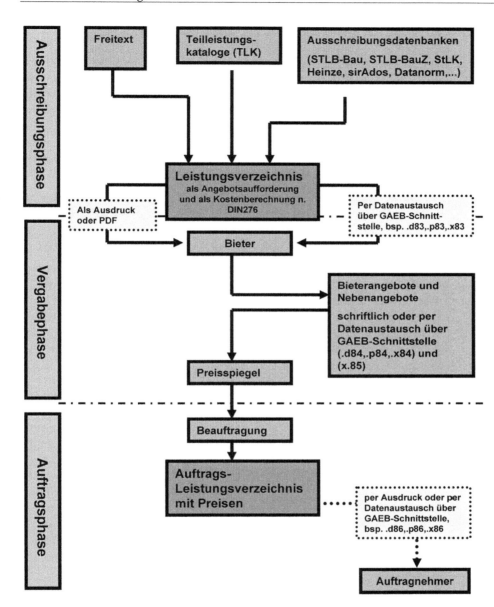

Bild 12-1 Ablaufschema

12.5 Software-Systeme im AVA-Bereich

Für die Bauabwicklung durch den Architekten und Ingenieur im Rahmen einer HOAI-Leistung sind nur solche Software-Systeme tauglich, welche den rechtlichen und technischen Bedingungen entsprechen, die der Verfahrensbeschreibung 23.003 der REB folgen und die in der Praxis ausreichend erprobt sind und sich als fehlerfrei erweisen haben. Sofern für diese Aufgabenstellungen Standardsoftware wie z. B. Tabellenkalkulation eingesetzt wird, muss der Architekt und Ingenieur selbstverantwortlich sicherstellen, dass die voran genannten Bedingungen eingehalten und abgedeckt sind.

Die Texte des Standardleistungsbuch-Bau (STLB-Bau) sind auf CD-ROM/DVD oder optional auch online über das Internet beim DIN-Bauportal (http://www.din-bauportal.de) verfügbar und können so vom Fachplaner und Ingenieur unmittelbar im AVA-System verwendet werden.

Für viele etablierte AVA Software-Systeme, die heute angeboten werden, sind selbstverständlich umfangreiche und detaillierte Dokumentationen in elektronischer Form auf CD-ROM bzw. DVD verfügbar. Gedruckte Handbücher gibt es nur noch vereinzelt. Stattdessen sind diese Informationen elektronisch im PDF- bzw. HTML-Format verfügbar. Schnelle Suchmöglichkeiten und die Möglichkeit der zentralen Bereitstellung sprechen eindeutig für die elektronischen Handbücher. Eine rasche Einarbeitung in die AVA-Software wird damit immer einfacher.

Das frühere Standardleistungsbuch (StLB) wurde im Jahre 2001 offiziell vom neuen Standardleistungsbuch-Bau (STLB-Bau) abgelöst.

Unter Verwendung des Dynamischen Textsystems STLB-Bau (http://www.beuth.de) lassen sich vollständige sowie VOB- und DIN-gerechte Leistungsbeschreibungen direkt aus dem AVA-Programm heraus vom Fachplaner erstellen. Bei der Zusammenstellung der Leistungsbeschreibung überprüft das intelligente Textsystem STLB-Bau im Hintergrund automatisch, ob die vom Anwender ausgewählten Ausprägungen und Merkmale fachlich und sachlich zusammenpassen. Falsche Kombinationen von Ausprägungen innerhalb der Leistungsbeschreibung werden damit ausgeschlossen.

Besondere Formulierungen, die im STLB-Bau nicht verfügbar sind, können mit eigenen Texten im Leistungsverzeichnis ergänzt werden.

Ergänzend zu den Leistungsbeschreibungen des STLB-Bau kann auch optional für nahezu alle Leistungsbereiche eine Baupreis-Datenbank (DBD-BauPreise *REGIONAL*) erworben werden, die bei jeder beliebigen Kombination von Textkomponenten des STLB-Bau einen Baupreis (Orientierungspreis) zur Verfügung stellt. Dieser Orientierungspreis kann sowohl bundesweit oder bis hin auf die Ebenen der Bundesländer und Landkreise regional differenziert gewählt werden. Somit erhält der Fachplaner und

Ingenieur bei der Erstellung seines Leistungsverzeichnisses automatisch eine treffsichere Kostenschätzung, wenn gewünscht auch sortiert nach der DIN276. Wer zusätzlich hinter den Einheitspreis schauen möchte, dem bietet die Baupreis-Datenbank (DBD-BauPreise *EFB REGIONAL*) optional zu jedem Orientierungspreis zusätzlich eine Aufgliederung durchschnittlicher Preisanteile für Lohn, Stoffe (Material), Geräte und Sonstiges. Außerdem wird auch ein durchschnittlicher Zeitwert für die jeweilige Leistung pro Abrechnungseinheit geliefert. Das vereinfacht die Wertung und Prüfung von Einheitspreisen um ein Vielfaches.

12.5.1 Leistungsbeschreibung mit freien Texten

Wer es vorzieht, eigene Texte zu verwenden, und diese bei wiederholten Bauvorhaben erneut einzusetzen wünscht, kann diese schnell und einfach in der AVA-Software erfassen und zu einem Leistungsverzeichnis zusammenstellen. Die meisten AVA-Systeme bieten heute sehr komfortable Funktionen für die Textgestaltung zur Verfügung bis hin zur Integration von Skizzen und Detailzeichnungen innerhalb der Leistungsbeschreibung.

In Ergänzung zu den eigenen Texturen können heute von einigen renommierten Baufachverlagen umfangreiche Textsammlungen hinzuerworben werden, um die eigenen Texte optimal zu ergänzen.

12.5.2 Leistungsbeschreibung mit „Mutter-LV"

Eine büroeigene Sammlung von Leistungsbeschreibungen bezeichnet man als „Mutter-LV" bzw. Teilleistungskatalog die in der Datenbank des AVA-Systems zur vielfachen Verwendung gespeichert ist. Sie kann aus Inhalten des STLB-Bau erzeugt und/oder als freier Text formuliert sein, einschließlich Textquellen von gängigen Baufachverlagen. Bei der Wiederverwendung lassen sich projekt-spezifische Angaben ergänzen.

12.5.3 Kostenanschlag

Durch Hinzufügen von Einheitspreisen zu den Positionen der Leistungsverzeichnisse lassen sich Kostenanschläge erstellen, indem das Programm die einzelnen Positionsgesamtpreise und den Angebotspreis errechnet. Die Gliederung der Kosten lässt sich zudem wahlweise nach Bereichen, Abschnitten, Kostenstellen, Orten, Leistungsbereichen, Bauelementen, DIN 276 oder nach beliebig freien Gliederungen vornehmen.

12.5.4 Angebotsnachrechnung

Die Preisdaten der Bieterangebote, in der Regel die Einheitspreise, die Positionsgesamtpreise und die sonstigen Preisdaten, z. B. Titelsummen, gibt man ein und veranlasst die Nachrechnung der Angebote. Nachlässe,

Alternativpreise, Skonto und dgl. können berücksichtigt werden. Das AVA-System liefert Angaben über Vollständigkeit und Richtigkeit bzw. Fehlerhaftigkeit der Angebote als Grundlage einer evtl. weiteren Überprüfung. Bietertextangaben für z. B. Fabrikat und technische Werte können ebenso erfasst werden und ermöglichen später auch einen technischen Vergleich der Angebote.

Speziell zu erwähnen ist in diesem Zusammenhang, dass ab der Version 3.1 des Datenaustauschformates GAEB-XML uneingeschränkt Nebenangebote bzw. Sondervorschläge durch den elektronischen Datenaustausch unterstützt werden. In modernen AVA-Systemen können somit Bieterpositionen erfasst, gekennzeichnet, über die GAEB-Schnittstelle im- und exportiert sowie im Angebotsvergleich (Preisspiegel) den Hauptangeboten direkt gegenübergestellt werden.

12.5.5 Preisspiegel

Bereits während der Angebotserfassung bzw. Angebotsnachrechnung können heute leistungsfähige AVA-Systeme online einen Angebotspreisspiegel erstellen und parallel mit farblichen Differenzierungsmerkmalen am Bildschirm darstellen. Varianten können in vielfältiger Form durchgerechnet werden. In der Regel können folgende Übersichten erzeugt werden:

– Kompletter Preisspiegel mit allen Preisdaten der Positionen, Einheitspreise, Gesamtpreise, prozentuale Bewertung, Abschnitts-Summen, Gesamtsummen ohne/mit Mehrwertsteuer.
– Teil-Preisspiegel über einzelne ausgewählte Positionen, Alternativen, Abschnitts- und Gesamtsummen.
– Beiblatt zur Verhandlung
– Grafische Auswertung mit wählbarer Darstellung.
– Kompletter Export in die Tabellenkalkulation (Excel)

Moderne, leistungsfähige AVA-Systeme erlauben optional für Langzeitprojekte die Erfassung von Lohngleitklauseln pro Angebot, sodass die Lohnänderungskosten bereits im Preisspiegel berücksichtigt werden – eine Angebotsauswertung mit Perspektive.

12.5.6 Vergabe

Nach erfolgter Auftragserteilung erstellt man das Auftrags-Leistungsverzeichnis, das der Auftragsabwicklung zugrunde liegen wird. Hier fügt man alle nach Angebotsabgabe evtl. eingetretenen Veränderungen ein. Dies können sein: Kennzeichen für Beauftragung von Wahlpositionen anstelle Grundpositionen, Preisänderungen, Nachlässe, entfallene oder hinzugetretene Leistungen usw. Moderne AVA-Systeme übernehmen diese Kennzeichen automatisch aus dem Preisspiegel in das Auftrags-Leistungsverzeichnis, sobald die Beauftragung veranlasst wird. Das so neu erstellte Leistungsverzeichnis ist dann als Vertragsbestandteil mit Preisen und ohne Preisangaben als Baustellen-LV auszudrucken. Eine digitale Ausgabe des Vertrags-LV in Form einer genormten GAEB-Datei (Datenart 86) ist heute gängige Praxis. Die Übertragung dieser Datenart an den Auftragnehmer erfolgt in vielen Fällen per E-Mail (Internet). Sofern sich im Laufe der Bauabwicklung Nachträge ergeben, sind diese dem Auftrags-Leistungsverzeichnis fortzuschreiben oder einem separaten Nachtrags-LV unter entsprechender Kennzeichnung ergänzend hinzuzufügen. Moderne AVA-Systeme sollten dem Thema Nachtragsmanagement heute besondere Bedeutung widmen. Neben der Erfassung und Kennzeichnung von Nachtragspositionen ist es notwendig diese Nachträge mit Nachtrags-Status, Nachtrags-Art und Wertungsfaktoren kennzeichnen zu können.

12.5.7 Mengenberechnung

Die bei der Ausführung der Bauarbeiten geltenden Abmessungen sind in der üblichen Form festzustellen und auf der Grundlage von Aufmassblättern einzugeben. Zur rechnerischen Vereinfachung dienen insbesondere die in der Sammlung REB enthaltenen Formelpläne, z. B. REB 23.003 Allgemeine Bauabrechnung oder GAEB-VB 23.004. Das Programm errechnet die Mengen je Position entsprechend der LV-Gliederung und liefert eine übersichtliche Messurkunde. Bei fortschreitender Bauausführung werden die neu hinzukommenden Aufmasse erfasst und vom AVA-System verarbeitet. Je Position erfolgt die Fortschreibung der Gesamtmenge. Das Programm zur Mengenberechnung ist in gleicher Weise auch bei der Ermittlung der Mengen für die Leistungsbeschreibung zu verwenden. Ebenso ist bei einigen Software-Systemen eine Übernahme der im CAD-Programm durchgeführten Mengenberechnung in das AVA-Aufmass möglich. Dies kann den Zeitaufwand und die Fehlerhäufigkeit bei der Mengenberechnung nochmals erheblich verringern. Diese Verbindung funktioniert in den meisten Fällen jedoch nur zwischen AVA- und CAD-Systemen des gleichen Herstellers. Anders verhält es sich beim Einsatz von BIM 5D-AVA-Systemen. Diese sind in der Lage die Mengen direkt und vollautomatisch aus dem 3D-Geometriemodell abzugreifen und an die LV-Position oder an das Kostenelement zu übergeben, und dies herstellerunabhängig. Dort, wo nicht direkt auf die Mengenberechnung des CAD-Systems zurückgegriffen werden kann gibt es zwischenzeitlich auch grafisch orientierte Hilfstools mit denen der CAD-Grundriss auf Basis von gängigen Bildformaten importiert und nachgezeichnet werden kann. Beim Nachzeichnen werden automatisch Längen, Flächen, etc. berechnet die dann LV-Positionen als Positionsmenge zugeordnet werden können. In fortschrittlichen AVA-Systemen sind solche 2D-Mengenermittlungs-Werkzeuge bereits integriert.

12.5.8 Rechnungsprüfung und Zahlungsfreigabe

Auf der Grundlage des Auftrags-Leistungsverzeichnisses und der aktuellen Rechnungs-Mengenermittlung berechnet das Programm die Positions-, die Abschnitts- und Gesamtpreise, berücksichtigt bei Abschlagsrechnungen den Sicherheitseinbehalt und ggf. weitere Abzüge, berechnet die Netto-Rechnungssumme, die Mehrwertsteuer und die Brutto-Rechnungssumme. Skonto und Zahlungsziel werden selbstverständlich mit berechnet. Für den elektronischen Austausch von Rechnungsdaten sieht die aktuelle GAEB-Version 3.2 XML nun ebenfalls eine Schnittstellen-Datei (Datenart 89) vor.

12.5.9 Soll-/Ist-Übersichten

Als ein sehr informatives Ergebnis der Bauabrechnung innerhalb des AVA-Systems lassen sich verschiedene Soll/Ist-Vergleichsübersichten erzeugen, welche anschaulich, auch grafisch, den Stand der Abrechnung nach Mengen und Kosten im Vergleich von beauftagter und erbrachter Leistung darstellt. Moderne BIM-5D AVA-Systeme können z. B. diese Mengenvergleichs-Übersichten direkt am 3D-Modell über Objektvisualisierungsfunktionen grafisch darstellen.

12.5.10 Baubuchhaltung

Architekten und Ingenieure haben regelmäßig bei jedem Bauprojekt eine Vielzahl von Auftragnehmern als Vertragspartner Ihres Auftraggebers in der kaufmännischen Abwicklung zu betreuen. Ein Baubuchhaltungsprogramm sichert die aktuelle Übersicht der Auftrags, Leistungs- und Abrechnungsdaten jedes Auftragnehmers. Ein für jeden Auftragnehmer angelegtes Konto enthält Angaben über Auftragsnummer, Höhe des Grundauftrags und der evtl. Nachaufträge, die Gesamtauftragssumme, den kumulierten Leistungsstand, den kumulierten Sicherheitseinbehalt und die zur Auszahlung freigegebenen Beträge.

12.5.11 Kostenkontrolle – Projektsteuerung

Das Kostenkontrollprogramm dient der kontrollierten Verfolgung der Kostenentwicklung bei einem Bauprojekt. Es verwendet die Daten der Baubuchhaltung in kumulierter Form entsprechend der gewählten Gliederung, z. B. nach Gewerken, DIN 276, u. a. In einer Übersicht liefert es die Kostendaten der Kostenberechnung, der beauftragten Gesamtsumme je Gewerk, der noch verfügbaren Summe, des Leistungsstands, der zur Bezahlung freigegebenen Summe und der kumulierten Werte aller Kosten des Projekts. Moderne AVA-Systeme ermitteln die Prognose-Werte sowie die Werte für die Projektkosten-Hochrechnung automatisch anhand hinterlegter Rechenregeln. Zusätzlich ermöglichen leistungsfähige AVA-Systeme eine detaillierte Liquiditätsplanung, bei der die eingehenden und ausgehenden Finanzmittel ständig gegenübergestellt werden können.

12.5.12 Preisdatenbank – Preisrecherche

Die Positionspreise abgewickelter Projekte und auch Positionspreise attraktiver Bieterangebote sowie Mittelpreise aus gewählten Bieterangeboten speichert die Preisdatenbank zur weiteren Verwendung bei neuen Kostenermittlungen. Leistungsfähige Programmsysteme bieten darüber hinaus komfortable Recherche-/Suchfunktionen mit denen man gezielt nach Positions-Preisen im gesamten Projektdatenbestand suchen kann. Filterfunktionen helfen bei der systematischen Eingrenzung der Preisrecherche.

12.5.13 Raumbuch/Objektbuch

Planungs- und AVA-relevante Daten beinhaltet das Raum- bzw. Objektbuch-Programm, welches in der Planung, Bauabwicklung und Bauinstandhaltung nach verschiedenen Merkmalen Informationen selektiv bereitstellt. Der Trend in diesem Bereich geht eindeutig zum integrierten grafischen Raumbuch/Objektbuch auf Basis von BIM. (siehe auch Kapitel 12.5.15).

12.5.14 Elektronischer Datenaustausch/e-Vergabe

Die tradierte Papierform rückt als Datenträger deutlich in den Hintergrund. Mit der Etablierung des Internet als allgemeingültiges Kommunikationsmedium hat der elektronische Datenaustausch im Bauwesen eine große Bedeutung erfahren. Der Austausch der Daten erfolgt in vielen Fällen per E-Mail (Internet), sodass Datenträger heute praktisch nicht mehr verwendet werden. Bei Bedarf werden als Datenträger noch die CD-ROM bzw. DVD verwendet. Insbesondere im Angebotsverfahren lassen sich wesentliche Aufwandseinsparungen erzielen, wenn sich die erneute Eingabe von elektronisch erstellten Leistungsverzeichnissen beim Bieter erübrigt und statt dessen die LV-Inhalte in einer genormten, elektronischen Form für die Angebotsbearbeitung direkt verfügbar sind. Ebenso vereinfacht sich die Übernahme der Bieterdaten in die Angebotsnachrechnung beim Architekt bzw. Ingenieur. Das Verfahren des elektronischen Datenaustausches im Bauwesen ist in den „GAEB-Regelungen" festgeschrieben (GAEB = Gemeinsamer Ausschuss Elektronik im Bauwesen, mit Sitz in Berlin). Mit der Einführung der aktuellen GAEB-Regelungen gemäß GAEB-Standard: GAEB-XML ist eine komplette elektronische Vergabe von Bauleistungen (e-Vergabe) implementiert, da das Verfahren GAEB-XML (http://www.gaeb.de) auch die „elektronische Unterschrift" sowie das „elektronische" Zeitschloss berücksichtigen.

Im Hinblick auf die elektronische Vergabe (e-Vergabe) haben sich einige (auch rechtsverbindliche) Internet-Ausschreibungsplattformen für private und öffentliche Bauausschreibungen nach VOB am Software-Markt etabliert. Solche Internet-Plattformen unterstützen den kompletten Beschaffungs-Prozess von der Bereitstellung der Ausschreibungsunterlagen bis zur Verwaltung und Bearbeitung der elektronisch eingegangenen Angebote. Einige dieser Internet-Plattformen unterstützen auch den rechtsverbindlichen und verwaltungskonformen Vergabeprozess sowie alle gängigen und rechtsverbindlichen Signaturarten (qualifizierte elektronische Signatur, fortgeschrittene Signatur oder Mantelbogen). Insbesondere in der öffentlichen Verwaltung setzt sich der Einsatz der e-Vergabe immer mehr durch. Diese Tendenz wird durch die im Dezember 2009 in Kraft getretene Dienstleistungsrichtlinie der EU 2006/123 deutlich verstärkt. Diese in das nationale Recht überführte Richtlinie erfordert zwingend den Einsatz eines elektronischen Vergabesystems bei Verwaltungen sowie Sektorenauftraggebern. Aber auch die privatwirtschaftlichen Beschaffungsorganisationen z. B. großer Industrieunternehmen haben die Vorteile der e-Vergabe erkannt und führen heute die Vergabe von Bauleistungen ausschließlich, konsequent und medienbruchfrei mit e-Vergabe-Systemen durch. Auf diese Weise kann der Prozess der Submission und alle nachgelagerten Prozesse der Prüfung, Wertung und Zuschlagserteilung nachhaltig verbessert und optimiert werden.

Moderne AVA-Systeme können nahtlos in einige dieser e-Vergabe-Plattformen eingebunden werden. Über Hochintegrations-Schnittstellen werden alle relevanten Informationen und Dokumente direkt aus dem AVA-System per Knopfdruck an das e-Vergabe-System übertragen. Im Gegenzug können nach der Submission wiederum per Knopfdruck sämtliche Angebotsinformationen von der Plattform direkt in den Preisspiegel und in die Bieterverwaltung des AVA-Systems zurückgelesen werden.

12.5.15 CAD/AVA

In diesem Themenumfeld sind noch immer die größten Entwicklungsfortschritte zu erwarten.

Betrachten wir kurz die bisherige Situation: CAD-Systeme (computer aided design/drafting) lassen die Entnahme AVA-relevanter Daten zu. Hierzu zählen insbesondere die Massen aus der CAD-Mengenermittlung. Herstellerbezogene Schnittstellen ermöglichen die unmittelbare Verwendung von Maßen zur Mengenermittlung bei gleichzeitiger Kennzeichnung der CAD-Bauteile, so dass Leistungsbeschreibungen und Bauabrechnungen ohne zusätzliche manuelle Handhabung allein und automatisch durch Programmroutinen erstellt werden können. Diese Integration zwischen CAD und AVA hat sich in der Praxis nicht wirklich durchsetzen können, weil elementare Aufgaben bei der Entwurfs- und Ausführungsplanung, sowie bei der Projektsteuerung (AVA) noch immer in klassisch arbeitsteiliger Weise durchgeführt werden. Deswegen ist in vielen Fällen eine system-

12.5 Software-Systeme im AVA-Bereich

technische Koppelung zwischen CAD und AVA nicht praktikabel. Außerdem erfordern diese Koppelungen häufig CAD- und AVA-Systeme des gleichen Herstellers.

Es wurde erkannt, dass man diesen Problemstellungen nur mit dem Trend zur Standardisierung entgegnen kann. Im Jahre 1995 wurde die Organisation buildingSMART e. V. – http://www.buildingsmart.de – (damals IAI e. V.) auf Initiative führender deutscher Planungs-, Ausführungs- und Bausoftwareunternehmen gegründet, um insbesondere die Verbesserung des immer wieder nicht zufrieden stellenden Datenaustauschs auf Grund fehlender und ungenügender Schnittstellen der IT-Lösungen im Bauwesen herbeizuführen. Damit war die IFC-Schnittstelle (IFC = Industry Foundation Classes) geboren. Die IFC sind ein objektorientierter Standard, der die Summe aller Informationen zu Planungsobjekten (wie Bauelementen, Räumen, Ausstattungen, HKLS Objekten) beschreibt. Damit können neben der Geometrie auch alle weiteren Informationen, wie Kosten, Ressourcen, etc. zwischen den Softwareprogrammen der Planungsbeteiligten ausgetauscht werden. Zielsetzung ist, mit der IFC-Schnittstelle in Zukunft alle wichtigen Daten intelligenter Objekte (z.B. Bauteile, Kostenelemente, Mengenberechnungen, …) sowohl zwischen allen Fachdisziplinen austauschen zu können, als auch an das AVA-System zu übertragen und dort in die Weiterverarbeitung zu übernehmen.

Der Weg in die Zukunft liegt im digitalen Bauwerkmodell. Im Umfeld des CAD spricht man heute vom „Building Information Modeling" (BIM). Das 3D-Geometriemodell aus dem BIM ist die ideale Voraussetzung zur Entwicklung einer Lösungsplattform (Fachmodell), um die Bauplanung und -ausführung durchgängig digital abzubilden. Das Geometriemodell wird hierbei vollkommen in ein Projektmanagement-System integriert. Datentechnisch soll dies langfristig über die IFC-Schnittstelle umgesetzt werden. Zur Zeit werden in der Praxis auf Basis der IFC erweiterte Datenformate (z.B. CPIXML) zur Integration verwendet. Im Jahre 2010 wurde ein erstes 5D-Projektmanagement-System für das integrierte modellbasierte Planen und Bauen vorgestellt. Hierbei wird das 3D-Bauwerksmodell einmalig in das Projektmanagement-System importiert und ggf. bei Planungsänderungen aktualisiert. Mengenberechnungen können automatisch abgeleitet werden und die Ausstattung der Bauwerkselemente mit LV-Positionen erfolgt über freie Regeln oder visuell im 3D-Viewer. Im Anschluss entsteht im weiteren Projektablauf automatisch ein 5D-Bauwerkmodell, da die 3D-Geometrie mit den Kosten (Ressourcen) und den Bauzeiten verknüpft werden. Der direkte Modellbezug ist somit in jeder Projektphase (Ausschreibung, Abrechnung, …) hergestellt und visuell nachvollziehbar. Der Ansatz der „Integrierten modellbasierten Arbeitsweise" wird inzwischen von unterschiedlichsten Gremien, Interessengruppen und von Seiten der Behörden unterstützt. So hat z.B. das Bundesministerium für Bildung und Forschung ein Leitprojekt „Mefisto" (http://www.mefisto-bau.de) im Forschungsprogramm „IKT 2020 - Softwaresysteme und Wissenstechnologien" initiiert. Im Zeitraum von April 2009 bis Ende 2012 haben zwölf Partner aus Wissenschaft und Industrie in „Mefisto" neue Lösungen für das Integrierte modellbasierte Planen und Bauen erforscht. Zahlreiche Arbeitspakete sind zwischenzeitlich als Lösungsansätze in modernen modellbasierten Software-Systemen für das Bauwesen eingeflossen. So z.B. die Bildung von modellbasierten Vergabepaketen, die modellbasierte Bauabrechnung oder die Multi-Modell-Visualisierung zur Darstellung beliebiger Bau- und Kostenzustände im 5D-Viewer der AVA. BIM und AVA werden auf dieser Basis immer stärker zusammenwachsen.

12.5.16 Bauablaufplanung – Vorgangsmodell

Sofern der Architekt / Ingenieur mit der Leistungsphase 8 nach HOAI beauftragt wurde sind u. a. die Aufgaben der Rechnungsprüfung, das Mitwirken bei der Kostenkontrolle, u. v. m. zu erbringen. Im AVA-System können diese Aufgaben in optimaler Weise erledigt werden. Darüber hinaus muss in dieser Leistungsphase ein Bauzeitenplan (Balkendiagramm) aufgestellt und überwacht werden. Diese Aufgabenstellung wird bislang nicht direkt von AVA-Systemen unterstützt. Vielmehr bedient sich der Architekt/Ingenieur hierfür gängiger Terminplansysteme. Nahezu alle Terminplansysteme besitzen heute Schnittstellen um aus der AVA Leistungsverzeichnisse zu übernehmen und daraus Vorgänge im Terminplan erzeugen zu können.

Modernste AVA-Systeme können die beauftragten Bauleistungen auch in Form von Bauablaufplänen darstellen. Hierzu wird parallel zum LV ein Vorgangsmodell vorgehalten welches die Bauleistungen gemäß Bauablauf mit Ihren Teilmengen und Teilkosten darstellt. Die aktuellen Bauzeiten werden i. d. R. fortlaufend aus dem Terminplansystem importiert. Damit ist in der AVA auch ein vorgangsorientiertes Projekt-Controlling möglich. Im Hinblick auf 5D-Softwarelösungen hat das Vorgangsmodell die zentrale Bedeutung um sämtliche Bauleistungen einschließlich der Kosten auf die Zeitachse zu bringen. Daraus lassen sich visuelle Bauablaufsimulationen im Hinblick auf Baufortschritt und Baukostenentwicklung ableiten. Die dynamischen Veränderungen im Bauprozess können so frühzeitig simuliert werden.

12.5 Software-Systeme im AVA-Bereich

12.5.17 Muster-Ausdrucke

Die abgebildeten Muster-Ausdrucke belegen die Möglichkeiten der computergestützten AVA-Anwendung in der Bauabwicklung und Projektsteuerung mit dem Programmpaket RIB iTWO. RIB iTWO (als Nachfolger von ARRIBA) wird z.B. auch allgemein in den Bauverwaltungen des Bundes und der Länder angewandt.

Es wurden ausgewählt (Beispiele):
- Leistungsverzeichnis Maurerarbeiten (Bild 12-2)
- Kostenanschlag nach DIN 276 (Bild 12-3)
- Preisspiegel für Positionen u. Abschnitte (Bild 12-4)
- Preisspiegel für Grund- und Wahlpositionen (Bild 12-5)
- Messurkunde für Aufmaß (Bild 12-6)
- Rechnungsprüfung, Soll/Ist-Vergleich (Bild 12-7)
- Rechnungsprüfung, Grafische Übersicht der Abweichungen (Bild 12-8)
- Rechnungsprüfung, Aufstellung der Rechnungsprüfung (Bild 12-9)
- Kostenkontrolle, Rechnungsaufstellung nach Aufträgen (Bild 12-10)
- Kostenkontrolle, Kostenhochrechnung nach Vergabeeinheiten (Bild 12-11)
- Kostenkontrolle, Nachtragsübersicht (Bild 12-12)
- Finanzplanung (Bild 12-13)
- Rechnungsprüfung, modellbasiert (Bild 12-14)

Die Muster-Ausdrucke wurden freundlicherweise von RIB Software AG, Vaihinger Str. 151, 70567 Stuttgart, zur Verfügung gestellt.

Seite 1 von 1
Datum: 04.10.2013

Leistungsverzeichnis (Angebotsaufforderung)

Projekt:	AH-2014-01	Seniorenstift "Am alten Markt"
LV:	0.012	Rohbauarbeiten
Bereich:	1.	Mauerarbeiten

OZ	Leistungsbeschreibung	Menge	ME	Einheitspreis in EUR	Gesamtbetrag in EUR
1.	**Mauerarbeiten**				
1.1.	**Tragende Aussenwände**				
1.1.10.	*** Grundposition 1.0 STLB-Bau: 04/2013 012 DIN276-1_08 331 Tragende Außenwände **Mauerwerk Außenwand HLzB SFK12 RDK1,6 D 30cm** Mauerwerk der Außenwand, Mauerziegel, DIN 105-100 oder nach Zulassung, HLzB, Festigkeitsklasse 12, Rohdichteklasse 1,6, Mauerwerksdicke 30 cm, Mauermörtel MG II a DIN V 18580, Höhe bis 2,75 m.				
		9,206	m2	....	....
1.1.20.	*** Wahlposition 1.1 zu 1.0 STLB-Bau: 04/2013 012 DIN276-1_08 331 Tragende Außenwände **Mauerwerk Außenwand HLzC SFK12 RDK1,4 D 30cm** Mauerwerk der Außenwand, Mauerziegel, DIN 105-100 oder nach Zulassung, HLzC, Festigkeitsklasse 12, Rohdichteklasse 1,4, Mauerwerksdicke 30 cm, Mauermörtel MG II a DIN V 18580, Höhe bis 2,75 m.				
		9,206	m2	....	Nur Einh.-Pr.
1.1.30.	*** Bedarfsposition ohne GB **Zuschlag für Naturbimsmauerwerk HBL &/II** L/D/H: '240/300/238'mm Fabrikat: '..'oder gleichwertig Zuschlag auf die Position(en) 1.1.10., 1.1.20. somit aus .... EUR .... %				
					Nur Einh.-Pr.
1.1.40.	STLB-Bau: 04/2013 084 DIN276-1_08 394 Abbruchmaßnahmen **Schlitz herstellen fräsen Mauerwerk Mauerziegel B 5-10cm T 5-10cm** Schlitz herstellen durch Fräsen, aus Mauerwerk aus Mauerziegel, Schlitzbreite über 5 bis 10 cm, Schlitztiefe über 5 bis 10 cm, Arbeitshöhe bis 3 m.				
		1,534	m	....	....
1.1.50.	STLB-Bau: 04/2013 084 DIN276-1_08 331 Tragende Außenwände **Kernbohrung Mauerziegel Durchm. 250-300mm T 25-30cm** Kernbohrung, aus Mauerwerk aus Mauerziegel, Bohrdurchmesser über 250 bis 300 mm, Bohrtiefe über 25 bis 30 cm.				
		3,000	St	....	....

Bild 12-2 Leistungsbeschreibung nach Standardleistungsbuch-Bau (STLB-Bau)

12.5 Software-Systeme im AVA-Bereich

Seite 1 von 2
Datum: 07.10.2013

Kostenanschlag nach DIN276-1 - Stand 2008

Projekt: AH-2014-01 Seniorenstift "Am alten Markt"
LV: 022 Klempnerarbeiten

OZ	Leistungsbeschreibung	Menge	ME	Einheitspreis in EUR	Gesamtbetrag in EUR
300	Bauwerk, Baukonstruktionen				
330	Außenwände				
334	Außentüren und -fenster				
	Außenfensterbank aus Aluminium	26,345	m	23,23	611,99
	Summe 334 Außentüren und -fenster				611,99
	Summe 330 Außenwände				611,99
360	Dächer				
363	Dachbeläge				
	Hängedachrinne Größe 333 halbrund Tita..	20,000	m	35,00	700,00
	Rinnenendstück Zulage	4,000	St	5,30	21,20
	Ablaufstutzen Zulage	2,000	St	52,00	104,00
	Dehnungsausgleicher Zulage	1,000	St	23,69	23,69
	Laubfangkorb	2,000	St	6,60	13,20
	Regenfallrohr kreisförmig Titanzink ..	18,000	m	18,40	331,20
	Rohrbogen als Zulage Titanzink	2,000	St	10,23	20,46
	Standrohrkappe als Zulage Titanzink	2,000	St	6,95	13,90
	Sockelknie als Zulage Titanzink	2,000	St	10,10	20,20
	Regenstandrohr Gußeisen NG 100	2,000	St	61,80	123,60
	Hängedachrinne Größe 333 halbrund Tita..	20,000	m	35,00	700,00
	Summe 363 Dachbeläge				2.071,45
	Summe 360 Dächer				2.071,45
390	Sonstige Maßnahmen für Baukonstruktionen				
399	Sonst. Maßn. f. Baukonstr., sonstiges				
	Schornstein einfassen Stahl, verzinkt ..	1,738	m	32,00	55,62
	Fuge abdichten B bis 10 mm	1,738	m	6,00	10,43
	Summe 399 Sonst. Maßn. f. Baukonstr., sonstiges				66,05
	Summe 390 Sonstige Maßnahmen für Baukonstruktionen				66,05
	Summe 300 Bauwerk, Baukonstruktionen				2.749,49

Bild 12-3 Kostenanschlag nach DIN 276 (Seite 1)

Seite 1 von 2
Datum: 07.10.2013

Kostenanschlag nach DIN276-1 - Stand 2008
Zusammenstellung

Projekt:	AH-2014-01	Seniorenstift "Am alten Markt"
LV:	022	Klempnerarbeiten

Ordnungszahl	Kurztext	Betrag in EUR
300	**Bauwerk, Baukonstruktionen**	
330	Außenwände	611,99
360	Dächer	2.071,45
390	Sonstige Maßnahmen für Baukonstruktionen	66,05
	Summe 300 — Bauwerk, Baukonstruktionen	**2.749,49**
330	**Außenwände**	
334	Außentüren und -fenster	611,99
	Summe 330 — Außenwände	**611,99**
360	**Dächer**	
363	Dachbeläge	2.071,45
	Summe 360 — Dächer	**2.071,45**
390	**Sonstige Maßnahmen für Baukonstruktionen**	
399	Sonst. Maßn. f. Baukonstr., sonstiges	66,05
	Summe 390 — Sonstige Maßnahmen für Baukonstruktionen	**66,05**
KGR	**Zusammenfassung Kostengruppen**	
300	Bauwerk, Baukonstruktionen	2.749,49
	Summe KGR — Zusammenfassung Kostengruppen	**2.749,49**

Zuzüglich der gesetzlichen Mehrwertsteuer aus	2.749,49 EUR
in Höhe von 19,00 %	522,40 EUR
	3.271,89 EUR

Bild 12-3 Kostenanschlag nach DIN 276 (Seite 2)

12.5 Software-Systeme im AVA-Bereich

Seite 1 von 2
Datum: 07.10.2013

Projekt:	AH-2014-01	Seniorenstift "Am alten Markt"					
LV:	0.012	Rohbauarbeiten			Währung:	EUR	
		*** Preisspiegel: Alle Positionsarten ***					

		B-Nr.: 1 Rosenthal ..	B-Nr.: 2 Einsturz ..	B-Nr.: 3 Neuner Her..	LV-Preis	Mittelpreis
1.1.10.	Außenwand MD 30cm HLzB SFK 12 RDK 1,6 28,142 m3 *** Grundposition 1.0, bezuschlagt					
Einheitspreis		186,50	188,13	<u>175,60</u>	196,03	183,41
Gesamtbetrag		5.248,48	5.294,35	<u>4.941,74</u>	5.516,68	5.161,52
Prozent/Rang		106,2/ 2	107,1/ 3	<u>100,0/ 1</u>	111,6	104,5
1.1.20.	Außenwand MD 30cm HLzC SFK 12 RDK 1,4 9,206 m3 *** Wahlposition 1.1					
Einheitspreis		<u>231,80</u>	240,11	240,50	232,47	237,47
Gesamtbetrag		<u>(2.133,95)</u>	(2.210,45)	(2.214,04)	(2.140,12)	(2.186,15)
Prozent/Rang		<u>100,0/ 1</u>	103,6/ 2	103,8/ 3	100,3	102,5
1.1.30.	Zuschlag für Naturbimsmauerwerk HBL 6/II *** Z.-Pos., Bedarfsposition ohne GB					
Zuschlagssatz		3,50	<u>3,15</u>	4,00	3,40	0,00
Zuschlagssumme		5.248,48	<u>5.294,35</u>	4.941,74	5.516,68	0,00
Gesamtbetrag		(183,70)	<u>(166,77)</u>	(197,67)	(187,57)	(0,00)
Prozent/Rang		110,2/ 2	<u>100,0/ 1</u>	118,5/ 3	112,5	
1.1.40.	Schlitz herstellen Mauerwerk B 5-10cm T 5-10cm 1,219 m					
Einheitspreis		<u>10,02</u>	11,33	12,80	10,41	11,38
Gesamtbetrag		<u>12,21</u>	13,81	15,60	12,69	13,87
Prozent/Rang		<u>100,0/ 1</u>	113,1/ 2	127,8/ 3	103,9	113,6
1.1.50.	Kernbohrung Wand Durchmesser 250-300mm T 25-30cm 1,000 St					
Einheitspreis		81,22	<u>79,44</u>	82,34	80,83	81,00
Gesamtbetrag		81,22	<u>79,44</u>	82,34	80,83	81,00
Prozent/Rang		102,2/ 2	<u>100,0/ 1</u>	103,7/ 3	101,8	102,0
1.1.60.	Schlitz schließen MG II a Mauerziegel B 5-10cm T 5-10cm 1,534 m					
Einheitspreis		16,22	14,55	<u>13,78</u>	15,49	14,85
Gesamtbetrag		24,88	22,32	<u>21,14</u>	23,76	22,78
Prozent/Rang		117,7/ 3	105,6/ 2	<u>100,0/ 1</u>	112,4	107,8
1.1.	Mauerarbeiten					
Summe		5.366,79	5.409,92	<u>5.060,82</u>	5.633,96	0,00
Prozent/Rang		106,1/ 2	106,9/ 3	<u>100,0/ 1</u>	111,3	
1.2.10.	Ortbeton Einzelfundament Stahlbeton C16/20 20,000 m3 *** Grundposition 2.0					
Einheitspreis		123,89	128,38	<u>120,49</u>	123,12	124,25
Gesamtbetrag		2.477,80	2.567,60	<u>2.409,80</u>	2.462,40	2.485,07
Prozent/Rang		102,8/ 2	106,6/ 3	<u>100,0/ 1</u>	102,2	103,1
1.2.20.	Ortbeton Einzelfundament Stahlbeton C20/25 20,000 m3 *** Wahlposition 2.1					
Einheitspreis		131,66	138,50	<u>128,40</u>	130,98	132,85
Gesamtbetrag		(2.633,20)	(2.770,00)	<u>(2.568,00)</u>	(2.619,60)	(2.657,07)
Prozent/Rang		102,5/ 2	107,9/ 3	<u>100,0/ 1</u>	102,0	103,5

Bild 12-4   Preisspiegel (Alle Positionsarten) Seite 1

Seite 2 von 2
Datum: 03.10.2010

Projekt:	AH-2014-01	Seniorenstift "Am alten Markt"			
LV:	0.012	Rohbauarbeiten		Währung:	EUR
		*** Preisspiegel: Alle Positionsarten ***			

		B-Nr.: 1 Rosenthal ..	B-Nr.: 2 Einsturz ..	B-Nr.: 3 Neuner Her..	LV-Preis	Mittelpreis
1.2.30.	Ortbeton Einzelfundament Stahlbeton C25/30 20,000 m3					
	*** Wahlposition 2.2					
Einheitspreis		138,23	145,60	<u>133,56</u>	137,53	139,13
Gesamtbetrag		(2.764,60)	(2.912,00)	<u>(2.671,20)</u>	(2.750,60)	(2.782,60)
Prozent/Rang		103,5/ 2	109,0/ 3	<u>100,0/ 1</u>	103,0	104,2
1.2.	**Beton- und Stahlbetonarbeiten**					
Summe		*2.477,80*	*2.567,60*	<u>**2.409,80**</u>	*2.462,40*	*0,00*
Prozent/Rang		*102,8/ 2*	*106,6/ 3*	<u>**100,0/ 1**</u>	*102,2*	
1.	**Rohbauarbeiten**					
Summe		**7.844,59**	*7.977,52*	<u>**7.470,62**</u>	**8.096,36**	**0,00**
Prozent/Rang		**105,0/ 2**	*106,8/ 3*	<u>**100,0/ 1**</u>	**108,4**	
LV	**Rohbauarbeiten**					
Summe		**7.844,59**	*7.977,52*	<u>**7.470,62**</u>	**8.096,36**	**0,00**
MwSt. in %		*19,00*	*19,00*	<u>*19,00*</u>	*19,00*	*0,00*
MwSt.-Betrag		*1.490,47*	*1.515,73*	<u>*1.419,42*</u>	*1.538,31*	*0,00*
Bruttosumme		**9.335,06**	*9.493,25*	<u>**8.890,04**</u>	**9.634,67**	**0,00**
Prozent/Rang		**105,0/ 2**	*106,8/ 3*	<u>**100,0/ 1**</u>	**108,4**	

Legende:

MS-Sans-Serif, 8Pt =   Billigster Bieter
Courier New, 8Pt=   Teuerster Bieter
MS-Sans-Serif, fett =   **Gruppenstufen-Summen**
MS-Sans-Serif, kursiv =   *Nicht einberechnete Werte*

Bild 12-4 Preisspiegel (Alle Positionsarten) Seite 2

12.5 Software-Systeme im AVA-Bereich

Seite 1 von 1
Datum: 07.10.2013

Projekt: AH-2014-01 Seniorenstift "Am alten Markt"
LV: 0.012 Rohbauarbeiten Währung: EUR
*** Preisspiegel: Nur Grund- und Wahlpositionen ***

		B-Nr.: 1 Rosenthal ..	B-Nr.: 2 Einsturz ..	B-Nr.: 3 Neuner Her..	LV-Preis	Mittelpreis
1.1.10.	Außenwand MD 30cm HLzB SFK 12 RDK 1,6 28,142 m3 *** Grundposition 1.0, bezuschlagt					
Einheitspreis		186,50	188,13	175,60	196,03	183,41
Gesamtbetrag		5.248,48	5.294,35	4.941,74	5.516,68	5.161,52
Prozent/Rang		106,2/ 2	107,1/ 3	100,0/ 1	111,6	104,5
Summe 1.0		5.248,48	5.294,35	4.941,74	5.516,68	5.161,52
Prozent/Rang		106,2/ 1	107,1/ 1	100,0/ 1	129,5	
1.1.20.	Außenwand MD 30cm HLzC SFK 12 RDK 1,4 9,206 m3 *** Wahlposition 1.1					
Einheitspreis		231,80	240,11	240,50	232,47	237,47
Gesamtbetrag		(2.133,95)	(2.210,45)	(2.214,04)	(2.140,12)	(2.186,15)
Prozent/Rang		100,0/ 1	103,6/ 2	103,8/ 3	100,3	102,5
Summe 1.1		2.133,95	2.210,45	2.214,04	2.140,12	2.186,15
Prozent/Rang		100,0/ 1	103,6/ 1	103,8/ 1	116,3	
1.2.10.	Ortbeton Einzelfundament Stahlbeton C16/20 20,000 m3 *** Grundposition 2.0					
Einheitspreis		123,89	128,38	120,49	123,12	124,25
Gesamtbetrag		2.477,80	2.567,60	2.409,80	2.462,40	2.485,07
Prozent/Rang		102,8/ 2	106,6/ 3	100,0/ 1	102,2	103,1
Summe 2.0		2.477,80	2.567,60	2.409,80	2.462,40	2.485,07
Prozent/Rang		102,8/ 1	106,6/ 1	100,0/ 1	118,5	
1.2.20.	Ortbeton Einzelfundament Stahlbeton C20/25 20,000 m3 *** Wahlposition 2.1					
Einheitspreis		131,66	138,50	128,40	130,98	132,85
Gesamtbetrag		(2.633,20)	(2.770,00)	(2.568,00)	(2.619,60)	(2.657,07)
Prozent/Rang		102,5/ 2	107,9/ 3	100,0/ 1	102,0	103,5
Summe 2.1		2.633,20	2.770,00	2.568,00	2.619,60	2.657,07
Prozent/Rang		102,5/ 1	107,9/ 1	100,0/ 1	118,3	
1.2.30.	Ortbeton Einzelfundament Stahlbeton C25/30 20,000 m3 *** Wahlposition 2.2					
Einheitspreis		138,23	145,60	133,56	137,53	139,13
Gesamtbetrag		(2.764,60)	(2.912,00)	(2.671,20)	(2.750,60)	(2.782,60)
Prozent/Rang		103,5/ 2	109,0/ 3	100,0/ 1	103,0	104,2
Summe 2.2		2.764,60	2.912,00	2.671,20	2.750,60	2.782,60
Prozent/Rang		103,5/ 1	109,0/ 1	100,0/ 1	119,5	

Bild 12-5   Preisspiegel (Grund- und Wahlpositionen)

Seite 1 von 1
Datum: 07.10.2013

Messurkunde sortiert nach Ordnungszahl

Projekt:	AH-2014-01	Seniorenstift "Am alten Markt"	Mit LV-Menge
Aufmaß:	0.012	Rohbauarbeiten	Sortiert nach OZ

K Erläuterung	Faktor FN	Rechenansatz	Ergebnis Adresse
1. 1. 10.		Außenwand MD 30cm HLzB SFK 12 RDK 1,6	m3
* Erdgeschoss			1 A0
	4	Rechteck/Quader	
Osten	4	5,800 0,300 2,250	3,915 1 A1
Süden	3,000 4	2,510 0,300 0,875	1,977 1 B1
	4	1,615 0,300 2,250	1,090 1 C1
	4	3,240 0,300 2,250	2,187 1 D1
Westen	4	3,300 0,300 2,250	2,228 1 E1
Norden	4	6,550 0,300 2,250	4,421 1 F1
	4	2,385 0,300 1,375	0,984 1 G1
* Dachgeschoss			1 H1
Osten	4	7,010 0,300 2,550	5,363 1 I1
Süden	4	9,925 0,300 1,250	3,722 1 J1
Westen	4	5,010 0,300 1,500	2,255 1 K1
		Gesamtsumme	28,142
1. 1. 40.		Schlitz herstellen Mauerwerk B 5-10cm T 5-10cm	m
	91	0,534+0,455+0,23=	1,219 1 L1
		Gesamtsumme	1,219
1. 1. 50.		Kernbohrung Wand Durchmesser 250-300mm T 25-30cm	St
	91	1=	1,000 1 M1
		Gesamtsumme	1,000

Aufgestellt: Anerkannt:

Ort   Datum   (Für den Aufsteller)   (Für den Auftragnehmer)   (Für den Auftraggeber)

Diese Messurkunde besteht aus den Seiten 1 bis 1

Bild 12-6 Messurkunde für Aufmaß

12.5 Software-Systeme im AVA-Bereich

Seite 1 von 1
Datum: 07.10.2013

Soll-Ist-Vergleich 1.AZ bis 3. AZ

| Projekt: | AH-2014-01 | Seniorenstift "Am alten Markt" | | | *: Abweichung > 10,00 % |
| Vergabeeinh.: | 0.000 | Rohbau | | | Währung: EUR |

Ordnungszahl	Kurztext	ME	Soll-Menge (Auftrag)	Ist-Menge (Rechnung)	Soll-Betrag (Auftrag)	Ist-Betrag (Rechnung)	Anteil [%]
000-016	Rohbau						
1.	Erdarbeiten						
1.1.	Herrichten der Geländeoberfläche						
1.1.10.	Baugelände abräu..	m2	500,000	400,000	1.900,00	1.520,00	*80,00%
1.1.20.	Wurzelstock rode..	Stk	500,000	400,000	6.000,00	4.800,00	*80,00%
1.1.30.	Oberboden abtrag..	m3	500,000	400,000	1.120,00	896,00	*80,00%
	Summe 1.1.	Herrichten der Geländeoberfl..			9.020,00	7.216,00	80,00%
1.2.	Baugrubenherstellung						
1.2.10.	Boden Baugrube ..	m3	1.453,477	72,000	10.988,29	544,32	*4,95%
1.2.20.	Planum herstellen	m2	300,000	240,000	330,00	264,00	*80,00%
	Summe 1.2.	Baugrubenherstellung			11.318,29	808,32	7,14%
1.3.	Flachgründungen						
1.3.10.	Oberboden abtrag..	m2	140,000	109,448	735,00	574,60	*78,18%
1.3.20.	Boden lösen BK 3..	m3	3,200	3,000	31,97	29,97	93,74%
1.3.30.	Boden Streifenfu..	m3	39,200	2,813	588,00	42,20	*7,18%
1.3.40.	Boden einbauen ..	m3	28,000	21,600	490,00	378,00	*77,14%
1.3.50.	Boden einbauen ..	m3	2,400	1,500	50,40	31,50	*62,50%
	Summe 1.3.	Flachgründungen			1.895,37	1.056,27	55,73%
1.4.	Bauwerksabdichtungen						
1.4.10.	Boden einbauen ..	m3	145,430	144,000	3.490,32	3.456,00	99,02%
	Summe 1.4.	Bauwerksabdichtungen			3.490,32	3.456,00	99,02%
1.5.	Dränagen						
1.5.10.	Boden einbauen ..	m3	11,458	7,500	244,06	159,75	*65,46%
	Summe 1.5.	Dränagen			244,06	159,75	65,46%
	Summe 1.	Erdarbeiten			25.968,04	12.696,34	48,89%
2.	Beton- und Stahlbetonarbeiten						
2.1.	Baugrubenherstellung						
2.1.10.	Sauberkeitsschic..	m2	300,000	240,000	1.500,00	1.200,00	*80,00%
	Summe 2.1.	Baugrubenherstellung			1.500,00	1.200,00	80,00%

Bild 12-7 Rechnungsprüfung, Soll/Ist-Vergleich (Auszug)

Seite 1 von 3
Datum: 07.10.2013

Vergleich auf Basis LV-Mengen zu RE-Mengen 1. AZ-2. AZ -. KT, 1. KT, 2. KT

Projekt:	AH-2014-01	Seniorenstift "Am alten Markt"	*: Abweichung > 10,00 %
Vergabeeinheit:	1.000	Rohbau	Währung: EUR

Ordnungszahl	Kurztext	0%	50,00%	100,00%	150,00% Anteil %
1	Rohbau				
1.	Erdarbeiten				
1.1.	Herrichten der Geländeoberfläche				
1.1.10.	Baugelände abräu..				*80,00%
1.1.20.	Wurzelstock rode..				*80,00%
1.1.30.	Oberboden abtrag..				*80,00%
	Summe 1.1.				80,00%
1.2.	Baugrubenherstellung				
1.2.10.	Boden Baugrube ..				*4,95%
1.2.20.	Planum herstellen				*80,00%
	Summe 1.2.				7,14%
1.3.	Flachgründungen				
1.3.10.	Oberboden abtrag..				*78,18%
1.3.20.	Boden lösen BK 3..				93,74%
1.3.30.	Boden Streifenfu..				*7,18%
1.3.40.	Boden einbauen ..				*77,14%
1.3.50.	Boden einbauen ..				*62,50%
	Summe 1.3.				55,73%
1.4.	Bauwerksabdichtungen				
1.4.10.	Boden einbauen ..				99,02%
	Summe 1.4.				99,02%
1.5.	Dränagen				
1.5.10.	Boden einbauen ..				*65,46%
	Summe 1.5.				65,46%
	Summe 1.				48,89%
2.	Beton- und Stahlbetonarbeiten				
2.1.	Baugrubenherstellung				
2.1.10.	Sauberkeitsschic..				*80,00%
	Summe 2.1.				80,00%
2.2.	Flachgründungen				
2.2.10.	Betonstabstahl ..				*53,59%
2.2.20.	Perimeterdämmung..				*85,71%
2.2.30.	Schalung Streife..				*80,36%
2.2.40.	Schalung Einzelf..				93,75%
2.2.50.	Bewehrung Betons..				*80,29%
2.2.60.	Fundamentplatte ..				*85,71%
2.2.70.	Einzelfundament ..				*75,00%
2.2.80.	Streifenfundamen..				*89,29%

Bild 12-8 Rechnungsprüfung, Grafische Übersicht der Abweichung (Seite 1)

12.5 Software-Systeme im AVA-Bereich

Seite 2 von 3
Datum: 07.10.2013

Vergleich auf Basis LV-Mengen zu RE-Mengen 1. AZ-2. AZ -. KT, 1. KT, 2. KT

Projekt: AH-2014-01 Seniorenstift "Am alten Markt" *: Abweichung > 10,00 %
Vergabeeinheit: 1.000 Rohbau Währung: EUR

Ordnungszahl	Kurztext	0%	50,00%	100,00%	150,00%	Anteil %
2.2.90.	Schalung Fundame..					*85,71%
2.2.100.	Sauberkeitsschic..					96,77%
2.2.110.	Filterschicht ..					100,00%
	Summe 2.2.					82,21%
	Summe 2.					82,02%
4.	Entwässerungskanalarbeiten					
4.1.	Gründung, sonstiges					
4.1.10.	Rohrgrabenaushub..					99,56%
4.1.20.	Verfüllen Leitun..					99,56%
4.1.30.	Kies-Sandbettung..					*88,89%
4.1.40.	PVC hart-Rohr DN..					100,00%
4.1.70.	Reinigungsversch..					100,00%
	Summe 4.1.					98,34%
	Summe 4.					98,34%
	Summe: 1					64,28%

Bild 12-8 Rechnungsprüfung, Grafische Übersicht der Abweichung (Seite 2)

Seite 3 von 3
Datum: 07.10.2013

Vergleich auf Basis LV-Mengen zu RE-Mengen 1. AZ-2. AZ -. KT, 1. KT, 2. KT

Projekt: AH-2014-01 Seniorenstift "Am alten Markt" *: Abweichung > 10,00 %
Vergabeeinheit: 1.000 Rohbau Währung: EUR

Ordnungszahl	Kurztext	0%	50,00%	100,00%	150,00%	Anteil %
2	Nachtrags-LV Zimmerarbeiten					
1.	Zimmerarbeiten					
	*** Nachtragsposition zum Nachtrag 1					
1.10.	Kantholz liefern..					*76,00%
	*** Nachtragsposition zum Nachtrag 1					
1.20.	Abbinden und Auf..					*80,00%
	Summe 1.					76,09%
2.	Dämmung					
	*** Nachtragsposition zum Nachtrag 1					
2.10.	Dämmschicht Mine..					*81,25%
	Summe 2.					81,25%
	Summe: 2					78,46%
	Summe: 1.000					65,02%

Bild 12-8 Rechnungsprüfung, Grafische Übersicht der Abweichung (Seite 3)

Seite 1 von 4
Datum: 07.10.2013

Projekt:	AH-2014-01	Seniorenstift "Am alten Markt"	AZ: 2. AZ
LV:	1	Rohbauarbeiten	

Aufstellung der Rechnungsprüfung

OZ	Leistungsbeschreibung	Menge	ME	Einheitspreis in EUR	Gesamtbetrag in EUR
1.	**Mauerarbeiten**				
1.1.	**Tragende Außenwände**				
1.1.50.	Kernbohrung Wand Durchmesser 250-300mm T 25-30cm	2,250	St	50,96	114,66
	Summe 1.1. Tragende Außenwände				**114,66**
1.2.	**Außentüren und -fenster**				
1.2.10.	Gurtwicklerkasten Kunststoff liefern, einbauen	0	St	13,00	0,00
1.2.20.	Öffnung überdecken Stahlbetonsturz l.B.=101cm	2,600	St	39,00	101,40
1.2.30.	Styropor l.b.=138,5cm wd=36,5cm	11,700	St	400,00	4.680,00
	Summe 1.2. Außentüren und -fenster				**4.781,40**
1.3.	**Nichttragende Innenwände**				
1.3.10.	Innenwand KS L-R Fk 12 MD 11,5cm	56,730	m2	29,50	1.673,54
1.3.20.	Schlitz stemmen B bis 5cm T bis 5cm	2,837	m	10,00	28,37
1.3.30.	Schlitz schließen B bis 5cm T bis 5cm	2,837	m	10,00	28,37
	Summe 1.3. Nichttragende Innenwände				**1.730,28**
1.5.	**Deckenkonstruktionen**				
1.5.10.	Schlitz fräsen B bis 5cm T bis 5cm	6,932	m	15,00	103,98
1.5.20.	Schlitz schließen B bis 5cm T bis 5cm	6,932	m	14,00	97,05
	Summe 1.5. Deckenkonstruktionen				**201,03**
	Summe 1. Mauerarbeiten				**6.827,37**

Bild 12-9 Rechnungsprüfung, Aufstellung der Rechnunsgprüfung (Auszug Seite 1)

12.5 Software-Systeme im AVA-Bereich

Seite 4 von 4
Datum: 07.10.2013

Projekt:	AH-2014-01 - Seniorenstift "Am alten Markt"
Rechnungsnr:	R-3.2.50

Abrechnungszeitraum: 2. AZ

Auftrag:	Rohbauarbeiten
Rechnungsart:	Abschlag

Abrechnungsart: kumuliert
Rechnungsdatum: 22.08.2013

Aufstellung des Rechnungsprüfbetrages

Bezeichnung	MwSt	Netto-Betrag in EUR	MwSt-Betrag in EUR	Brutto-Betrag in EUR
Rechnungsbetrag	19,00	8.207,33	1.559,39	9.766,72
Abzüglich Zahlung zum 1. AZ vom 15.06.2013	19,00	-4.668,30	-886,98	-5.555,28
Summe		**3.539,03**	**672,41**	**4.211,44**
abzgl.: Bauwasser 2,00%	19,00	-70,78	-13,45	-84,23
abzgl.: Baustrom	19,00	-220,00	-41,80	-261,80
abzgl.: Sicherheitseinbehalt 1,00%	19,00	-35,39	-6,72	-42,11
Summe	**19,00**	**3.212,86**	**610,44**	**3.823,30**

Geprüfter Rechnungsbetrag bei Zahlung innerhalb 30 Tagen ohne Abzug	3.823,30
Bei Zahlung innerhalb von 8 Tagen abzgl. 3,00% Skonto	3.708,60
Endbetrag bei Zahlung innerhalb 30 Tagen ohne Abzug	3.823,30
Zur Zahlung freigegeben	3.500,00
Bei Zahlung innerhalb von 8 Tagen abzgl. 3,00 % Skonto	3.395,00

Gewährleistung 5 Jahr(e)

In allen Teilen fachtechnisch und rechnerisch geprüft und mit den
aus der Rechnung ersichtlichen Änderungen für richtig befunden.

Diese Abschlagsrechnung wurde mit RIB iTWO erstellt und geprüft.
Mit dem Zusatzmodul VERGABEKONTROLLE kann eine auftragsbezogene Kostenhochrechnung erstellt werden. D.h. es werden vorraussichtliche Endabrechnungsmengen geschätzt und es können Rückstellungen für wahrscheinliche Mehrkosten gebildet werden, die noch nicht beauftragt sind. Mit dieser Methode hat der Projektleiter und Projektsteurer ein nützliches Instrument zur Hand um die Kostenentwicklung eines Auftrages in den Griff zu bekommen. Eine auftragsübergreifende Kostenüberwachung ist mit dem Modul VERGABEKONTROLLE ebenfalls möglich. Die vorhandenen Gewerkedaten werden integriert genützt und Fehler durch Mehrfacheingaben somit vermieden.

_____   _____   _____
      (Ort)   (Datum)   (rechtsgültige Unterschrift)

Bild 12-9 Rechnungsprüfung, Aufstellung der Rechnunsgprüfung (Auszug Seite 4)

Seite 1 von 1
Druckdatum: 07.10.2013

Rechnungsaufstellung nach Aufträgen

Währung: EUR

Projekt: AH-2014-01 **Seniorenstift "Am alten Markt"**

R-Nr.	Rech.-Art	Bezeichnung	R-Datum	Adressat	Kostenträger	ungepr. R-Summe Netto	R-Summe inkl. Abzüge Netto	MwSt	R-Summe inkl. Abzüge Brutto
Vergabeeinheit: 022 Klempnerarbeiten									
4.1.51	Abschlag	1. Abschlagrechnung	18.07.2013	Popp Express GmbH	Dr. König	2.048,57	1.125,59	213,86	1.339,45
				Zahlung am 20.07.2010			2.048,57	389,23	2.437,80
				Offener Zahlungsbetrag			-922,98	-175,37	-1.098,35
		Summe 022		Rechnungen		2.048,57	1.125,59	213,86	1.339,45
				Zahlungen			2.048,57	389,23	2.437,80
				Offener Zahlungsbetrag			-922,98	-175,37	-1.098,35
		Summe 4		Rechnungen		2.048,57	1.125,59	213,86	1.339,45
				Zahlungen			2.048,57	389,23	2.437,80
				Offener Zahlungsbetrag			-922,98	-175,37	-1.098,35
Vergabeeinheit: 012 Rohbauarbeiten									
2.1.49	Abschlag	1. Abschlagrechnung	12.07.2013	Rudolf Sigg	Dr. König	4.668,31	4.668,31	886,97	5.555,28
				Zahlung am 16.07.2010			4.668,30	886,98	5.555,28
				Offener Zahlungsbetrag			0,01	-0,01	0,00
3.2.50	Abschlag	2. Abschlagrechnung	25.07.2013	Rudolf Sigg	Stadt Ravensburg	3.212,86	3.212,85	610,45	3.823,30
				Zahlung am 02.08.2010			2.941,18	558,82	3.500,00
				Offener Zahlungsbetrag			271,67	51,63	323,30
		Summe 012		Rechnungen		7.881,17	7.881,16	1.497,42	9.378,58
				Zahlungen			7.609,48	1.445,80	9.055,28
				Offener Zahlungsbetrag			271,68	51,62	323,30
Gesamtzusammenstellung									
				Rechnungen		9.929,74	9.006,75	1.711,28	10.718,03
				Zahlungen			9.658,05	1.835,03	11.493,08
				Offener Zahlungsbetrag			-651,30	-123,75	-775,05

Bild 12-10 Kostenkontrolle, Rechnungsaufstellung nach Aufträgen

12.5 Software-Systeme im AVA-Bereich

Kostenhochrechnung nach Vergabeeinheiten

Projekt: AH-2014-01 Seniorenstift "Am alten Markt"

Seite 1 von 1
Datum: 07.10.2013
Währung: EUR

VE-Nr.	Vergabeeinheit / KKE	Budget	Auftrag	genehm. Nachträge	nicht gen. Nachträge	Rück-stellungen	Gesamt	SR	Rechnung	Einbehalte	Prognose	Hoch-rechnung	Budget - Hochrech.
1	Grundstück												
1.1	Grundstück Erwerb	200.000,00	215.000,00				215.000,00	X	215.400,00		215.400,00	215.400,00	-15.400
1.2	Grundstück Erwerb Gebühren												
1.2.1	Honorar Notar	2.397,06	2.450,00				2.450,00		0,00		2.450,00	2.450,00	-53
1.2.2	Gerichtsgebühren	2.113,33	2.160,00				2.160,00		0,00		2.160,00	2.160,00	-47
1.2.3	Grunderwerbsteuer	7.489,61	7.655,00				7.655,00		7.655,00		7.655,00	7.655,00	-165
	Summe 1.2 Grundstück Erwerb Gebühren	12.000,00	12.265,00				12.265,00		7.655,00		12.265,00	12.265,00	-265
	Summe 1 Grundstück	**212.000,00**	**227.265,00**				**227.265,00**		**223.055,00**		**227.665,00**	**227.665,00**	**-15.665**
2	Rohbauarbeiten												
0.012	Rohbauarbeiten	144.700,00	111.240,53	2.554,85	1.875,00	200,00	115.870,38		7.881,16	35,39	115.670,38	144.700,00	
0.020	Dachdeckungsarbeiten	7.500,00									11.502,08	11.502,08	-4.002
	Summe 2 Rohbauarbeiten	**152.200,00**	**111.240,53**	**2.554,85**	**1.875,00**	**200,00**	**115.870,38**		**7.881,16**	**35,39**	**127.172,46**	**156.202,08**	**-4.002**
3	Ausbauarbeiten												
0.028	Parkett- und Bodenbelagsarbeiten	5.000,00									17.529,35	17.529,35	-12.529
8.027	Schreinerarbeiten	18.500,00									21.113,81	21.113,81	-2.614
	Summe 3 Ausbauarbeiten	**23.500,00**									**38.643,16**	**38.643,16**	**-15.143**
	Gesamtsumme alle VEs	**387.700,00**	**338.505,53**	**2.554,85**	**1.875,00**	**200,00**	**343.135,38**		**230.936,16**	**35,39**	**393.480,62**	**422.510,24**	**-34.810**
	Mehrwertsteuer	73.663,00	62.723,30	485,42	356,25	38,00	63.564,97		37.186,22	6,72	67.931,37	73.447,00	216
	Summe Brutto	**461.363,00**	**401.228,83**	**3.040,27**	**2.231,25**	**238,00**	**406.500,35**		**268.122,38**	**42,11**	**461.411,99**	**495.957,24**	**-34.594**

Bild 12-11 Kostenkontrolle, Kostenhochrechnung nach Vergabeeinheiten

Nachtragsübersicht

Seite 1 von 1
Datum: 07.10.2013

Projekt: AH-2014-01 Seniorenstift "Am alten Markt"

VE-Nr N-Nr	OZ	Vergabeeinheit Kurztext	VA-Menge	ME	EP in EUR	Status	Datum gemäß Status	Angebotssumme in EUR	Bew.% Grund	Bew.% Höhe	erwartete Auftragssumme in EUR	beauftragte Auftragssumme in EUR
1.000		Rohbau										
1	1..10.	Kantholz liefern 16/18cm	5,000	m3	269,88	G	26.05.2013	1.349,40	100,00	100,00		1.349,40
1	1..20.	Abbinden und Aufstellen/Verlegen von Kantholz	5,000	m	6,05	G	26.05.2013	30,25	100,00	100,00		30,25
1	2..10.	Dämmschicht Mineralfaser W d=160mm	80,000	m2	14,69	G	26.05.2013	1.175,20	100,00	100,00		1.175,20
		Summe Nachtrag 1					26.05.2013	2.554,85				2.554,85
2	10..10.	Nachtrag 2: Zulage pauschal für Bodenklasse 5	1,000	PSCH	5.000,00	W	29.05.2013	5.000,00	50,00	75,00	1.875,00	
		Summe Nachtrag 2					29.05.2013	5.000,00			1.875,00	
		Summe VE 1.000						7.554,85			1.875,00	2.554,85
		Summe VE 1						7.554,85			1.875,00	2.554,85
2.022		Klempnerarbeiten										
1	1.1.20.	Außenfensterbank Aluminium	10,000		23,23	B	10.06.2013	232,30	100,00	100,00	232,30	
1	1.2.110.	Hängedachrinne Größe 333 halbrund Titanzink	20,000	m	35,00	B	10.06.2013	700,00	100,00	100,00	700,00	
		Summe Nachtrag 1					10.06.2013	932,30			932,30	
		Summe VE 2.022						932,30			932,30	
2.025		Estricharbeiten										
1		1. Nachtrag										
1	1.3.80.	Zusätzlich Untergrund säubern	23,000	m2	23,80	S	10.06.2013	547,40	100,00	100,00	547,40	
		Summe Nachtrag 1					10.06.2013	547,40			547,40	
		Summe VE 2.025						547,40			547,40	
		Summe VE 2						1.479,70			1.479,70	
		Gesamtsumme						9.034,55			3.354,70	2.554,85

Bild 12-12 Kostenkontrolle, Nachtragsübersicht

12.5 Software-Systeme im AVA-Bereich

Seite 1 von 1
Datum: 07.10.2013

Finanzplanung
Vergleich Mittelzufluss / Mittelabfluss

Projekt: AH-2014-01 - Seniorenstift "Am alten Markt"
Bauherr: Dr. König GmbH, Ravensburg

Betrachtungszeitraum: Januar 2013 bis Oktober 2013

Datum	Vorgang	Mittelzufluss Netto in EUR	Mittelabfluss Netto in EUR	Mittelzufluss kum. in EUR	Mittelabfluss kum. in EUR	Differenz in EUR
13.01.2013	4 Ausführungsplanung 1. Einzahlung Bauherr	86.250,00				
	Summe 01.2013	**86.250,00**		**86.250,00**		**86.250,00**
13.02.2013	4 Ausführungsplanung 2. Einzahlung Bauherr	43.125,00				
	Summe 02.2013	**43.125,00**		**129.375,00**		**129.375,00**
16.03.2013	0.012 Rohbauarbeiten Rohbauarbeiten		4.668,30			
13.03.2013	4 Ausführungsplanung 3. Einzahlung Bauherr	28.750,00				
	Summe 03.2013	**28.750,00**	**4.668,30**	**158.125,00**	**4.668,30**	**153.456,70**
22.04.2013	0.012 Rohbauarbeiten Rohbauarbeiten		2.941,18			
	Summe 04.2013		**2.941,18**	**158.125,00**	**7.609,48**	**150.515,52**
22.05.2013	0.012 Rohbauarbeiten Rohbauarbeiten		103.447,56			
13.05.2013	4 Ausführungsplanung 4. Einzahlung Bauherr	63.250,00				
	Summe 05.2013	**63.250,00**	**103.447,56**	**221.375,00**	**111.057,04**	**110.317,96**
23.06.2013	8.025 Estricharbeiten Estricharbeiten		2.413,79			
	Summe 06.2013		**2.413,79**	**221.375,00**	**113.470,83**	**107.904,17**
13.07.2013	8.025 Estricharbeiten 1. Abschlagsrechnung		7.702,72			
23.07.2013	8.025 Estricharbeiten Estricharbeiten		6.034,48			
	Summe 07.2013		**13.737,20**	**221.375,00**	**127.208,03**	**94.166,97**
22.08.2013	0.022 Klempnerarbeiten Klempnerarbeiten		2.048,57			
13.08.2013	4 Ausführungsplanung 5. Einzahlung Bauherr	23.000,00				
	Summe 08.2013	**23.000,00**	**2.048,57**	**244.375,00**	**129.256,60**	**115.118,40**
02.10.2013	4 Ausführungsplanung 6. Einzahlung Bauherr	43.125,00				
	Summe 10.2013	**43.125,00**		**287.500,00**	**129.256,60**	**158.243,40**

Bild 12-13 Finanzplanung

Anhang 1

Vergabe- und Vertragsordnung für Bauleistungen (VOB)
Teil A
Allgemeine Bestimmungen für die Vergabe von Bauleistungen
– Fassung 2012 –

§ 1 Bauleistungen

Bauleistungen sind Arbeiten jeder Art, durch die eine bauliche Anlage hergestellt, instand gehalten, geändert oder beseitigt wird.

§ 2 Grundsätze

(1) 1. Bauleistungen werden an fachkundige, leistungsfähige und zuverlässige Unternehmen zu angemessenen Preisen in transparenten Vergabeverfahren vergeben.
2. Der Wettbewerb soll die Regel sein. Wettbewerbsbeschränkende und unlautere Verhaltensweisen sind zu bekämpfen.

(2) Bei der Vergabe von Bauleistungen darf kein Unternehmen diskriminiert werden.

(3) Es ist anzustreben, die Aufträge so zu erteilen, dass die ganzjährige Bautätigkeit gefördert wird.

(4) Die Durchführung von Vergabeverfahren zum Zwecke der Markterkundung ist unzulässig.

(5) Der Auftraggeber soll erst dann ausschreiben, wenn alle Vergabeunterlagen fertig gestellt sind und wenn innerhalb der angegebenen Fristen mit der Ausführung begonnen werden kann.

§ 3 Arten der Vergabe

(1) Bei Öffentlicher Ausschreibung werden Bauleistungen im vorgeschriebenen Verfahren nach öffentlicher Aufforderung einer unbeschränkten Zahl von Unternehmen zur Einreichung von Angeboten vergeben. Bei Beschränkter Ausschreibung werden Bauleistungen im vorgeschriebenen Verfahren nach Aufforderung einer beschränkten Zahl von Unternehmen zur Einreichung von Angeboten vergeben, gegebenenfalls nach öffentlicher Aufforderung, Teilnahmeanträge zu stellen (Beschränkte Ausschreibung nach Öffentlichem Teilnahmewettbewerb). Bei Freihändiger Vergabe werden Bauleistungen ohne ein förmliches Verfahren vergeben.

(2) Öffentliche Ausschreibung muss stattfinden, soweit nicht die Eigenart der Leistung oder besondere Umstände eine Abweichung rechtfertigen.

(3) Beschränkte Ausschreibung kann erfolgen,
  1. bis zu folgendem Auftragswert der Bauleistung ohne Umsatzsteuer:
     a) 50 000 EUR für Ausbaugewerke (ohne Energie- und Gebäudetechnik), Landschaftsbau und Straßenausstattung,
     b) 150 000 EUR für Tief-, Verkehrswege- und Ingenieurbau,
     c) 100 000 EUR für alle übrigen Gewerke,
  2. wenn eine Öffentliche Ausschreibung kein annehmbares Ergebnis gehabt hat,
  3. wenn die Öffentliche Ausschreibung aus anderen Gründen (z. B. Dringlichkeit, Geheimhaltung) unzweckmäßig ist.
(4) Beschränkte Ausschreibung nach Öffentlichem Teilnahmewettbewerb ist zulässig,
  1. wenn die Leistung nach ihrer Eigenart nur von einem beschränkten Kreis von Unternehmen in geeigneter Weise ausgeführt werden kann, besonders wenn außergewöhnliche Zuverlässigkeit oder Leistungsfähigkeit (z. B. Erfahrung, technische Einrichtungen oder fachkundige Arbeitskräfte) erforderlich ist,
  2. wenn die Bearbeitung des Angebots wegen der Eigenart der Leistung einen außergewöhnlich hohen Aufwand erfordert.
(5) Freihändige Vergabe ist zulässig, wenn die Öffentliche Ausschreibung oder Beschränkte Ausschreibung unzweckmäßig ist, besonders
  1. wenn für die Leistung aus besonderen Gründen (z. B. Patentschutz, besondere Erfahrung oder Geräte) nur ein bestimmtes Unternehmen in Betracht kommt,
  2. wenn die Leistung besonders dringlich ist,
  3. wenn die Leistung nach Art und Umfang vor der Vergabe nicht so eindeutig und erschöpfend festgelegt werden kann, dass hinreichend vergleichbare Angebote erwartet werden können,
  4. wenn nach Aufhebung einer Öffentlichen Ausschreibung oder Beschränkten Ausschreibung eine erneute Ausschreibung kein annehmbares Ergebnis verspricht,
  5. wenn es aus Gründen der Geheimhaltung erforderlich ist,
  6. wenn sich eine kleine Leistung von einer vergebenen größeren Leistung nicht ohne Nachteil trennen lässt.
Freihändige Vergabe kann außerdem bis zu einem Auftragswert von 10 000 EUR ohne Umsatzsteuer erfolgen.

§ 4 Vertragsarten

(1) Bauleistungen sind so zu vergeben, dass die Vergütung nach Leistung bemessen wird (Leistungsvertrag), und zwar:

1. in der Regel zu Einheitspreisen für technisch und wirtschaftlich einheitliche Teilleistungen, deren Menge nach Maß, Gewicht oder Stückzahl vom Auftraggeber in den Vertragsunterlagen anzugeben ist (Einheitspreisvertrag),
2. in geeigneten Fällen für eine Pauschalsumme, wenn die Leistung nach Ausführungsart und Umfang genau bestimmt ist und mit einer Änderung bei der Ausführung nicht zu rechnen ist (Pauschalvertrag).
(2) Abweichend von Absatz 1 können Bauleistungen geringeren Umfangs, die überwiegend Lohnkosten verursachen, im Stundenlohn vergeben werden (Stundenlohnvertrag).
(3) Das Angebotsverfahren ist darauf abzustellen, dass der Bieter die Preise, die er für seine Leistungen fordert, in die Leistungsbeschreibung einzusetzen oder in anderer Weise im Angebot anzugeben hat.
(4) Das Auf- und Abgebotsverfahren, bei dem vom Auftraggeber angegebene Preise dem Auf- und Abgebot der Bieter unterstellt werden, soll nur ausnahmsweise bei regelmäßig wiederkehrenden Unterhaltungsarbeiten, deren Umfang möglichst zu umgrenzen ist, angewandt werden.

§ 5 Vergabe nach Losen, Einheitliche Vergabe

(1) Bauleistungen sollen so vergeben werden, dass eine einheitliche Ausführung und zweifelsfreie umfassende Haftung für Mängelansprüche erreicht wird; sie sollen daher in der Regel mit den zur Leistung gehörigen Lieferungen vergeben werden.
(2) Bauleistungen sind in der Menge aufgeteilt (Teillose) und getrennt nach Art oder Fachgebiet (Fachlose) zu vergeben. Bei der Vergabe kann aus wirtschaftlichen oder technischen Gründen auf eine Aufteilung oder Trennung verzichtet werden.

§ 6 Teilnehmer am Wettbewerb

(1) 1. Der Wettbewerb darf nicht auf Unternehmen beschränkt werden, die in bestimmten Regionen oder Orten ansässig sind.
2. Bietergemeinschaften sind Einzelbietern gleichzusetzen, wenn sie die Arbeiten im eigenen Betrieb oder in den Betrieben der Mitglieder ausführen.
3. Justizvollzugsanstalten, Einrichtungen der Jugendhilfe, Aus- und Fortbildungsstätten und ähnliche Einrichtungen sowie Betriebe der öffentlichen Hand und Verwaltungen sind zum Wettbewerb mit gewerblichen Unternehmen nicht zuzulassen.
(2) 1. Bei Öffentlicher Ausschreibung sind die Unterlagen an alle Bewerber abzugeben, die sich gewerbsmäßig mit der Ausführung von Leistungen der ausgeschriebenen Art befassen.

2. Bei Beschränkter Ausschreibung sollen mehrere, im Allgemeinen mindestens 3 geeignete Bewerber aufgefordert werden.
3. Bei Beschränkter Ausschreibung und Freihändiger Vergabe soll unter den Bewerbern möglichst gewechselt werden.

(3) 1. Zum Nachweis ihrer Eignung ist die Fachkunde, Leistungsfähigkeit und Zuverlässigkeit der Bewerber oder Bieter zu prüfen.
2. Dieser Nachweis kann mit der vom Auftraggeber direkt abrufbaren Eintragung in die allgemein zugängliche Liste des Vereins für die Präqualifikation von Bauunternehmen e. V. (Präqualifikationsverzeichnis) erfolgen und umfasst die folgenden Angaben:
   a) den Umsatz des Unternehmens jeweils bezogen auf die letzten drei abgeschlossenen Geschäftsjahre, soweit er Bauleistungen und andere Leistungen betrifft, die mit der zu vergebenden Leistung vergleichbar sind, unter Einschluss des Anteils bei gemeinsam mit anderen Unternehmen ausgeführten Aufträgen,
   b) die Ausführung von Leistungen in den letzten drei abgeschlossenen Geschäftsjahren, die mit der zu vergebenden Leistung vergleichbar sind,
   c) die Zahl der in den letzten drei abgeschlossenen Geschäftsjahren jahresdurchschnittlich beschäftigten Arbeitskräfte, gegliedert nach Lohngruppen mit gesondert ausgewiesenem technischen Leitungspersonal,
   d) die Eintragung in das Berufsregister ihres Sitzes oder Wohnsitzes, sowie Angaben,
   e) ob ein Insolvenzverfahren oder ein vergleichbares gesetzlich geregeltes Verfahren eröffnet oder die Eröffnung beantragt worden ist oder der Antrag mangels Masse abgelehnt wurde oder ein Insolvenzplan rechtskräftig bestätigt wurde,
   f) ob sich das Unternehmen in Liquidation befindet,
   g) dass nachweislich keine schwere Verfehlung begangen wurde, die die Zuverlässigkeit als Bewerber in Frage stellt,
   h) dass die Verpflichtung zur Zahlung von Steuern und Abgaben sowie der Beiträge zur gesetzlichen Sozialversicherung ordnungsgemäß erfüllt wurde,
   i) dass sich das Unternehmen bei der Berufsgenossenschaft angemeldet hat.
Diese Angaben können die Bewerber oder Bieter auch durch Einzelnachweise erbringen. Der Auftraggeber kann dabei vorsehen, dass für einzelne Angaben Eigenerklärungen ausreichend sind. Diese sind von den Bietern, deren Angebote in die engere Wahl kommen, durch entsprechende Bescheinigungen der zuständigen Stellen zu bestätigen.

3. Andere, auf den konkreten Auftrag bezogene zusätzliche, insbesondere für die Prüfung der Fachkunde geeignete Angaben können verlangt werden.
4. Der Auftraggeber wird andere ihm geeignet erscheinende Nachweise der wirtschaftlichen und finanziellen Leistungsfähigkeit zulassen, wenn er feststellt, dass stichhaltige Gründe dafür bestehen.
5. Bei Öffentlicher Ausschreibung sind in der Aufforderung zur Angebotsabgabe die Nachweise zu bezeichnen, deren Vorlage mit dem Angebot verlangt oder deren spätere Anforderung vorbehalten wird. Bei Beschränkter Ausschreibung nach Öffentlichem Teilnahmewettbewerb ist zu verlangen, dass die Nachweise bereits mit dem Teilnahmeantrag vorgelegt werden.
6. Bei Beschränkter Ausschreibung und Freihändiger Vergabe ist vor der Aufforderung zur Angebotsabgabe die Eignung der Bewerber zu prüfen. Dabei sind die Bewerber auszuwählen, deren Eignung die für die Erfüllung der vertraglichen Verpflichtungen notwendige Sicherheit bietet; dies bedeutet, dass sie die erforderliche Fachkunde, Leistungsfähigkeit und Zuverlässigkeit besitzen und über ausreichende technische und wirtschaftliche Mittel verfügen.

§ 7 Leistungsbeschreibung

Allgemeines

(1) 1. Die Leistung ist eindeutig und so erschöpfend zu beschreiben, dass alle Bewerber die Beschreibung im gleichen Sinne verstehen müssen und ihre Preise sicher und ohne umfangreiche Vorarbeiten berechnen können.
2. Um eine einwandfreie Preisermittlung zu ermöglichen, sind alle sie beeinflussenden Umstände festzustellen und in den Vergabeunterlagen anzugeben.
3. Dem Auftragnehmer darf kein ungewöhnliches Wagnis aufgebürdet werden für Umstände und Ereignisse, auf die er keinen Einfluss hat und deren Einwirkung auf die Preise und Fristen er nicht im Voraus schätzen kann.
4. Bedarfspositionen sind grundsätzlich nicht in die Leistungsbeschreibung aufzunehmen. Angehängte Stundenlohnarbeiten dürfen nur in dem unbedingt erforderlichen Umfang in die Leistungsbeschreibung aufgenommen werden.
5. Erforderlichenfalls sind auch der Zweck und die vorgesehene Beanspruchung der fertigen Leistung anzugeben.
6. Die für die Ausführung der Leistung wesentlichen Verhältnisse der Baustelle, z. B. Boden- und Wasserverhältnisse, sind so zu beschreiben, dass der Bewerber ihre Auswirkungen auf die bauliche Anlage und die Bauausführung hinreichend beurteilen kann.

7. Die „Hinweise für das Aufstellen der Leistungsbeschreibung" in Abschnitt 0 der Allgemeinen Technischen Vertragsbedingungen für Bauleistungen, DIN 18299 ff., sind zu beachten.

(2) Bei der Beschreibung der Leistung sind die verkehrsüblichen Bezeichnungen zu beachten.

Technische Spezifikationen

(3) Die technischen Anforderungen (Spezifikationen – siehe Anhang TS Nummer 1) an den Auftragsgegenstand müssen allen Bewerbern gleichermaßen zugänglich sein.

(4) Die technischen Spezifikationen sind in den Vergabeunterlagen zu formulieren:
1. entweder unter Bezugnahme auf die in Anhang TS definierten technischen Spezifikationen in der Rangfolge
   a) nationale Normen, mit denen europäische Normen umgesetzt werden,
   b) europäische technische Zulassungen,
   c) gemeinsame technische Spezifikationen,
   d) internationale Normen und andere technische Bezugsysteme, die von den europäischen Normungsgremien erarbeitet wurden oder,
   e) falls solche Normen und Spezifikationen fehlen, nationale Normen, nationale technische Zulassungen oder nationale technische Spezifikationen für die Planung, Berechnung und Ausführung von Bauwerken und den Einsatz von Produkten.

Jede Bezugnahme ist mit dem Zusatz „oder gleichwertig" zu versehen;

2. oder in Form von Leistungs- oder Funktionsanforderungen, die so genau zu fassen sind, dass sie den Unternehmen ein klares Bild vom Auftragsgegenstand vermitteln und dem Auftraggeber die Erteilung des Zuschlags ermöglichen;
3. oder in Kombination von Nummer 1 und Nummer 2, d. h.
   a) in Form von Leistungs- oder Funktionsanforderungen unter Bezugnahme auf die Spezifikationen gemäß Nummer 1 als Mittel zur Vermutung der Konformität mit diesen Leistungs- oder Funktionsanforderungen;
   b) oder mit Bezugnahme auf die Spezifikationen gemäß Nummer 1 hinsichtlich bestimmter Merkmale und mit Bezugnahme auf die Leistungs- oder Funktionsanforderungen gemäß Nummer 2 hinsichtlich anderer Merkmale.
   (5) oder mit Bezugnahme auf die Spezifikationen gemäß Nummer 1 hinsichtlich bestimmter Merkmale und mit Bezugnahme auf die Leistungs- oder Funktionsanforderungen gemäß Nummer 2 hinsichtlich anderer Merkmale.

§ 7 Leistungsbeschreibung

(6) Legt der Auftraggeber die technischen Spezifikationen in Form von Leistungs- oder Funktionsanforderungen fest, so darf er ein Angebot, das einer nationalen Norm entspricht, mit der eine europäische Norm umgesetzt wird, oder einer europäischen technischen Zulassung, einer gemeinsamen technischen Spezifikation, einer internationalen Norm oder einem technischen Bezugssystem, das von den europäischen Normungsgremien erarbeitet wurde, entspricht, nicht zurückweisen, wenn diese Spezifikationen die geforderten Leistungs- oder Funktionsanforderungen betreffen. Der Bieter muss in seinem Angebot mit geeigneten Mitteln dem Auftraggeber nachweisen, dass die der Norm entsprechende jeweilige Leistung den Leistungs- oder Funktionsanforderungen des Auftraggebers entspricht. Als geeignetes Mittel kann eine technische Beschreibung des Herstellers oder ein Prüfbericht einer anerkannten Stelle gelten.

(7) Schreibt der Auftraggeber Umwelteigenschaften in Form von Leistungs- oder Funktionsanforderungen vor, so kann er die Spezifikationen verwenden, die in europäischen, multinationalen oder anderen Umweltzeichen definiert sind, wenn
   1. sie sich zur Definition der Merkmale des Auftragsgegenstands eignen,
   2. die Anforderungen des Umweltzeichens auf Grundlage von wissenschaftlich abgesicherten Informationen ausgearbeitet werden,
   3. die Umweltzeichen im Rahmen eines Verfahrens erlassen werden, an dem interessierte Kreise – wie z. B. staatliche Stellen, Verbraucher, Hersteller, Händler und Umweltorganisationen – teilnehmen können, und
   4. wenn das Umweltzeichen für alle Betroffenen zugänglich und verfügbar ist.

Der Auftraggeber kann in den Vergabeunterlagen angeben, dass bei Leistungen, die mit einem Umweltzeichen ausgestattet sind, vermutet wird, dass sie den in der Leistungsbeschreibung festgelegten technischen Spezifikationen genügen. Der Auftraggeber muss jedoch auch jedes andere geeignete Beweismittel, wie technische Unterlagen des Herstellers oder Prüfberichte anerkannter Stellen, akzeptieren. Anerkannte Stellen sind die Prüf- und Eichlaboratorien sowie die Inspektions- und Zertifizierungsstellen, die mit den anwendbaren europäischen Normen übereinstimmen. Der Auftraggeber erkennt Bescheinigungen von in anderen Mitgliedstaaten ansässigen anerkannten Stellen an.

(8) Soweit es nicht durch den Auftragsgegenstand gerechtfertigt ist, darf in technischen Spezifikationen nicht auf eine bestimmte Produktion oder Herkunft oder ein besonderes Verfahren oder auf Marken, Patente, Typen eines bestimmten Ursprungs oder einer be-

stimmten Produktion verwiesen werden, wenn dadurch bestimmte Unternehmen oder bestimmte Produkte begünstigt oder ausgeschlossen werden. Solche Verweise sind jedoch ausnahmsweise zulässig, wenn der Auftragsgegenstand nicht hinreichend genau und allgemein verständlich beschrieben werden kann; solche Verweise sind mit dem Zusatz „oder gleichwertig" zu versehen.

Leistungsbeschreibung mit Leistungsverzeichnis

(9) Die Leistung ist in der Regel durch eine allgemeine Darstellung der Bauaufgabe (Baubeschreibung) und ein in Teilleistungen gegliedertes Leistungsverzeichnis zu beschreiben.

(10) Erforderlichenfalls ist die Leistung auch zeichnerisch oder durch Probestücke darzustellen oder anders zu erklären, z. B. durch Hinweise auf ähnliche Leistungen, durch Mengen- oder statische Berechnungen. Zeichnungen und Proben, die für die Ausführung maßgebend sein sollen, sind eindeutig zu bezeichnen.

(11) Leistungen, die nach den Vertragsbedingungen, den Technischen Vertragsbedingungen oder der gewerblichen Verkehrssitte zu der geforderten Leistung gehören (§ 2 Absatz 1 VOB/B), brauchen nicht besonders aufgeführt zu werden.

(12) Im Leistungsverzeichnis ist die Leistung derart aufzugliedern, dass unter einer Ordnungszahl (Position) nur solche Leistungen aufgenommen werden, die nach ihrer technischen Beschaffenheit und für die Preisbildung als in sich gleichartig anzusehen sind. Ungleichartige Leistungen sollen unter einer Ordnungszahl (Sammelposition) nur zusammengefasst werden, wenn eine Teilleistung gegenüber einer anderen für die Bildung eines Durchschnittspreises ohne nennenswerten Einfluss ist.

Leistungsbeschreibung mit Leistungsprogramm

(13) Wenn es nach Abwägen aller Umstände zweckmäßig ist, abweichend von Absatz 9 zusammen mit der Bauausführung auch den Entwurf für die Leistung dem Wettbewerb zu unterstellen, um die technisch, wirtschaftlich und gestalterisch beste sowie funktionsgerechteste Lösung der Bauaufgabe zu ermitteln, kann die Leistung durch ein Leistungsprogramm dargestellt werden.

(14) 1. Das Leistungsprogramm umfasst eine Beschreibung der Bauaufgabe, aus der die Bewerber alle für die Entwurfsbearbeitung und ihr Angebot maßgebenden Bedingungen und Umstände erkennen können und in der sowohl der Zweck der fertigen Leistung als auch die an sie gestellten technischen, wirtschaftlichen, gestalterischen und funktionsbedingten Anforderungen angegeben sind, sowie gegebenenfalls ein Musterleistungsverzeichnis, in dem die Mengenangaben ganz oder teilweise offen gelassen sind.

2. Die Absätze 10 bis 12 gelten sinngemäß.

(15) Von dem Bieter ist ein Angebot zu verlangen, das außer der Ausführung der Leistung den Entwurf nebst eingehender Erläuterung und eine Darstellung der Bauausführung sowie eine eingehende und zweckmäßig gegliederte Beschreibung der Leistung – gegebenenfalls mit Mengen- und Preisangaben für Teile der Leistung – umfasst. Bei Beschreibung der Leistung mit Mengen- und Preisangaben ist vom Bieter zu verlangen, dass er
1. die Vollständigkeit seiner Angaben, insbesondere die von ihm selbst ermittelten Mengen, entweder ohne Einschränkung oder im Rahmen einer in den Vergabeunterlagen anzugebenden Mengentoleranz vertritt, und dass er
2. etwaige Annahmen, zu denen er in besonderen Fällen gezwungen ist, weil zum Zeitpunkt der Angebotsabgabe einzelne Teilleistungen nach Art und Menge noch nicht bestimmt werden können (z. B. Aushub-, Abbruch- oder Wasserhaltungsarbeiten) – erforderlichenfalls anhand von Plänen und Mengenermittlungen – begründet.

§ 8 Vergabeunterlagen

(1) Die Vergabeunterlagen bestehen aus
1. dem Anschreiben (Aufforderung zur Angebotsabgabe), gegebenenfalls Bewerbungsbedingungen (§ 8 Absatz 2) und
2. den Vertragsunterlagen (§§ 7 und 8 Absätze 3 bis 6).

(2) 1. Das Anschreiben muss alle Angaben nach § 12 Absatz 1 Nummer 2 enthalten, die außer den Vertragsunterlagen für den Entschluss zur Abgabe eines Angebots notwendig sind, sofern sie nicht bereits veröffentlicht wurden.
2. Der Auftraggeber kann die Bieter auffordern, in ihrem Angebot die Leistungen anzugeben, die sie an Nachunternehmen zu vergeben beabsichtigen.
3. Der Auftraggeber hat anzugeben:
   a) ob er Nebenangebote nicht zulässt,
   b) ob er Nebenangebote ausnahmsweise nur in Verbindung mit einem Hauptangebot zulässt.

Von Bietern, die eine Leistung anbieten, deren Ausführung nicht in Allgemeinen Technischen Vertragsbedingungen oder in den Vergabeunterlagen geregelt ist, sind im Angebot entsprechende Angaben über Ausführung und Beschaffenheit dieser Leistung zu verlangen.
4. Auftraggeber, die ständig Bauleistungen vergeben, sollen die Erfordernisse, die die Bewerber bei der Bearbeitung ihrer Angebote beachten müssen, in den Bewerbungsbedingungen zusammenfassen und dem Anschreiben beifügen.

(3) In den Vergabeunterlagen ist vorzuschreiben, dass die Allgemeinen Vertragsbedingungen für die Ausführung von Bauleistungen

(VOB/B) und die Allgemeinen Technischen Vertragsbedingungen für Bauleistungen (VOB/C) Bestandteile des Vertrags werden. Das gilt auch für etwaige Zusätzliche Vertragsbedingungen und etwaige Zusätzliche Technische Vertragsbedingungen, soweit sie Bestandteile des Vertrags werden sollen.

(4) 1. Die Allgemeinen Vertragsbedingungen bleiben grundsätzlich unverändert. Sie können von Auftraggebern, die ständig Bauleistungen vergeben, für die bei ihnen allgemein gegebenen Verhältnisse durch Zusätzliche Vertragsbedingungen ergänzt werden. Diese dürfen den Allgemeinen Vertragsbedingungen nicht widersprechen.

2. Für die Erfordernisse des Einzelfalles sind die Allgemeinen Vertragsbedingungen und etwaige Zusätzliche Vertragsbedingungen durch Besondere Vertragsbedingungen zu ergänzen. In diesen sollen sich Abweichungen von den Allgemeinen Vertragsbedingungen auf die Fälle beschränken, in denen dort besondere Vereinbarungen ausdrücklich vorgesehen sind und auch nur soweit es die Eigenart der Leistung und ihre Ausführung erfordern.

(5) Die Allgemeinen Technischen Vertragsbedingungen bleiben grundsätzlich unverändert. Sie können von Auftraggebern, die ständig Bauleistungen vergeben, für die bei ihnen allgemein gegebenen Verhältnisse durch Zusätzliche Technische Vertragsbedingungen ergänzt werden. Für die Erfordernisse des Einzelfalles sind Ergänzungen und Änderungen in der Leistungsbeschreibung festzulegen.

(6) 1. In den Zusätzlichen Vertragsbedingungen oder in den Besonderen Vertragsbedingungen sollen, soweit erforderlich, folgende Punkte geregelt werden:
   a) Unterlagen (§ 8 Absatz 9; § 3 Absätze 5 und 6 VOB/B),
   b) Benutzung von Lager- und Arbeitsplätzen, Zufahrtswegen, Anschlussgleisen, Wasser- und Energieanschlüssen (§ 4 Absatz 4 VOB/B),
   c) Weitervergabe an Nachunternehmen (§ 4 Absatz 8 VOB/B),
   d) Ausführungsfristen (§ 9 Absatz 1 bis 4; § 5 VOB/B),
   e) Haftung (§ 10 Absatz 2 VOB/B),
   f) Vertragsstrafen und Beschleunigungsvergütungen (§ 9 Absatz 5; § 11 VOB/B),
   g) Abnahme (§ 12 VOB/B),
   h) Vertragsart (§ 4), Abrechnung (§ 14 VOB/B),
   i) Stundenlohnarbeiten (§ 15 VOB/B),
   j) Zahlungen, Vorauszahlungen (§ 16 VOB/B),
   k) Sicherheitsleistung (§ 9 Absatz 7 und 8; § 17 VOB/B),
   l) Gerichtsstand (§ 18 Absatz 1 VOB/B),
   m) Lohn- und Gehaltsnebenkosten,
   n) Änderung der Vertragspreise (§ 9 Absatz 9).

§ 9 Vertragsbedingungen 143

      2. Im Einzelfall erforderliche besondere Vereinbarungen über die Mängelansprüche sowie deren Verjährung (§ 9 Absatz 6; § 13 Absatz 1, 4 und 7 VOB/B) und über die Verteilung der Gefahr bei Schäden, die durch Hochwasser, Sturmfluten, Grundwasser, Wind, Schnee, Eis und dergleichen entstehen können (§ 7 VOB/B), sind in den Besonderen Vertragsbedingungen zu treffen. Sind für bestimmte Bauleistungen gleichgelagerte Voraussetzungen im Sinne von § 9 Absatz 6 gegeben, so dürfen die besonderen Vereinbarungen auch in Zusätzlichen Technischen Vertragsbedingungen vorgesehen werden.

(7)   1. Bei Öffentlicher Ausschreibung kann eine Erstattung der Kosten für die Vervielfältigung der Leistungsbeschreibung und der anderen Unterlagen sowie für die Kosten der postalischen Versendung verlangt werden.

      2. Bei Beschränkter Ausschreibung und Freihändiger Vergabe sind alle Unterlagen unentgeltlich abzugeben.

(8)   1. Für die Bearbeitung des Angebots wird keine Entschädigung gewährt. Verlangt jedoch der Auftraggeber, dass der Bewerber Entwürfe, Pläne, Zeichnungen, statische Berechnungen, Mengenberechnungen oder andere Unterlagen ausarbeitet, insbesondere in den Fällen des § 7 Absatz 13 bis 15, so ist einheitlich für alle Bieter in der Ausschreibung eine angemessene Entschädigung festzusetzen. Diese Entschädigung steht jedem Bieter zu, der ein der Ausschreibung entsprechendes Angebot mit den geforderten Unterlagen rechtzeitig eingereicht hat.

      2. Diese Grundsätze gelten für die Freihändige Vergabe entsprechend.

(9)   Der Auftraggeber darf Angebotsunterlagen und die in den Angeboten enthaltenen eigenen Vorschläge eines Bieters nur für die Prüfung und Wertung der Angebote (§ 16) verwenden. Eine darüber hinausgehende Verwendung bedarf der vorherigen schriftlichen Vereinbarung.

(10)   Sollen Streitigkeiten aus dem Vertrag unter Ausschluss des ordentlichen Rechtswegs im schiedsrichterlichen Verfahren ausgetragen werden, so ist es in besonderer, nur das Schiedsverfahren betreffender Urkunde zu vereinbaren, soweit nicht § 1031 Absatz 2 der Zivilprozessordnung auch eine andere Form der Vereinbarung zulässt.

§ 9 Vertragsbedingungen

Ausführungsfristen

(1)   1. Die Ausführungsfristen sind ausreichend zu bemessen; Jahreszeit, Arbeitsbedingungen und etwaige besondere Schwierigkeiten sind zu berücksichtigen. Für die Bauvorbereitung ist dem Auftragnehmer genügend Zeit zu gewähren.

	2. Außergewöhnlich kurze Fristen sind nur bei besonderer Dringlichkeit vorzusehen.
	3. Soll vereinbart werden, dass mit der Ausführung erst nach Aufforderung zu beginnen ist (§ 5 Absatz 2 VOB/B), so muss die Frist, innerhalb derer die Aufforderung ausgesprochen werden kann, unter billiger Berücksichtigung der für die Ausführung maßgebenden Verhältnisse zumutbar sein; sie ist in den Vergabeunterlagen festzulegen.
(2)	1. Wenn es ein erhebliches Interesse des Auftraggebers erfordert, sind Einzelfristen für in sich abgeschlossene Teile der Leistung zu bestimmen.
	2. Wird ein Bauzeitenplan aufgestellt, damit die Leistungen aller Unternehmen sicher ineinander greifen, so sollen nur die für den Fortgang der Gesamtarbeit besonders wichtigen Einzelfristen als vertraglich verbindliche Fristen (Vertragsfristen) bezeichnet werden.
(3)	Ist für die Einhaltung von Ausführungsfristen die Übergabe von Zeichnungen oder anderen Unterlagen wichtig, so soll hierfür ebenfalls eine Frist festgelegt werden.
(4)	Der Auftraggeber darf in den Vertragsunterlagen eine Pauschalierung des Verzugsschadens (§ 5 Absatz 4 VOB/B) vorsehen; sie soll 5 v. H. der Auftragssumme nicht überschreiten. Der Nachweis eines geringeren Schadens ist zuzulassen.

Vertragsstrafen, Beschleunigungsvergütung

(5)	Vertragsstrafen für die Überschreitung von Vertragsfristen sind nur zu vereinbaren, wenn die Überschreitung erhebliche Nachteile verursachen kann. Die Strafe ist in angemessenen Grenzen zu halten. Beschleunigungsvergütung (Prämien) sind nur vorzusehen, wenn die Fertigstellung vor Ablauf der Vertragsfristen erhebliche Vorteile bringt.

Verjährung der Mängelansprüche

(6)	Andere Verjährungsfristen als nach § 13 Absatz 4 VOB/B sollen nur vorgesehen werden, wenn dies wegen der Eigenart der Leistung erforderlich ist. In solchen Fällen sind alle Umstände gegeneinander abzuwägen, insbesondere, wann etwaige Mängel wahrscheinlich erkennbar werden und wieweit die Mängelursachen noch nachgewiesen werden können, aber auch die Wirkung auf die Preise und die Notwendigkeit einer billigen Bemessung der Verjährungsfristen für Mängelansprüche.

Sicherheitsleistung

(7)	Auf Sicherheitsleistung soll ganz oder teilweise verzichtet werden, wenn Mängel der Leistung voraussichtlich nicht eintreten. Unterschreitet die Auftragssumme 250 000 € ohne Umsatzsteuer, ist auf Sicherheitsleistung für die Vertragserfüllung und in der Regel auf

§ 11 Grundsätze der Informationsübermittlung 145

(8) Sicherheitsleistung für die Mängelansprüche zu verzichten. Bei Beschränkter Ausschreibung sowie bei Freihändiger Vergabe sollen Sicherheitsleistungen in der Regel nicht verlangt werden.
(8) Die Sicherheit soll nicht höher bemessen und ihre Rückgabe nicht für einen späteren Zeitpunkt vorgesehen werden, als nötig ist, um den Auftraggeber vor Schaden zu bewahren. Die Sicherheit für die Erfüllung sämtlicher Verpflichtungen aus dem Vertrag soll 5 v. H. der Auftragssumme nicht überschreiten. Die Sicherheit für Mängelansprüche soll 3 v. H. der Abrechnungssumme nicht überschreiten.

Änderung der Vergütung
(9) Sind wesentliche Änderungen der Preisermittlungsgrundlagen zu erwarten, deren Eintritt oder Ausmaß ungewiss ist, so kann eine angemessene Änderung der Vergütung in den Vertragsunterlagen vorgesehen werden. Die Einzelheiten der Preisänderungen sind festzulegen.

§ 10 Fristen

(1) Für die Bearbeitung und Einreichung der Angebote ist eine ausreichende Angebotsfrist vorzusehen, auch bei Dringlichkeit nicht unter 10 Kalendertagen. Dabei ist insbesondere der zusätzliche Aufwand für die Besichtigung von Baustellen oder die Beschaffung von Unterlagen für die Angebotsbearbeitung zu berücksichtigen.
(2) Die Angebotsfrist läuft ab, sobald im Eröffnungstermin der Verhandlungsleiter mit der Öffnung der Angebote beginnt.
(3) Bis zum Ablauf der Angebotsfrist können Angebote in Textform zurückgezogen werden.
(4) Für die Einreichung von Teilnahmeanträgen bei Beschränkter Ausschreibung nach Öffentlichem Teilnahmewettbewerb ist eine ausreichende Bewerbungsfrist vorzusehen.
(5) Die Zuschlagsfrist beginnt mit dem Eröffnungstermin.
(6) Die Zuschlagsfrist soll so kurz wie möglich und nicht länger bemessen werden, als der Auftraggeber für eine zügige Prüfung und Wertung der Angebote (§ 16) benötigt. Eine längere Zuschlagsfrist als 30 Kalendertage soll nur in begründeten Fällen festgelegt werden. Das Ende der Zuschlagsfrist ist durch Angabe des Kalendertages zu bezeichnen.
(7) Es ist vorzusehen, dass der Bieter bis zum Ablauf der Zuschlagsfrist an sein Angebot gebunden ist.
(8) Die Absätze 5 bis 7 gelten bei Freihändiger Vergabe entsprechend.

§ 11 Grundsätze der Informationsübermittlung

(1) 1. Die Auftraggeber geben in der Bekanntmachung oder den Vergabeunterlagen an, ob Informationen per Post, Telefax, direkt,

elektronisch oder durch eine Kombination dieser Kommunikationsmittel übermittelt werden.
2. Das für die elektronische Übermittlung gewählte Netz muss allgemein verfügbar sein und darf den Zugang der Bewerber und Bieter zu den Vergabeverfahren nicht beschränken. Die dafür zu verwendenden Programme und ihre technischen Merkmale müssen allgemein zugänglich, mit allgemein verbreiteten Erzeugnissen der Informations- und Kommunikationstechnologie kompatibel und nichtdiskriminierend sein.
3. Die Auftraggeber haben dafür Sorge zu tragen, dass den interessierten Unternehmen die Informationen über die Spezifikationen der Geräte, die für die elektronische Übermittlung der Anträge auf Teilnahme und der Angebote erforderlich sind, einschließlich Verschlüsselung zugänglich sind. Außerdem muss gewährleistet sein, dass die in Anhang I genannten Anforderungen erfüllt sind.

(2) Der Auftraggeber kann im Internet ein Beschafferprofil einrichten, in dem allgemeine Informationen wie Kontaktstelle, Telefon- und Faxnummer, Postanschrift und E-Mailadresse sowie Angaben über Ausschreibungen, geplante und vergebene Aufträge oder aufgehobene Verfahren veröffentlicht werden können.

§ 12 Bekanntmachung, Versand der Vergabeunterlagen

(1) 1. Öffentliche Ausschreibungen sind bekannt zu machen, z. B. in Tageszeitungen, amtlichen Veröffentlichungsblättern oder auf Internetportalen, sie können auch auf www.bund.de veröffentlicht werden.
2. Diese Bekanntmachungen sollen folgende Angaben enthalten:
    a) Name, Anschrift, Telefon-, Telefaxnummer sowie E-Mail-Adresse des Auftraggebers (Vergabestelle),
    b) gewähltes Vergabeverfahren,
    c) gegebenenfalls Auftragsvergabe auf elektronischem Wege und Verfahren der Ver- und Entschlüsselung,
    d) Art des Auftrags,
    e) Ort der Ausführung,
    f) Art und Umfang der Leistung,
    g) Angaben über den Zweck der baulichen Anlage oder des Auftrags, wenn auch Planungsleistungen gefordert werden,
    h) falls die bauliche Anlage oder der Auftrag in mehrere Lose aufgeteilt ist, Art und Umfang der einzelnen Lose und Möglichkeit, Angebote für eines, mehrere oder alle Lose einzureichen,
    i) Zeitpunkt, bis zu dem die Bauleistungen beendet werden sollen oder Dauer des Bauleistungsauftrags; sofern möglich, Zeitpunkt, zu dem die Bauleistungen begonnen werden sollen,

§ 12 Bekanntmachung, Versand der Vergabeunterlagen

      j) gegebenenfalls Angaben nach § 8 Absatz 2 Nummer 3 zur Zulässigkeit von Nebenangeboten,

      k) Name und Anschrift, Telefon- und Faxnummer, E-Mail-Adresse der Stelle, bei der die Vergabeunterlagen und zusätzliche Unterlagen angefordert und eingesehen werden können,

      l) gegebenenfalls Höhe und Bedingungen für die Zahlung des Betrags, der für die Unterlagen zu entrichten ist,

      m) bei Teilnahmeantrag: Frist für den Eingang der Anträge auf Teilnahme, Anschrift, an die diese Anträge zu richten sind, Tag, an dem die Aufforderungen zur Angebotsabgabe spätestens abgesandt werden,

      n) Frist für den Eingang der Angebote,

      o) Anschrift, an die die Angebote zu richten sind, gegebenenfalls auch Anschrift, an die Angebote elektronisch zu übermitteln sind,

      p) Sprache, in der die Angebote abgefasst sein müssen,

      q) Datum, Uhrzeit und Ort des Eröffnungstermins sowie Angabe, welche Personen bei der Eröffnung der Angebote anwesend sein dürfen,

      r) gegebenenfalls geforderte Sicherheiten,

      s) wesentliche Finanzierungs- und Zahlungsbedingungen und/oder Hinweise auf die maßgeblichen Vorschriften, in denen sie enthalten sind,

      t) gegebenenfalls Rechtsform, die die Bietergemeinschaft nach der Auftragsvergabe haben muss,

      u) verlangte Nachweise für die Beurteilung der Eignung des Bewerbers oder Bieters,

      v) Zuschlagsfrist,

      w) Name und Anschrift der Stelle, an die sich der Bewerber oder Bieter zur Nachprüfung behaupteter Verstöße gegen Vergabebestimmungen wenden kann.

(2) 1. Bei Beschränkten Ausschreibungen nach Öffentlichem Teilnahmewettbewerb sind die Unternehmen durch Bekanntmachungen, z. B. in Tageszeitungen, amtlichen Veröffentlichungsblättern oder auf Internetportalen, aufzufordern, ihre Teilnahme am Wettbewerb zu beantragen.

    2. Diese Bekanntmachungen sollen die Angaben gemäß § 12 Absatz 1 Nummer 2 enthalten.

(3) Anträge auf Teilnahme sind auch dann zu berücksichtigen, wenn sie durch Telefax oder in sonstiger Weise elektronisch übermittelt werden, sofern die sonstigen Teilnahmebedingungen erfüllt sind.

(4) 1. Die Vergabeunterlagen sind den Bewerbern unverzüglich in geeigneter Weise zu übermitteln.

2. Die Vergabeunterlagen sind bei Beschränkter Ausschreibung und Freihändiger Vergabe an alle ausgewählten Bewerber am selben Tag abzusenden.

(5) Wenn von den für die Preisermittlung wesentlichen Unterlagen keine Vervielfältigungen abgegeben werden können, sind diese in ausreichender Weise zur Einsicht auszulegen.

(6) Die Namen der Bewerber, die Vergabeunterlagen erhalten oder eingesehen haben, sind geheim zu halten.

(7) Erbitten Bewerber zusätzliche sachdienliche Auskünfte über die Vergabeunterlagen, so sind diese Auskünfte allen Bewerbern unverzüglich in gleicher Weise zu erteilen.

§ 13 Form und Inhalt der Angebote

(1) 1. Der Auftraggeber legt fest, in welcher Form die Angebote einzureichen sind. Schriftlich eingereichte Angebote sind immer zuzulassen. Sie müssen unterzeichnet sein. Elektronisch übermittelte Angebote sind nach Wahl des Auftraggebers mit einer fortgeschrittenen elektronischen Signatur nach dem Signaturgesetz und den Anforderungen des Auftraggebers oder mit einer qualifizierten elektronischen Signatur nach dem Signaturgesetz zu versehen.
2. Die Auftraggeber haben die Datenintegrität und die Vertraulichkeit der Angebote auf geeignete Weise zu gewährleisten. Per Post oder direkt übermittelte Angebote sind in einem verschlossenen Umschlag einzureichen, als solche zu kennzeichnen und bis zum Ablauf der für die Einreichung vorgesehenen Frist unter Verschluss zu halten. Bei elektronisch übermittelten Angeboten ist dies durch entsprechende technische Lösungen nach den Anforderungen des Auftraggebers und durch Verschlüsselung sicherzustellen. Die Verschlüsselung muss bis zur Öffnung des ersten Angebots aufrechterhalten bleiben.
3. Die Angebote müssen die geforderten Preise enthalten.
4. Die Angebote müssen die geforderten Erklärungen und Nachweise enthalten.
5. Änderungen an den Vergabeunterlagen sind unzulässig. Änderungen des Bieters an seinen Eintragungen müssen zweifelsfrei sein.
6. Bieter können für die Angebotsabgabe eine selbstgefertigte Abschrift oder Kurzfassung des Leistungsverzeichnisses benutzen, wenn sie den vom Auftraggeber verfassten Wortlaut des Leistungsverzeichnisses im Angebot als allein verbindlich anerkennen; Kurzfassungen müssen jedoch die Ordnungszahlen (Positionen) vollzählig, in der gleichen Reihenfolge und mit den glei-

chen Nummern wie in dem vom Auftraggeber verfassten Leistungsverzeichnis, wiedergeben.
7. Muster und Proben der Bieter müssen als zum Angebot gehörig gekennzeichnet sein.
(2) Eine Leistung, die von den vorgesehenen technischen Spezifikationen nach § 7 Absatz 3 abweicht, kann angeboten werden, wenn sie mit dem geforderten Schutzniveau in Bezug auf Sicherheit, Gesundheit und Gebrauchstauglichkeit gleichwertig ist. Die Abweichung muss im Angebot eindeutig bezeichnet sein. Die Gleichwertigkeit ist mit dem Angebot nachzuweisen.
(3) Die Anzahl von Nebenangeboten ist an einer vom Auftraggeber in den Vergabeunterlagen bezeichneten Stelle aufzuführen. Etwaige Nebenangebote müssen auf besonderer Anlage gemacht und als solche deutlich gekennzeichnet werden.
(4) Soweit Preisnachlässe ohne Bedingungen gewährt werden, sind diese an einer vom Auftraggeber in den Vergabeunterlagen bezeichneten Stelle aufzuführen.
(5) Bietergemeinschaften haben die Mitglieder zu benennen sowie eines ihrer Mitglieder als bevollmächtigten Vertreter für den Abschluss und die Durchführung des Vertrags zu bezeichnen. Fehlt die Bezeichnung des bevollmächtigten Vertreters im Angebot, so ist sie vor der Zuschlagserteilung beizubringen.
(6) Der Auftraggeber hat die Anforderungen an den Inhalt der Angebote nach den Absätzen 1 bis 5 in die Vergabeunterlagen aufzunehmen.

§ 14 Öffnung der Angebote, Eröffnungstermin

(1) Bei Ausschreibungen ist für die Öffnung und Verlesung (Eröffnung) der Angebote ein Eröffnungstermin abzuhalten, in dem nur die Bieter und ihre Bevollmächtigten zugegen sein dürfen. Bis zu diesem Termin sind die zugegangenen Angebote auf dem ungeöffneten Umschlag mit Eingangsvermerk zu versehen und unter Verschluss zu halten. Elektronische Angebote sind zu kennzeichnen und verschlüsselt aufzubewahren.
(2) Zur Eröffnung zuzulassen sind nur Angebote, die dem Verhandlungsleiter bei Öffnung des ersten Angebots vorliegen.
(3) 1. Der Verhandlungsleiter stellt fest, ob der Verschluss der schriftlichen Angebote unversehrt ist und die elektronischen Angebote verschlüsselt sind.
2. Die Angebote werden geöffnet und in allen wesentlichen Teilen im Eröffnungstermin gekennzeichnet. Name und Anschrift der Bieter und die Endbeträge der Angebote oder ihrer einzelnen Abschnitte, ferner andere den Preis betreffende Angaben (wie z. B. Preisnachlässe ohne Bedingungen) werden verlesen. Es

wird bekannt gegeben, ob und von wem und in welcher Zahl Nebenangebote eingereicht sind. Weiteres aus dem Inhalt der Angebote soll nicht mitgeteilt werden.

3. Muster und Proben der Bieter müssen im Termin zur Stelle sein.

(4) 1. Über den Eröffnungstermin ist eine Niederschrift in Schriftform oder in elektronischer Form zu fertigen. Sie ist zu verlesen; in ihr ist zu vermerken, dass sie verlesen und als richtig anerkannt worden ist oder welche Einwendungen erhoben worden sind.

2. Sie ist vom Verhandlungsleiter zu unterschreiben oder mit einer Signatur nach § 13 Absatz 1 Nummer 1 zu versehen; die anwesenden Bieter und Bevollmächtigten sind berechtigt, mit zu unterzeichnen oder eine Signatur nach § 13 Absatz 1 Nummer 1 anzubringen.

(5) Angebote, die bei der Öffnung des ersten Angebots nicht vorgelegen haben (Absatz 2), sind in der Niederschrift oder in einem Nachtrag besonders aufzuführen. Die Eingangszeiten und die etwa bekannten Gründe, aus denen die Angebote nicht vorgelegen haben, sind zu vermerken. Der Umschlag und andere Beweismittel sind aufzubewahren.

(6) 1. Ein Angebot, das nachweislich vor Ablauf der Angebotsfrist dem Auftraggeber zugegangen war, aber bei Öffnung des ersten Angebots aus vom Bieter nicht zu vertretenden Gründen dem Verhandlungsleiter nicht vorgelegen hat, ist wie ein rechtzeitig vorliegendes Angebot zu behandeln.

2. Den Bietern ist dieser Sachverhalt unverzüglich in Textform mitzuteilen. In die Mitteilung sind die Feststellung, dass der Verschluss unversehrt war und die Angaben nach Absatz 3 Nummer 2 aufzunehmen.

3. Den Bietern ist dieser Sachverhalt unverzüglich in Textform mitzuteilen. In die Mitteilung sind die Feststellung, dass der Verschluss unversehrt war und die Angaben nach Absatz 3 Nummer 2 aufzunehmen.

(7) Den Bietern und ihren Bevollmächtigten ist die Einsicht in die Niederschrift und ihre Nachträge (Absätze 5 und 6 sowie § 16 Absatz 5) zu gestatten; den Bietern sind nach Antragstellung die Namen der Bieter sowie die verlesenen und die nachgerechneten Endbeträge der Angebote sowie die Zahl ihrer Nebenangebote nach der rechnerischen Prüfung unverzüglich mitzuteilen. Die Niederschrift darf nicht veröffentlicht werden.

(8) Die Angebote und ihre Anlagen sind sorgfältig zu verwahren und geheim zu halten; dies gilt auch bei Freihändiger Vergabe.

§ 15 Aufklärung des Angebotsinhalts

(1) 1. Bei Ausschreibungen darf der Auftraggeber nach Öffnung der Angebote bis zur Zuschlagserteilung von einem Bieter nur Aufklärung verlangen, um sich über seine Eignung, insbesondere seine technische und wirtschaftliche Leistungsfähigkeit, das Angebot selbst, etwaige Nebenangebote, die geplante Art der Durchführung, etwaige Ursprungsorte oder Bezugsquellen von Stoffen oder Bauteilen und über die Angemessenheit der Preise, wenn nötig durch Einsicht in die vorzulegenden Preisermittlungen (Kalkulationen) zu unterrichten.
2. Die Ergebnisse solcher Aufklärungen sind geheim zu halten. Sie sollen in Textform niedergelegt werden.

(2) Verweigert ein Bieter die geforderten Aufklärungen und Angaben oder lässt er die ihm gesetzte angemessene Frist unbeantwortet verstreichen, so kann sein Angebot unberücksichtigt bleiben.

(3) Verhandlungen, besonders über Änderung der Angebote oder Preise, sind unstatthaft, außer wenn sie bei Nebenangeboten oder Angeboten aufgrund eines Leistungsprogramms nötig sind, um unumgängliche technische Änderungen geringen Umfangs und daraus sich ergebende Änderungen der Preise zu vereinbaren.

§ 16 Prüfung und Wertung der Angebote

Ausschluss

(1) 1. Auszuschließen sind:
  a) Angebote, die im Eröffnungstermin dem Verhandlungsleiter bei Öffnung des ersten Angebots nicht vorgelegen haben, ausgenommen Angebote nach § 14 Absatz 6,
  b) Angebote, die den Bestimmungen des § 13 Absatz 1 Nummern 1, 2 und 5 nicht entsprechen,
  c) Angebote, die den Bestimmungen des § 13 Absatz 1 Nummer 3 nicht entsprechen; ausgenommen solche Angebote, bei denen lediglich in einer einzelnen unwesentlichen Position die Angabe des Preises fehlt und durch die Außerachtlassung dieser Position der Wettbewerb und die Wertungsreihenfolge, auch bei Wertung dieser Position mit dem höchsten Wettbewerbspreis, nicht beeinträchtigt werden,
  d) Angebote von Bietern, die in Bezug auf die Ausschreibung eine Abrede getroffen haben, die eine unzulässige Wettbewerbsbeschränkung darstellt,
  e) Nebenangebote, wenn der Auftraggeber in der Bekanntmachung oder in den Vergabeunterlagen erklärt hat, dass er diese nicht zulässt,

f) Nebenangebote, die dem § 13 Absatz 3 Satz 2 nicht entsprechen,
g) Angebote von Bietern, die im Vergabeverfahren vorsätzlich unzutreffende Erklärungen in Bezug auf ihre Fachkunde, Leistungsfähigkeit und Zuverlässigkeit abgegeben haben.

2. Außerdem können Angebote von Bietern ausgeschlossen werden, wenn
   a) ein Insolvenzverfahren oder ein vergleichbares gesetzlich geregeltes Verfahren eröffnet oder die Eröffnung beantragt worden ist oder der Antrag mangels Masse abgelehnt wurde oder ein Insolvenzplan rechtskräftig bestätigt wurde,
   b) sich das Unternehmen in Liquidation befindet,
   c) nachweislich eine schwere Verfehlung begangen wurde, die die Zuverlässigkeit als Bewerber in Frage stellt,
   d) die Verpflichtung zur Zahlung von Steuern und Abgaben sowie der Beiträge zur gesetzlichen Sozialversicherung nicht ordnungsgemäß erfüllt wurde,
   e) sich das Unternehmen nicht bei der Berufsgenossenschaft angemeldet hat.

3. Fehlen geforderte Erklärungen oder Nachweise und wird das Angebot nicht entsprechend Nummern 1 oder 2 ausgeschlossen, verlangt der Auftraggeber die fehlenden Erklärungen oder Nachweise nach. Diese sind spätestens innerhalb von 6 Kalendertagen nach Aufforderung durch den Auftraggeber vorzulegen. Die Frist beginnt am Tag nach der Absendung der Aufforderung durch den Auftraggeber. Werden die Erklärungen oder Nachweise nicht innerhalb der Frist vorgelegt, ist das Angebot auszuschließen.

Eignung
(2) 1. Bei Öffentlicher Ausschreibung ist zunächst die Eignung der Bieter zu prüfen. Dabei sind anhand der vorgelegten Nachweise die Angebote der Bieter auszuwählen, deren Eignung die für die Erfüllung der vertraglichen Verpflichtungen notwendigen Sicherheiten bietet; dies bedeutet, dass sie die erforderliche Fachkunde, Leistungsfähigkeit und Zuverlässigkeit besitzen und über ausreichende technische und wirtschaftliche Mittel verfügen.
2. Bei Beschränkter Ausschreibung und Freihändiger Vergabe sind nur Umstände zu berücksichtigen, die nach Aufforderung zur Angebotsabgabe Zweifel an der Eignung des Bieters begründen (vgl. § 6 Absatz 3 Nummer 6).

Prüfung
(3) Die übrigen Angebote sind rechnerisch, technisch und wirtschaftlich zu prüfen.

§ 16 Prüfung und Wertung der Angebote

(4) 1. Entspricht der Gesamtbetrag einer Ordnungszahl (Position) nicht dem Ergebnis der Multiplikation von Mengenansatz und Einheitspreis, so ist der Einheitspreis maßgebend.
2. Bei Vergabe für eine Pauschalsumme gilt diese ohne Rücksicht auf etwa angegebene Einzelpreise.
3. Nummern 1 und 2 gelten auch bei Freihändiger Vergabe.

(5) Die aufgrund der Prüfung festgestellten Angebotsendsummen sind in der Niederschrift über den Eröffnungstermin zu vermerken.

Wertung

(6) 1. Auf ein Angebot mit einem unangemessen hohen oder niedrigen Preis darf der Zuschlag nicht erteilt werden.
2. Erscheint ein Angebotspreis unangemessen niedrig und ist anhand vorliegender Unterlagen über die Preisermittlung die Angemessenheit nicht zu beurteilen, ist in Textform vom Bieter Aufklärung über die Ermittlung der Preise für die Gesamtleistung oder für Teilleistungen zu verlangen, gegebenenfalls unter Festlegung einer zumutbaren Antwortfrist. Bei der Beurteilung der Angemessenheit sind die Wirtschaftlichkeit des Bauverfahrens, die gewählten technischen Lösungen oder sonstige günstige Ausführungsbedingungen zu berücksichtigen.
3. In die engere Wahl kommen nur solche Angebote, die unter Berücksichtigung rationellen Baubetriebs und sparsamer Wirtschaftsführung eine einwandfreie Ausführung einschließlich Haftung für Mängelansprüche erwarten lassen. Unter diesen Angeboten soll der Zuschlag auf das Angebot erteilt werden, das unter Berücksichtigung aller Gesichtspunkte, wie z. B. Qualität, Preis, technischer Wert, Ästhetik, Zweckmäßigkeit, Umwelteigenschaften, Betriebs- und Folgekosten, Rentabilität, Kundendienst und technische Hilfe oder Ausführungsfrist als das wirtschaftlichste erscheint. Der niedrigste Angebotspreis allein ist nicht entscheidend.

(7) Ein Angebot nach § 13 Absatz 2 ist wie ein Hauptangebot zu werten.

(8) Nebenangebote sind zu werten, es sei denn, der Auftraggeber hat sie in der Bekanntmachung oder in den Vergabeunterlagen nicht zugelassen.

(9) Preisnachlässe ohne Bedingung sind nicht zu werten, wenn sie nicht an der vom Auftraggeber nach § 13 Absatz 4 bezeichneten Stelle aufgeführt sind. Unaufgefordert angebotene Preisnachlässe mit Bedingungen für die Zahlungsfrist (Skonti) werden bei der Wertung der Angebote nicht berücksichtigt.

Freihändige Vergabe

(10) Die Bestimmungen der Absätze 2 und 6 gelten auch bei Freihändiger Vergabe. Absatz 1 Nummer 1 und Absätze 7 bis 9 und § 6 Ab-

satz 1 Nummer 2 sind entsprechend auch bei Freihändiger Vergabe anzuwenden.

§ 17 Aufhebung der Ausschreibung

(1) Die Ausschreibung kann aufgehoben werden, wenn:
1. kein Angebot eingegangen ist, das den Ausschreibungsbedingungen entspricht,
2. die Vergabeunterlagen grundlegend geändert werden müssen,
3. andere schwerwiegende Gründe bestehen.

(2) Die Bewerber und Bieter sind von der Aufhebung der Ausschreibung unter Angabe der Gründe, gegebenenfalls über die Absicht, ein neues Vergabeverfahren einzuleiten, unverzüglich in Textform zu unterrichten.

§ 18 Zuschlag

(1) Der Zuschlag ist möglichst bald, mindestens aber so rechtzeitig zu erteilen, dass dem Bieter die Erklärung noch vor Ablauf der Zuschlagsfrist (§ 10 Absatz 5 bis 8) zugeht.

(2) Werden Erweiterungen, Einschränkungen oder Änderungen vorgenommen oder wird der Zuschlag verspätet erteilt, so ist der Bieter bei Erteilung des Zuschlags aufzufordern, sich unverzüglich über die Annahme zu erklären.

§ 19 Nicht berücksichtigte Bewerbungen und Angebote

(1) Bieter, deren Angebote ausgeschlossen worden sind (§ 16 Absatz 1) und solche, deren Angebote nicht in die engere Wahl kommen, sollen unverzüglich unterrichtet werden. Die übrigen Bieter sind zu unterrichten, sobald der Zuschlag erteilt worden ist.

(2) Auf Verlangen sind den nicht berücksichtigten Bewerbern oder Bietern innerhalb einer Frist von 15 Kalendertagen nach Eingang ihres in Textform gestellten Antrags die Gründe für die Nichtberücksichtigung ihrer Bewerbung oder ihres Angebots in Textform mitzuteilen, den Bietern auch die Merkmale und Vorteile des Angebots des erfolgreichen Bieters sowie dessen Name.

(3) Nicht berücksichtigte Angebote und Ausarbeitungen der Bieter dürfen nicht für eine neue Vergabe oder für andere Zwecke benutzt werden.

(4) Entwürfe, Ausarbeitungen, Muster und Proben zu nicht berücksichtigten Angeboten sind zurückzugeben, wenn dies im Angebot oder innerhalb von 30 Kalendertagen nach Ablehnung des Angebots verlangt wird.

(5) Auftraggeber informieren fortlaufend Unternehmen auf Internetportalen oder in ihren Beschafferprofilen über beabsichtigte Beschränk-

te Ausschreibungen nach § 3 Absatz 3 Nummer 1 ab einem voraussichtlichen Auftragswert von 25 000 EUR ohne Umsatzsteuer.
Diese Informationen müssen folgende Angaben enthalten:
1. Name, Anschrift, Telefon-, Faxnummer und E-Mail-Adresse des Auftraggebers,
2. Auftragsgegenstand,
3. Ort der Ausführung,
4. Art und voraussichtlicher Umfang der Leistung,
5. voraussichtlicher Zeitraum der Ausführung.

§ 20 Dokumentation

(1) Das Vergabeverfahren ist zeitnah so zu dokumentieren, dass die einzelnen Stufen des Verfahrens, die einzelnen Maßnahmen, die maßgebenden Feststellungen sowie die Begründung der einzelnen Entscheidungen in Textform festgehalten werden. Diese Dokumentation muss mindestens enthalten:
1. Name und Anschrift des Auftraggebers,
2. Art und Umfang der Leistung,
3. Wert des Auftrags,
4. Namen der berücksichtigten Bewerber oder Bieter und Gründe für ihre Auswahl,
5. Namen der nicht berücksichtigten Bewerber oder Bieter und die Gründe für die Ablehnung,
6. Gründe für die Ablehnung von ungewöhnlich niedrigen Angeboten,
7. Name des Auftragnehmers und Gründe für die Erteilung des Zuschlags auf sein Angebot,
8. Anteil der beabsichtigten Weitergabe an Nachunternehmen, soweit bekannt,
9. bei Beschränkter Ausschreibung, Freihändiger Vergabe Gründe für die Wahl des jeweiligen Verfahrens,
10. gegebenenfalls die Gründe, aus denen der Auftraggeber auf die Vergabe eines Auftrags verzichtet hat.

Der Auftraggeber trifft geeignete Maßnahmen, um den Ablauf der mit elektronischen Mitteln durchgeführten Vergabeverfahren zu dokumentieren.

(2) Wird auf die Vorlage zusätzlich zum Angebot verlangter Unterlagen und Nachweise verzichtet, ist dies in der Dokumentation zu begründen.

(3) Nach Zuschlagserteilung hat der Auftraggeber auf geeignete Weise, z. B. auf Internetportalen oder im Beschafferprofil zu informieren, wenn bei
1. Beschränkten Ausschreibungen ohne Teilnahmewettbewerb der Auftragswert 25 000 EUR ohne Umsatzsteuer

2. Freihändigen Vergaben der Auftragswert 15 000 EUR ohne Umsatzsteuer

übersteigt. Diese Informationen werden 6 Monate vorgehalten und müssen folgende Angaben enthalten:
  a) Name, Anschrift, Telefon-, Faxnummer und E-Mail-Adresse des Auftraggebers,
  b) gewähltes Vergabeverfahren,
  c) Auftragsgegenstand,
  d) Ort der Ausführung,
  e) Name des beauftragten Unternehmens.

§ 21 Nachprüfungsstellen

In der Bekanntmachung und den Vergabeunterlagen sind die Nachprüfungsstellen mit Anschrift anzugeben, an die sich der Bewerber oder Bieter zur Nachprüfung behaupteter Verstöße gegen die Vergabebestimmungen wenden kann.

§ 22 Baukonzessionen

(1) Eine Baukonzession ist ein Vertrag über die Durchführung eines Bauauftrages, bei dem die Gegenleistung für die Bauarbeiten statt in einem Entgelt in dem befristeten Recht auf Nutzung der baulichen Anlage, gegebenenfalls zuzüglich der Zahlung eines Preises besteht.

(2) Für die Vergabe von Baukonzessionen sind die §§ 1 bis 21 sinngemäß anzuwenden.

Anhang 2

Vergabe- und Vertragsordnung für Bauleistungen (VOB)
Teil B
Allgemeine Vertragsbedingungen für die Ausführung von Bauleistungen
– Fassung 2012 –

§ 1 Art und Umfang der Leistung

(1) Die auszuführende Leistung wird nach Art und Umfang durch den Vertrag bestimmt. Als Bestandteil des Vertrags gelten auch die Allgemeinen Technischen Vertragsbedingungen für Bauleistungen (VOB/C).

(2) Bei Widersprüchen im Vertrag gelten nacheinander:
1. die Leistungsbeschreibung,
2. die Besonderen Vertragsbedingungen,
3. etwaige Zusätzliche Vertragsbedingungen,
4. etwaige Zusätzliche Technische Vertragsbedingungen,
5. die Allgemeinen Technischen Vertragsbedingungen für Bauleistungen,
6. die Allgemeinen Vertragsbedingungen für die Ausführung von Bauleistungen.

(3) Änderungen des Bauentwurfs anzuordnen, bleibt dem Auftraggeber vorbehalten.

(4) Nicht vereinbarte Leistungen, die zur Ausführung der vertraglichen Leistung erforderlich werden, hat der Auftragnehmer auf Verlangen des Auftraggebers mit auszuführen, außer wenn sein Betrieb auf derartige Leistungen nicht eingerichtet ist. Andere Leistungen können dem Auftragnehmer nur mit seiner Zustimmung übertragen werden.

§ 2 Vergütung

(1) Durch die vereinbarten Preise werden alle Leistungen abgegolten, die nach der Leistungsbeschreibung, den Besonderen Vertragsbedingungen, den Zusätzlichen Vertragsbedingungen, den Zusätzlichen Technischen Vertragsbedingungen, den Allgemeinen Technischen Vertragsbedingungen für Bauleistungen und der gewerblichen Verkehrssitte zur vertraglichen Leistung gehören.

(2) Die Vergütung wird nach den vertraglichen Einheitspreisen und den tatsächlich ausgeführten Leistungen berechnet, wenn keine andere Berechnungsart (z. B. durch Pauschalsumme, nach Stundenlohnsätzen, nach Selbstkosten) vereinbart ist.

(3) 1. Weicht die ausgeführte Menge der unter einem Einheitspreis erfassten Leistung oder Teilleistung um nicht mehr als 10 v. H. von dem im Vertrag vorgesehenen Umfang ab, so gilt der vertragliche Einheitspreis.
2. Für die über 10 v. H. hinausgehende Überschreitung des Mengenansatzes ist auf Verlangen ein neuer Preis unter Berücksichtigung der Mehr- oder Minderkosten zu vereinbaren.
3. Bei einer über 10 v. H. hinausgehenden Unterschreitung des Mengenansatzes ist auf Verlangen der Einheitspreis für die tatsächlich ausgeführte Menge der Leistung oder Teilleistung zu erhöhen, soweit der Auftragnehmer nicht durch Erhöhung der Mengen bei anderen Ordnungszahlen (Positionen) oder in anderer Weise einen Ausgleich erhält. Die Erhöhung des Einheitspreises soll im Wesentlichen dem Mehrbetrag entsprechen, der sich durch Verteilung der Baustelleneinrichtungs- und Baustellengemeinkosten und der Allgemeinen Geschäftskosten auf die verringerte Menge ergibt. Die Umsatzsteuer wird entsprechend dem neuen Preis vergütet.
4. Sind von der unter einem Einheitspreis erfassten Leistung oder Teilleistung andere Leistungen abhängig, für die eine Pauschalsumme vereinbart ist, so kann mit der Änderung des Einheitspreises auch eine angemessene Änderung der Pauschalsumme gefordert werden.

(4) Werden im Vertrag ausbedungene Leistungen des Auftragnehmers vom Auftraggeber selbst übernommen (z. B. Lieferung von Bau-, Bauhilfs- und Betriebsstoffen), so gilt, wenn nichts anderes vereinbart wird, § 8 Absatz 1 Nummer 2 entsprechend.

(5) Werden durch Änderung des Bauentwurfs oder andere Anordnungen des Auftraggebers die Grundlagen des Preises für eine im Vertrag vorgesehene Leistung geändert, so ist ein neuer Preis unter Berücksichtigung der Mehr- oder Minderkosten zu vereinbaren. Die Vereinbarung soll vor der Ausführung getroffen werden.

(6) 1. Wird eine im Vertrag nicht vorgesehene Leistung gefordert, so hat der Auftragnehmer Anspruch auf besondere Vergütung. Er muss jedoch den Anspruch dem Auftraggeber ankündigen, bevor er mit der Ausführung der Leistung beginnt.
2. Die Vergütung bestimmt sich nach den Grundlagen der Preisermittlung für die vertragliche Leistung und den besonderen Kosten der geforderten Leistung. Sie ist möglichst vor Beginn der Ausführung zu vereinbaren.

(7) 1. Ist als Vergütung der Leistung eine Pauschalsumme vereinbart, so bleibt die Vergütung unverändert. Weicht jedoch die ausgeführte Leistung von der vertraglich vorgesehenen Leistung so erheblich ab, dass ein Festhalten an der Pauschalsumme nicht

zumutbar ist (§ 313 BGB), so ist auf Verlangen ein Ausgleich unter Berücksichtigung der Mehr- oder Minderkosten zu gewähren. Für die Bemessung des Ausgleichs ist von den Grundlagen der Preisermittlung auszugehen.
2. Die Regelungen der Absätze 4, 5 und 6 gelten auch bei Vereinbarung einer Pauschalsumme.
3. Wenn nichts anderes vereinbart ist, gelten die Nummern 1 und 2 auch für Pauschalsummen, die für Teile der Leistung vereinbart sind; Absatz 3 Nummer 4 bleibt unberührt.

(8) 1. Leistungen, die der Auftragnehmer ohne Auftrag oder unter eigenmächtiger Abweichung vom Auftrag ausführt, werden nicht vergütet. Der Auftragnehmer hat sie auf Verlangen innerhalb einer angemessenen Frist zu beseitigen; sonst kann es auf seine Kosten geschehen. Er haftet außerdem für andere Schäden, die dem Auftraggeber hieraus entstehen.
2. Eine Vergütung steht dem Auftragnehmer jedoch zu, wenn der Auftraggeber solche Leistungen nachträglich anerkennt. Eine Vergütung steht ihm auch zu, wenn die Leistungen für die Erfüllung des Vertrags notwendig waren, dem mutmaßlichen Willen des Auftraggebers entsprachen und ihm unverzüglich angezeigt wurden. Soweit dem Auftragnehmer eine Vergütung zusteht, gelten die Berechnungsgrundlagen für geänderte oder zusätzliche Leistungen der Absätze 5 oder 6 entsprechend.
3. Die Vorschriften des BGB über die Geschäftsführung ohne Auftrag (§§ 677 ff. BGB) bleiben unberührt.

(9) 1. Verlangt der Auftraggeber Zeichnungen, Berechnungen oder andere Unterlagen, die der Auftragnehmer nach dem Vertrag, besonders den Technischen Vertragsbedingungen oder der gewerblichen Verkehrssitte, nicht zu beschaffen hat, so hat er sie zu vergüten.
2. Lässt er vom Auftragnehmer nicht aufgestellte technische Berechnungen durch den Auftragnehmer nachprüfen, so hat er die Kosten zu tragen.

(10) Stundenlohnarbeiten werden nur vergütet, wenn sie als solche vor ihrem Beginn ausdrücklich vereinbart worden sind (§ 15).

§ 3 Ausführungsunterlagen

(1) Die für die Ausführung nötigen Unterlagen sind dem Auftragnehmer unentgeltlich und rechtzeitig zu übergeben.
(2) Das Abstecken der Hauptachsen der baulichen Anlagen, ebenso der Grenzen des Geländes, das dem Auftragnehmer zur Verfügung gestellt wird, und das Schaffen der notwendigen Höhenfestpunkte in

(3) unmittelbarer Nähe der baulichen Anlagen sind Sache des Auftraggebers.

(3) Die vom Auftraggeber zur Verfügung gestellten Geländeaufnahmen und Absteckungen und die übrigen für die Ausführung übergebenen Unterlagen sind für den Auftragnehmer maßgebend. Jedoch hat er sie, soweit es zur ordnungsgemäßen Vertragserfüllung gehört, auf etwaige Unstimmigkeiten zu überprüfen und den Auftraggeber auf entdeckte oder vermutete Mängel hinzuweisen.

(4) Vor Beginn der Arbeiten ist, soweit notwendig, der Zustand der Straßen und Geländeoberfläche, der Vorfluter und Vorflutleitungen, ferner der baulichen Anlagen im Baubereich in einer Niederschrift festzuhalten, die vom Auftraggeber und Auftragnehmer anzuerkennen ist.

(5) Zeichnungen, Berechnungen, Nachprüfungen von Berechnungen oder andere Unterlagen, die der Auftragnehmer nach dem Vertrag, besonders den Technischen Vertragsbedingungen, oder der gewerblichen Verkehrssitte oder auf besonderes Verlangen des Auftraggebers (§ 2 Absatz 9) zu beschaffen hat, sind dem Auftraggeber nach Aufforderung rechtzeitig vorzulegen.

(6) 1. Die in Absatz 5 genannten Unterlagen dürfen ohne Genehmigung ihres Urhebers nicht veröffentlicht, vervielfältigt, geändert oder für einen anderen als den vereinbarten Zweck benutzt werden.

2. An DV-Programmen hat der Auftraggeber das Recht zur Nutzung mit den vereinbarten Leistungsmerkmalen in unveränderter Form auf den festgelegten Geräten. Der Auftraggeber darf zum Zwecke der Datensicherung zwei Kopien herstellen. Diese müssen alle Identifikationsmerkmale enthalten. Der Verbleib der Kopien ist auf Verlangen nachzuweisen.

3. Der Auftragnehmer bleibt unbeschadet des Nutzungsrechts des Auftraggebers zur Nutzung der Unterlagen und der DV-Programme berechtigt.

§ 4 Ausführung

(1) 1. Der Auftraggeber hat für die Aufrechterhaltung der allgemeinen Ordnung auf der Baustelle zu sorgen und das Zusammenwirken der verschiedenen Unternehmer zu regeln. Er hat die erforderlichen öffentlich-rechtlichen Genehmigungen und Erlaubnisse – z. B. nach dem Baurecht, dem Straßenverkehrsrecht, dem Wasserrecht, dem Gewerberecht – herbeizuführen.

2. Der Auftraggeber hat das Recht, die vertragsgemäße Ausführung der Leistung zu überwachen. Hierzu hat er Zutritt zu den Arbeitsplätzen, Werkstätten und Lagerräumen, wo die vertragli-

che Leistung oder Teile von ihr hergestellt oder die hierfür bestimmten Stoffe und Bauteile gelagert werden. Auf Verlangen sind ihm die Werkzeichnungen oder andere Ausführungsunterlagen sowie die Ergebnisse von Güteprüfungen zur Einsicht vorzulegen und die erforderlichen Auskünfte zu erteilen, wenn hierdurch keine Geschäftsgeheimnisse preisgegeben werden. Als Geschäftsgeheimnis bezeichnete Auskünfte und Unterlagen hat er vertraulich zu behandeln.

3. Der Auftraggeber ist befugt, unter Wahrung der dem Auftragnehmer zustehenden Leitung (Absatz 2) Anordnungen zu treffen, die zur vertragsgemäßen Ausführung der Leistung notwendig sind. Die Anordnungen sind grundsätzlich nur dem Auftragnehmer oder seinem für die Leitung der Ausführung bestellten Vertreter zu erteilen, außer wenn Gefahr im Verzug ist. Dem Auftraggeber ist mitzuteilen, wer jeweils als Vertreter des Auftragnehmers für die Leitung der Ausführung bestellt ist.

4. Hält der Auftragnehmer die Anordnungen des Auftraggebers für unberechtigt oder unzweckmäßig, so hat er seine Bedenken geltend zu machen, die Anordnungen jedoch auf Verlangen auszuführen, wenn nicht gesetzliche oder behördliche Bestimmungen entgegenstehen. Wenn dadurch eine ungerechtfertigte Erschwerung verursacht wird, hat der Auftraggeber die Mehrkosten zu tragen.

(2) 1. Der Auftragnehmer hat die Leistung unter eigener Verantwortung nach dem Vertrag auszuführen. Dabei hat er die anerkannten Regeln der Technik und die gesetzlichen und behördlichen Bestimmungen zu beachten. Es ist seine Sache, die Ausführung seiner vertraglichen Leistung zu leiten und für Ordnung auf seiner Arbeitsstelle zu sorgen.

2. Er ist für die Erfüllung der gesetzlichen, behördlichen und berufsgenossenschaftlichen Verpflichtungen gegenüber seinen Arbeitnehmern allein verantwortlich. Es ist ausschließlich seine Aufgabe, die Vereinbarungen und Maßnahmen zu treffen, die sein Verhältnis zu den Arbeitnehmern regeln.

(3) Hat der Auftragnehmer Bedenken gegen die vorgesehene Art der Ausführung (auch wegen der Sicherung gegen Unfallgefahren), gegen die Güte der vom Auftraggeber gelieferten Stoffe oder Bauteile oder gegen die Leistungen anderer Unternehmer, so hat er sie dem Auftraggeber unverzüglich – möglichst schon vor Beginn der Arbeiten – schriftlich mitzuteilen; der Auftraggeber bleibt jedoch für seine Angaben, Anordnungen oder Lieferungen verantwortlich.

(4) Der Auftraggeber hat, wenn nichts anderes vereinbart ist, dem Auftragnehmer unentgeltlich zur Benutzung oder Mitbenutzung zu überlassen:

1. die notwendigen Lager- und Arbeitsplätze auf der Baustelle,
2. vorhandene Zufahrtswege und Anschlussgleise,
3. vorhandene Anschlüsse für Wasser und Energie. Die Kosten für den Verbrauch und den Messer oder Zähler trägt der Auftragnehmer, mehrere Auftragnehmer tragen sie anteilig.

(5) Der Auftragnehmer hat die von ihm ausgeführten Leistungen und die ihm für die Ausführung übergebenen Gegenstände bis zur Abnahme vor Beschädigung und Diebstahl zu schützen. Auf Verlangen des Auftraggebers hat er sie vor Winterschäden und Grundwasser zu schützen, ferner Schnee und Eis zu beseitigen. Obliegt ihm die Verpflichtung nach Satz 2 nicht schon nach dem Vertrag, so regelt sich die Vergütung nach § 2 Absatz 6.

(6) Stoffe oder Bauteile, die dem Vertrag oder den Proben nicht entsprechen, sind auf Anordnung des Auftraggebers innerhalb einer von ihm bestimmten Frist von der Baustelle zu entfernen. Geschieht es nicht, so können sie auf Kosten des Auftragnehmers entfernt oder für seine Rechnung veräußert werden.

(7) Leistungen, die schon während der Ausführung als mangelhaft oder vertragswidrig erkannt werden, hat der Auftragnehmer auf eigene Kosten durch mangelfreie zu ersetzen. Hat der Auftragnehmer den Mangel oder die Vertragswidrigkeit zu vertreten, so hat er auch den daraus entstehenden Schaden zu ersetzen. Kommt der Auftragnehmer der Pflicht zur Beseitigung des Mangels nicht nach, so kann ihm der Auftraggeber eine angemessene Frist zur Beseitigung des Mangels setzen und erklären, dass er ihm nach fruchtlosem Ablauf der Frist den Auftrag entziehe (§ 8 Absatz 3).

(8) 1. Der Auftragnehmer hat die Leistung im eigenen Betrieb auszuführen. Mit schriftlicher Zustimmung des Auftraggebers darf er sie an Nachunternehmer übertragen. Die Zustimmung ist nicht notwendig bei Leistungen, auf die der Betrieb des Auftragnehmers nicht eingerichtet ist. Erbringt der Auftragnehmer ohne schriftliche Zustimmung des Auftraggebers Leistungen nicht im eigenen Betrieb, obwohl sein Betrieb darauf eingerichtet ist, kann der Auftraggeber ihm eine angemessene Frist zur Aufnahme der Leistung im eigenen Betrieb setzen und erklären, dass er ihm nach fruchtlosem Ablauf der Frist den Auftrag entziehe (§ 8 Absatz 3).
2. Der Auftragnehmer hat bei der Weitervergabe von Bauleistungen an Nachunternehmer die Vergabe- und Vertragsordnung für Bauleistungen Teile B und C zugrunde zu legen.
3. Der Auftragnehmer hat die Nachunternehmer dem Auftraggeber auf Verlangen bekannt zu geben.

(9) Werden bei Ausführung der Leistung auf einem Grundstück Gegenstände von Altertums-, Kunst- oder wissenschaftlichem Wert

entdeckt, so hat der Auftragnehmer vor jedem weiteren Aufdecken oder Ändern dem Auftraggeber den Fund anzuzeigen und ihm die Gegenstände nach näherer Weisung abzuliefern. Die Vergütung etwaiger Mehrkosten regelt sich nach § 2 Absatz 6. Die Rechte des Entdeckers (§ 984 BGB) hat der Auftraggeber.

(10) Der Zustand von Teilen der Leistung ist auf Verlangen gemeinsam von Auftraggeber und Auftragnehmer festzustellen, wenn diese Teile der Leistung durch die weitere Ausführung der Prüfung und Feststellung entzogen werden. Das Ergebnis ist schriftlich niederzulegen.

§ 5 Ausführungsfristen

(1) Die Ausführung ist nach den verbindlichen Fristen (Vertragsfristen) zu beginnen, angemessen zu fördern und zu vollenden. In einem Bauzeitenplan enthaltene Einzelfristen gelten nur dann als Vertragsfristen, wenn dies im Vertrag ausdrücklich vereinbart ist.

(2) Ist für den Beginn der Ausführung keine Frist vereinbart, so hat der Auftraggeber dem Auftragnehmer auf Verlangen Auskunft über den voraussichtlichen Beginn zu erteilen. Der Auftragnehmer hat innerhalb von 12 Werktagen nach Aufforderung zu beginnen. Der Beginn der Ausführung ist dem Auftraggeber anzuzeigen.

(3) Wenn Arbeitskräfte, Geräte, Gerüste, Stoffe oder Bauteile so unzureichend sind, dass die Ausführungsfristen offenbar nicht eingehalten werden können, muss der Auftragnehmer auf Verlangen unverzüglich Abhilfe schaffen.

(4) Verzögert der Auftragnehmer den Beginn der Ausführung, gerät er mit der Vollendung in Verzug, oder kommt er der in Absatz 3 erwähnten Verpflichtung nicht nach, so kann der Auftraggeber bei Aufrechterhaltung des Vertrages Schadensersatz nach § 6 Absatz 6 verlangen oder dem Auftragnehmer eine angemessene Frist zur Vertragserfüllung setzen und erklären, dass er ihm nach fruchtlosem Ablauf der Frist den Auftrag entziehe (§ 8 Absatz 3).

§ 6 Behinderung und Unterbrechung der Ausführung

(1) Glaubt sich der Auftragnehmer in der ordnungsgemäßen Ausführung der Leistung behindert, so hat er es dem Auftraggeber unverzüglich schriftlich anzuzeigen. Unterlässt er die Anzeige, so hat er nur dann Anspruch auf Berücksichtigung der hindernden Umstände, wenn dem Auftraggeber offenkundig die Tatsache und deren hindernde Wirkung bekannt waren.

(2) 1. Ausführungsfristen werden verlängert, soweit die Behinderung verursacht ist:

a) durch einen Umstand aus dem Risikobereich des Auftraggebers,

b) durch Streik oder eine von der Berufsvertretung der Arbeitgeber angeordnete Aussperrung im Betrieb des Auftragnehmers oder in einem unmittelbar für ihn arbeitenden Betrieb,

c) durch höhere Gewalt oder andere für den Auftragnehmer unabwendbare Umstände.

2. Witterungseinflüsse während der Ausführungszeit, mit denen bei Abgabe des Angebots normalerweise gerechnet werden musste, gelten nicht als Behinderung.

(3) Der Auftragnehmer hat alles zu tun, was ihm billigerweise zugemutet werden kann, um die Weiterführung der Arbeiten zu ermöglichen. Sobald die hindernden Umstände wegfallen, hat er ohne weiteres und unverzüglich die Arbeiten wieder aufzunehmen und den Auftraggeber davon zu benachrichtigen.

(4) Die Fristverlängerung wird berechnet nach der Dauer der Behinderung mit einem Zuschlag für die Wiederaufnahme der Arbeiten und die etwaige Verschiebung in eine ungünstigere Jahreszeit.

(5) Wird die Ausführung für voraussichtlich längere Dauer unterbrochen, ohne dass die Leistung dauernd unmöglich wird, so sind die ausgeführten Leistungen nach den Vertragspreisen abzurechnen und außerdem die Kosten zu vergüten, die dem Auftragnehmer bereits entstanden und in den Vertragspreisen des nicht ausgeführten Teils der Leistung enthalten sind.

(6) Sind die hindernden Umstände von einem Vertragsteil zu vertreten, so hat der andere Teil Anspruch auf Ersatz des nachweislich entstandenen Schadens, des entgangenen Gewinns aber nur bei Vorsatz oder grober Fahrlässigkeit. Im Übrigen bleibt der Anspruch des Auftragnehmers auf angemessene Entschädigung nach § 642 BGB unberührt, sofern die Anzeige nach Absatz 1 Satz 1 erfolgt oder wenn Offenkundigkeit nach Absatz 1 Satz 2 gegeben ist.

(7) Dauert eine Unterbrechung länger als 3 Monate, so kann jeder Teil nach Ablauf dieser Zeit den Vertrag schriftlich kündigen. Die Abrechnung regelt sich nach den Absätzen 5 und 6; wenn der Auftragnehmer die Unterbrechung nicht zu vertreten hat, sind auch die Kosten der Baustellenräumung zu vergüten, soweit sie nicht in der Vergütung für die bereits ausgeführten Leistungen enthalten sind.

§ 7 Verteilung der Gefahr

(1) Wird die ganz oder teilweise ausgeführte Leistung vor der Abnahme durch höhere Gewalt, Krieg, Aufruhr oder andere objektiv unabwendbare vom Auftragnehmer nicht zu vertretende Umstände beschädigt oder zerstört, so hat dieser für die ausgeführten Teile der

§ 8 Kündigung durch den Auftraggeber

Leistung die Ansprüche nach § 6 Absatz 5; für andere Schäden besteht keine gegenseitige Ersatzpflicht.
(2) Zu der ganz oder teilweise ausgeführten Leistung gehören alle mit der baulichen Anlage unmittelbar verbundenen, in ihre Substanz eingegangenen Leistungen, unabhängig von deren Fertigstellungsgrad.
(3) Zu der ganz oder teilweise ausgeführten Leistung gehören nicht die noch nicht eingebauten Stoffe und Bauteile sowie die Baustelleneinrichtung und Absteckungen. Zu der ganz oder teilweise ausgeführten Leistung gehören ebenfalls nicht Hilfskonstruktionen und Gerüste, auch wenn diese als Besondere Leistung oder selbständig vergeben sind.

§ 8 Kündigung durch den Auftraggeber

(1) 1. Der Auftraggeber kann bis zur Vollendung der Leistung jederzeit den Vertrag kündigen.
2. Dem Auftragnehmer steht die vereinbarte Vergütung zu. Er muss sich jedoch anrechnen lassen, was er infolge der Aufhebung des Vertrags an Kosten erspart oder durch anderweitige Verwendung seiner Arbeitskraft und seines Betriebs erwirbt oder zu erwerben böswillig unterlässt (§ 649 BGB).

(2) 1. Der Auftraggeber kann den Vertrag kündigen, wenn der Auftragnehmer seine Zahlungen einstellt, von ihm oder zulässigerweise vom Auftraggeber oder einem anderen Gläubiger das Insolvenzverfahren (§§ 14 und 15 InsO) beziehungsweise ein vergleichbares gesetzliches Verfahren beantragt ist, ein solches Verfahren eröffnet wird oder dessen Eröffnung mangels Masse abgelehnt wird.
2. Die ausgeführten Leistungen sind nach § 6 Absatz 5 abzurechnen. Der Auftraggeber kann Schadensersatz wegen Nichterfüllung des Restes verlangen.

(3) 1. Der Auftraggeber kann den Vertrag kündigen, wenn in den Fällen des § 4 Absatz 7 und 8 Nummer 1 und des § 5 Absatz 4 die gesetzte Frist fruchtlos abgelaufen ist (Entziehung des Auftrags). Die Entziehung des Auftrags kann auf einen in sich abgeschlossenen Teil der vertraglichen Leistung beschränkt werden.
2. Nach der Entziehung des Auftrags ist der Auftraggeber berechtigt, den noch nicht vollendeten Teil der Leistung zu Lasten des Auftragnehmers durch einen Dritten ausführen zu lassen, doch bleiben seine Ansprüche auf Ersatz des etwa entstehenden weiteren Schadens bestehen. Er ist auch berechtigt, auf die weitere Ausführung zu verzichten und Schadensersatz wegen Nichterfüllung zu verlangen, wenn die Ausführung aus den Gründen,

die zur Entziehung des Auftrags geführt haben, für ihn kein Interesse mehr hat.

3. Für die Weiterführung der Arbeiten kann der Auftraggeber Geräte, Gerüste, auf der Baustelle vorhandene andere Einrichtungen und angelieferte Stoffe und Bauteile gegen angemessene Vergütung in Anspruch nehmen.

4. Der Auftraggeber hat dem Auftragnehmer eine Aufstellung über die entstandenen Mehrkosten und über seine anderen Ansprüche spätestens binnen 12 Werktagen nach Abrechnung mit dem Dritten zuzusenden.

(4) Der Auftraggeber kann den Auftrag entziehen, wenn der Auftragnehmer aus Anlass der Vergabe eine Abrede getroffen hatte, die eine unzulässige Wettbewerbsbeschränkung darstellt. Die Kündigung ist innerhalb von 12 Werktagen nach Bekanntwerden des Kündigungsgrundes auszusprechen. Absatz 3 gilt entsprechend.

(5) Die Kündigung ist schriftlich zu erklären.

(6) Der Auftragnehmer kann Aufmaß und Abnahme der von ihm ausgeführten Leistungen alsbald nach der Kündigung verlangen; er hat unverzüglich eine prüfbare Rechnung über die ausgeführten Leistungen vorzulegen.

(7) Eine wegen Verzugs verwirkte, nach Zeit bemessene Vertragsstrafe kann nur für die Zeit bis zum Tag der Kündigung des Vertrags gefordert werden.

§ 9 Kündigung durch den Auftragnehmer

(1) Der Auftragnehmer kann den Vertrag kündigen:
1. wenn der Auftraggeber eine ihm obliegende Handlung unterlässt und dadurch den Auftragnehmer außerstande setzt, die Leistung auszuführen (Annahmeverzug nach §§ 293 ff. BGB),
2. wenn der Auftraggeber eine fällige Zahlung nicht leistet oder sonst in Schuldnerverzug gerät.

(2) Die Kündigung ist schriftlich zu erklären. Sie ist erst zulässig, wenn der Auftragnehmer dem Auftraggeber ohne Erfolg eine angemessene Frist zur Vertragserfüllung gesetzt und erklärt hat, dass er nach fruchtlosem Ablauf der Frist den Vertrag kündigen werde.

(3) Die bisherigen Leistungen sind nach den Vertragspreisen abzurechnen. Außerdem hat der Auftragnehmer Anspruch auf angemessene Entschädigung nach § 642 BGB; etwaige weitergehende Ansprüche des Auftragnehmers bleiben unberührt.

§ 10 Haftung der Vertragsparteien

(1) Die Vertragsparteien haften einander für eigenes Verschulden sowie für das Verschulden ihrer gesetzlichen Vertreter und der Personen,

deren sie sich zur Erfüllung ihrer Verbindlichkeiten bedienen (§§ 276, 278 BGB).

(2) 1. Entsteht einem Dritten im Zusammenhang mit der Leistung ein Schaden, für den auf Grund gesetzlicher Haftpflichtbestimmungen beide Vertragsparteien haften, so gelten für den Ausgleich zwischen den Vertragsparteien die allgemeinen gesetzlichen Bestimmungen, soweit im Einzelfall nichts anderes vereinbart ist. Soweit der Schaden des Dritten nur die Folge einer Maßnahme ist, die der Auftraggeber in dieser Form angeordnet hat, trägt er den Schaden allein, wenn ihn der Auftragnehmer auf die mit der angeordneten Ausführung verbundene Gefahr nach § 4 Absatz 3 hingewiesen hat.

2. Der Auftragnehmer trägt den Schaden allein, soweit er ihn durch Versicherung seiner gesetzlichen Haftpflicht gedeckt hat oder durch eine solche zu tarifmäßigen, nicht auf außergewöhnliche Verhältnisse abgestellten Prämien und Prämienzuschlägen bei einem im Inland zum Geschäftsbetrieb zugelassenen Versicherer hätte decken können.

(3) Ist der Auftragnehmer einem Dritten nach den §§ 823 ff. BGB zu Schadensersatz verpflichtet wegen unbefugten Betretens oder Beschädigung angrenzender Grundstücke, wegen Entnahme oder Auflagerung von Boden oder anderen Gegenständen außerhalb der vom Auftraggeber dazu angewiesenen Flächen oder wegen der Folgen eigenmächtiger Versperrung von Wegen oder Wasserläufen, so trägt er im Verhältnis zum Auftraggeber den Schaden allein.

(4) Für die Verletzung gewerblicher Schutzrechte haftet im Verhältnis der Vertragsparteien zueinander der Auftragnehmer allein, wenn er selbst das geschützte Verfahren oder die Verwendung geschützter Gegenstände angeboten oder wenn der Auftraggeber die Verwendung vorgeschrieben und auf das Schutzrecht hingewiesen hat.

(5) Ist eine Vertragspartei gegenüber der anderen nach den Absätzen 2, 3 oder 4 von der Ausgleichspflicht befreit, so gilt diese Befreiung auch zugunsten ihrer gesetzlichen Vertreter und Erfüllungsgehilfen, wenn sie nicht vorsätzlich oder grob fahrlässig gehandelt haben.

(6) Soweit eine Vertragspartei von dem Dritten für einen Schaden in Anspruch genommen wird, den nach den Absätzen 2, 3 oder 4 die andere Vertragspartei zu tragen hat, kann sie verlangen, dass ihre Vertragspartei sie von der Verbindlichkeit gegenüber dem Dritten befreit. Sie darf den Anspruch des Dritten nicht anerkennen oder befriedigen, ohne der anderen Vertragspartei vorher Gelegenheit zur Äußerung gegeben zu haben.

§ 11 Vertragsstrafe

(1) Wenn Vertragsstrafen vereinbart sind, gelten die §§ 339 bis 345 BGB.

(2) Ist die Vertragsstrafe für den Fall vereinbart, dass der Auftragnehmer nicht in der vorgesehenen Frist erfüllt, so wird sie fällig, wenn der Auftragnehmer in Verzug gerät.

(3) Ist die Vertragsstrafe nach Tagen bemessen, so zählen nur Werktage; ist sie nach Wochen bemessen, so wird jeder Werktag angefangener Wochen als 1/6 Woche gerechnet.

(4) Hat der Auftraggeber die Leistung abgenommen, so kann er die Strafe nur verlangen, wenn er dies bei der Abnahme vorbehalten hat.

§ 12 Abnahme

(1) Verlangt der Auftragnehmer nach der Fertigstellung – gegebenenfalls auch vor Ablauf der vereinbarten Ausführungsfrist – die Abnahme der Leistung, so hat sie der Auftraggeber binnen 12 Werktagen durchzuführen; eine andere Frist kann vereinbart werden.

(2) Auf Verlangen sind in sich abgeschlossene Teile der Leistung besonders abzunehmen.

(3) Wegen wesentlicher Mängel kann die Abnahme bis zur Beseitigung verweigert werden.

(4) 1. Eine förmliche Abnahme hat stattzufinden, wenn eine Vertragspartei es verlangt. Jede Partei kann auf ihre Kosten einen Sachverständigen zuziehen. Der Befund ist in gemeinsamer Verhandlung schriftlich niederzulegen. In die Niederschrift sind etwaige Vorbehalte wegen bekannter Mängel und wegen Vertragsstrafen aufzunehmen, ebenso etwaige Einwendungen des Auftragnehmers. Jede Partei erhält eine Ausfertigung.

  2. Die förmliche Abnahme kann in Abwesenheit des Auftragnehmers stattfinden, wenn der Termin vereinbart war oder der Auftraggeber mit genügender Frist dazu eingeladen hatte. Das Ergebnis der Abnahme ist dem Auftragnehmer alsbald mitzuteilen.

(5) 1. Wird keine Abnahme verlangt, so gilt die Leistung als abgenommen mit Ablauf von 12 Werktagen nach schriftlicher Mitteilung über die Fertigstellung der Leistung.

  2. Wird keine Abnahme verlangt und hat der Auftraggeber die Leistung oder einen Teil der Leistung in Benutzung genommen, so gilt die Abnahme nach Ablauf von 6 Werktagen nach Beginn der Benutzung als erfolgt, wenn nichts anderes vereinbart ist. Die Benutzung von Teilen einer baulichen Anlage zur Weiterführung der Arbeiten gilt nicht als Abnahme.

  3. Vorbehalte wegen bekannter Mängel oder wegen Vertragsstrafen hat der Auftraggeber spätestens zu den in den Nummern 1 und 2 bezeichneten Zeitpunkten geltend zu machen.

(6) Mit der Abnahme geht die Gefahr auf den Auftraggeber über, soweit er sie nicht schon nach § 7 trägt.

§ 13 Mängelansprüche

(1) Der Auftragnehmer hat dem Auftraggeber seine Leistung zum Zeitpunkt der Abnahme frei von Sachmängeln zu verschaffen. Die Leistung ist zur Zeit der Abnahme frei von Sachmängeln, wenn sie die vereinbarte Beschaffenheit hat und den anerkannten Regeln der Technik entspricht. Ist die Beschaffenheit nicht vereinbart, so ist die Leistung zur Zeit der Abnahme frei von Sachmängeln,
   1. wenn sie sich für die nach dem Vertrag vorausgesetzte, sonst
   2. für die gewöhnliche Verwendung eignet und eine Beschaffenheit aufweist, die bei Werken der gleichen Art üblich ist und die der Auftraggeber nach der Art der Leistung erwarten kann.

(2) Bei Leistungen nach Probe gelten die Eigenschaften der Probe als vereinbarte Beschaffenheit, soweit nicht Abweichungen nach der Verkehrssitte als bedeutungslos anzusehen sind. Dies gilt auch für Proben, die erst nach Vertragsabschluss als solche anerkannt sind.

(3) Ist ein Mangel zurückzuführen auf die Leistungsbeschreibung oder auf Anordnungen des Auftraggebers, auf die von diesem gelieferten oder vorgeschriebenen Stoffe oder Bauteile oder die Beschaffenheit der Vorleistung eines anderen Unternehmers, haftet der Auftragnehmer, es sei denn, er hat die ihm nach § 4 Absatz 3 obliegende Mitteilung gemacht.

(4) 1. Ist für Mängelansprüche keine Verjährungsfrist im Vertrag vereinbart, so beträgt sie für Bauwerke 4 Jahre, für andere Werke, deren Erfolg in der Herstellung, Wartung oder Veränderung einer Sache besteht, und für die vom Feuer berührten Teile von Feuerungsanlagen 2 Jahre. Abweichend von Satz 1 beträgt die Verjährungsfrist für feuerberührte und abgasdämmende Teile von industriellen Feuerungsanlagen 1 Jahr.
   2. Ist für Teile von maschinellen und elektrotechnischen/elektronischen Anlagen, bei denen die Wartung Einfluss auf Sicherheit und Funktionsfähigkeit hat, nichts anderes vereinbart, beträgt für diese Anlagenteile die Verjährungsfrist für Mängelansprüche abweichend von Nummer 1 zwei Jahre, wenn der Auftraggeber sich dafür entschieden hat, dem Auftragnehmer die Wartung für die Dauer der Verjährungsfrist nicht zu übertragen; dies gilt auch, wenn für weitere Leistungen eine andere Verjährungsfrist vereinbart ist.
   3. Die Frist beginnt mit der Abnahme der gesamten Leistung; nur für in sich abgeschlossene Teile der Leistung beginnt sie mit der Teilabnahme (§ 12 Absatz 2).

(5) 1. Der Auftragnehmer ist verpflichtet, alle während der Verjährungsfrist hervortretenden Mängel, die auf vertragswidrige Leistung zurückzuführen sind, auf seine Kosten zu beseitigen, wenn es der Auftraggeber vor Ablauf der Frist schriftlich verlangt. Der Anspruch auf Beseitigung der gerügten Mängel verjährt in 2 Jahren, gerechnet vom Zugang des schriftlichen Verlangens an, jedoch nicht vor Ablauf der Regelfristen nach Absatz 4 oder der an ihrer Stelle vereinbarten Frist. Nach Abnahme der Mängelbeseitigungsleistung beginnt für diese Leistung eine Verjährungsfrist von 2 Jahren neu, die jedoch nicht vor Ablauf der Regelfristen nach Absatz 4 oder der an ihrer Stelle vereinbarten Frist endet.

2. Kommt der Auftragnehmer der Aufforderung zur Mängelbeseitigung in einer vom Auftraggeber gesetzten angemessenen Frist nicht nach, so kann der Auftraggeber die Mängel auf Kosten des Auftragnehmers beseitigen lassen.

(6) Ist die Beseitigung des Mangels für den Auftraggeber unzumutbar oder ist sie unmöglich oder würde sie einen unverhältnismäßig hohen Aufwand erfordern und wird sie deshalb vom Auftragnehmer verweigert, so kann der Auftraggeber durch Erklärung gegenüber dem Auftragnehmer die Vergütung mindern (§ 638 BGB).

(7) 1. Der Auftragnehmer haftet bei schuldhaft verursachten Mängeln für Schäden aus der Verletzung des Lebens, des Körpers oder der Gesundheit.

2. Bei vorsätzlich oder grob fahrlässig verursachten Mängeln haftet er für alle Schäden.

3. Im Übrigen ist dem Auftraggeber der Schaden an der baulichen Anlage zu ersetzen, zu deren Herstellung, Instandhaltung oder Änderung die Leistung dient, wenn ein wesentlicher Mangel vorliegt, der die Gebrauchsfähigkeit erheblich beeinträchtigt und auf ein Verschulden des Auftragnehmers zurückzuführen ist. Einen darüber hinausgehenden Schaden hat der Auftragnehmer nur dann zu ersetzen,

   a) wenn der Mangel auf einem Verstoß gegen die anerkannten Regeln der Technik beruht,
   b) wenn der Mangel in dem Fehlen einer vertraglich vereinbarten Beschaffenheit besteht oder
   c) soweit der Auftragnehmer den Schaden durch Versicherung seiner gesetzlichen Haftpflicht gedeckt hat oder durch eine solche zu tarifmäßigen, nicht auf außergewöhnliche Verhältnisse abgestellten Prämien und Prämienzuschlägen bei einem im Inland zum Geschäftsbetrieb zugelassenen Versicherer hätte decken können.

4. Abweichend von Absatz 4 gelten die gesetzlichen Verjährungsfristen, soweit sich der Auftragnehmer nach Nummer 3 durch

Versicherung geschützt hat oder hätte schützen können oder soweit ein besonderer Versicherungsschutz vereinbart ist.
5. Eine Einschränkung oder Erweiterung der Haftung kann in begründeten Sonderfällen vereinbart werden.

§ 14 Abrechnung

(1) Der Auftragnehmer hat seine Leistungen prüfbar abzurechnen. Er hat die Rechnungen übersichtlich aufzustellen und dabei die Reihenfolge der Posten einzuhalten und die in den Vertragsbestandteilen enthaltenen Bezeichnungen zu verwenden. Die zum Nachweis von Art und Umfang der Leistung erforderlichen Mengenberechnungen, Zeichnungen und andere Belege sind beizufügen. Änderungen und Ergänzungen des Vertrags sind in der Rechnung besonders kenntlich zu machen; sie sind auf Verlangen getrennt abzurechnen.

(2) Die für die Abrechnung notwendigen Feststellungen sind dem Fortgang der Leistung entsprechend möglichst gemeinsam vorzunehmen. Die Abrechnungsbestimmungen in den Technischen Vertragsbedingungen und den anderen Vertragsunterlagen sind zu beachten. Für Leistungen, die bei Weiterführung der Arbeiten nur schwer feststellbar sind, hat der Auftragnehmer rechtzeitig gemeinsame Feststellungen zu beantragen.

(3) Die Schlussrechnung muss bei Leistungen mit einer vertraglichen Ausführungsfrist von höchstens 3 Monaten spätestens 12 Werktage nach Fertigstellung eingereicht werden, wenn nichts anderes vereinbart ist; diese Frist wird um je 6 Werktage für je weitere 3 Monate Ausführungsfrist verlängert.

(4) Reicht der Auftragnehmer eine prüfbare Rechnung nicht ein, obwohl ihm der Auftraggeber dafür eine angemessene Frist gesetzt hat, so kann sie der Auftraggeber selbst auf Kosten des Auftragnehmers aufstellen.

§ 15 Stundenlohnarbeiten

(1) 1. Stundenlohnarbeiten werden nach den vertraglichen Vereinbarungen abgerechnet.
2. Soweit für die Vergütung keine Vereinbarungen getroffen worden sind, gilt die ortsübliche Vergütung. Ist diese nicht zu ermitteln, so werden die Aufwendungen des Auftragnehmers für Lohn- und Gehaltskosten der Baustelle, Lohn- und Gehaltsnebenkosten der Baustelle, Stoffkosten der Baustelle, Kosten der Einrichtungen, Geräte, Maschinen und maschinellen Anlagen der Baustelle, Fracht-, Fuhr- und Ladekosten, Sozialkassenbeiträge und Sonderkosten, die bei wirtschaftlicher Betriebsführung

entstehen, mit angemessenen Zuschlägen für Gemeinkosten und Gewinn (einschließlich allgemeinem Unternehmerwagnis) zuzüglich Umsatzsteuer vergütet.

(2) Verlangt der Auftraggeber, dass die Stundenlohnarbeiten durch einen Polier oder eine andere Aufsichtsperson beaufsichtigt werden, oder ist die Aufsicht nach den einschlägigen Unfallverhütungsvorschriften notwendig, so gilt Absatz 1 entsprechend.

(3) Dem Auftraggeber ist die Ausführung von Stundenlohnarbeiten vor Beginn anzuzeigen. Über die geleisteten Arbeitsstunden und den dabei erforderlichen, besonders zu vergütenden Aufwand für den Verbrauch von Stoffen, für Vorhaltung von Einrichtungen, Geräten, Maschinen und maschinellen Anlagen, für Frachten, Fuhr- und Ladeleistungen sowie etwaige Sonderkosten sind, wenn nichts anderes vereinbart ist, je nach der Verkehrssitte werktäglich oder wöchentlich Listen (Stundenlohnzettel) einzureichen. Der Auftraggeber hat die von ihm bescheinigten Stundenlohnzettel unverzüglich, spätestens jedoch innerhalb von 6 Werktagen nach Zugang, zurückzugeben. Dabei kann er Einwendungen auf den Stundenlohnzetteln oder gesondert schriftlich erheben. Nicht fristgemäß zurückgegebene Stundenlohnzettel gelten als anerkannt.

(4) Stundenlohnrechnungen sind alsbald nach Abschluss der Stundenlohnarbeiten, längstens jedoch in Abständen von 4 Wochen, einzureichen. Für die Zahlung gilt § 16.

(5) Wenn Stundenlohnarbeiten zwar vereinbart waren, über den Umfang der Stundenlohnleistungen aber mangels rechtzeitiger Vorlage der Stundenlohnzettel Zweifel bestehen, so kann der Auftraggeber verlangen, dass für die nachweisbar ausgeführten Leistungen eine Vergütung vereinbart wird, die nach Maßgabe von Absatz 1 Nummer 2 für einen wirtschaftlich vertretbaren Aufwand an Arbeitszeit und Verbrauch von Stoffen, für Vorhaltung von Einrichtungen, Geräten, Maschinen und maschinellen Anlagen, für Frachten, Fuhr- und Ladeleistungen sowie etwaige Sonderkosten ermittelt wird.

§ 16 Zahlung

(1) 1. Abschlagszahlungen sind auf Antrag in möglichst kurzen Zeitabständen oder zu den vereinbarten Zeitpunkten zu gewähren, und zwar in Höhe des Wertes der jeweils nachgewiesenen vertragsgemäßen Leistungen einschließlich des ausgewiesenen, darauf entfallenden Umsatzsteuerbetrages. Die Leistungen sind durch eine prüfbare Aufstellung nachzuweisen, die eine rasche und sichere Beurteilung der Leistungen ermöglichen muss. Als Leistungen gelten hierbei auch die für die geforderte Leistung eigens angefertigten und bereitgestellten Bauteile sowie die auf der Baustelle angelieferten Stoffe und Bauteile, wenn dem Auf-

§ 16 Zahlung

traggeber nach seiner Wahl das Eigentum an ihnen übertragen ist oder entsprechende Sicherheit gegeben wird.
2. Gegenforderungen können einbehalten werden. Andere Einbehalte sind nur in den im Vertrag und in den gesetzlichen Bestimmungen vorgesehenen Fällen zulässig.
3. Ansprüche auf Abschlagszahlungen werden binnen 21 Werktagen nach Zugang der Aufstellung fällig.
4. Die Abschlagszahlungen sind ohne Einfluss auf die Haftung des Auftragnehmers; sie gelten nicht als Abnahme von Teilen der Leistung.

(2)
1. Vorauszahlungen können auch nach Vertragsabschluss vereinbart werden; hierfür ist auf Verlangen des Auftraggebers ausreichende Sicherheit zu leisten. Diese Vorauszahlungen sind, sofern nichts anderes vereinbart wird, mit 3 v. H. über dem Basiszinssatz des § 247 BGB zu verzinsen.
2. Vorauszahlungen sind auf die nächstfälligen Zahlungen anzurechnen, soweit damit Leistungen abzugelten sind, für welche die Vorauszahlungen gewährt worden sind.

(3)
1. Der Anspruch auf Schlusszahlung wird alsbald nach Prüfung und Feststellung fällig, spätestens innerhalb von 30 Tagen nach Zugang der Schlussrechnung. Die Frist verlängert sich auf höchstens 60 Tage, wenn sie aufgrund der besonderen Natur oder Merkmale der Vereinbarung sachlich gerechtfertigt ist und ausdrücklich vereinbart wurde. Werden Einwendungen gegen die Prüfbarkeit unter Angabe der Gründe nicht bis zum Ablauf der jeweiligen Frist erhoben, kann der Auftraggeber sich nicht mehr auf die fehlende Prüfbarkeit berufen. Die Prüfung der Schlussrechnung ist nach Möglichkeit zu beschleunigen. Verzögert sie sich, so ist das unbestrittene Guthaben als Abschlagszahlung sofort zu zahlen.
2. Die vorbehaltlose Annahme der Schlusszahlung schließt Nachforderungen aus, wenn der Auftragnehmer über die Schlusszahlung schriftlich unterrichtet und auf die Ausschlusswirkung hingewiesen wurde.
3. Einer Schlusszahlung steht es gleich, wenn der Auftraggeber unter Hinweis auf geleistete Zahlungen weitere Zahlungen endgültig und schriftlich ablehnt.
4. Auch früher gestellte, aber unerledigte Forderungen werden ausgeschlossen, wenn sie nicht nochmals vorbehalten werden.
5. Ein Vorbehalt ist innerhalb von 28 Tagen nach Zugang der Mitteilung nach den Nummern 2 und 3 über die Schlusszahlung zu erklären. Er wird hinfällig, wenn nicht innerhalb von weiteren 28 Tagen – beginnend am Tag nach Ablauf der in Satz 1 genannten

28 Tage – eine prüfbare Rechnung über die vorbehaltenen Forderungen eingereicht oder, wenn das nicht möglich ist, der Vorbehalt eingehend begründet wird.
6. Die Ausschlussfristen gelten nicht für ein Verlangen nach Richtigstellung der Schlussrechnung und -zahlung wegen Aufmaß-, Rechen- und Übertragungsfehlern.

(4) In sich abgeschlossene Teile der Leistung können nach Teilabnahme ohne Rücksicht auf die Vollendung der übrigen Leistungen endgültig festgestellt und bezahlt werden.

(5) 1. Alle Zahlungen sind aufs Äußerste zu beschleunigen.
2. Nicht vereinbarte Skontoabzüge sind unzulässig.
3. Zahlt der Auftraggeber bei Fälligkeit nicht, so kann ihm der Auftragnehmer eine angemessene Nachfrist setzen. Zahlt er auch innerhalb der Nachfrist nicht, so hat der Auftragnehmer vom Ende der Nachfrist an Anspruch auf Zinsen in Höhe der in § 288 Absatz 2 BGB angegebenen Zinssätze, wenn er nicht einen höheren Verzugsschaden nachweist. Der Auftraggeber kommt jedoch, ohne dass es einer Nachfristsetzung bedarf, spätestens 30 Tage nach Zugang der Rechnung oder der Aufstellung bei Abschlagszahlungen in Zahlungsverzug, wenn der Auftragnehmer seine vertraglichen und gesetzlichen Verpflichtungen erfüllt und den fälligen Entgeltbetrag nicht rechtzeitig erhalten hat, es sei denn, der Auftraggeber ist für den Zahlungsverzug nicht verantwortlich. Die Frist verlängert sich auf höchstens 60 Tage, wenn sie aufgrund der besonderen Natur oder Merkmale der Vereinbarung sachlich gerechtfertigt ist und ausdrücklich vereinbart wurde.
4. Der Auftragnehmer darf die Arbeiten bei Zahlungsverzug bis zur Zahlung einstellen, sofern eine dem Auftraggeber zuvor gesetzte angemessene Frist erfolglos verstrichen ist.

(6) Der Auftraggeber ist berechtigt, zur Erfüllung seiner Verpflichtungen aus den Absätzen 1 bis 5 Zahlungen an Gläubiger des Auftragnehmers zu leisten, soweit sie an der Ausführung der vertraglichen Leistung des Auftragnehmers aufgrund eines mit diesem abgeschlossenen Dienst- oder Werkvertrags beteiligt sind, wegen Zahlungsverzugs des Auftragnehmers die Fortsetzung ihrer Leistung zu Recht verweigern und die Direktzahlung die Fortsetzung der Leistung sicherstellen soll. Der Auftragnehmer ist verpflichtet, sich auf Verlangen des Auftraggebers innerhalb einer von diesem gesetzten Frist darüber zu erklären, ob und inwieweit er die Forderungen seiner Gläubiger anerkennt; wird diese Erklärung nicht rechtzeitig abgegeben, so gelten die Voraussetzungen für die Direktzahlung als anerkannt.

§ 17 Sicherheitsleistung

(1) 1. Wenn Sicherheitsleistung vereinbart ist, gelten die §§ 232 bis 240 BGB, soweit sich aus den nachstehenden Bestimmungen nichts anderes ergibt.
 2. Die Sicherheit dient dazu, die vertragsgemäße Ausführung der Leistung und die Mängelansprüche sicherzustellen.

(2) Wenn im Vertrag nichts anderes vereinbart ist, kann Sicherheit durch Einbehalt oder Hinterlegung von Geld oder durch Bürgschaft eines Kreditinstituts oder Kreditversicherers geleistet werden, sofern das Kreditinstitut oder der Kreditversicherer
 1. in der Europäischen Gemeinschaft oder
 2. in einem Staat der Vertragsparteien des Abkommens über den Europäischen Wirtschaftsraum oder
 3. in einem Staat der Vertragsparteien des WTO-Übereinkommens über das öffentliche Beschaffungswesen
zugelassen ist.

(3) Der Auftragnehmer hat die Wahl unter den verschiedenen Arten der Sicherheit; er kann eine Sicherheit durch eine andere ersetzen.

(4) Bei Sicherheitsleistung durch Bürgschaft ist Voraussetzung, dass der Auftraggeber den Bürgen als tauglich anerkannt hat. Die Bürgschaftserklärung ist schriftlich unter Verzicht auf die Einrede der Vorausklage abzugeben (§ 771 BGB); sie darf nicht auf bestimmte Zeit begrenzt und muss nach Vorschrift des Auftraggebers ausgestellt sein. Der Auftraggeber kann als Sicherheit keine Bürgschaft fordern, die den Bürgen zur Zahlung auf erstes Anfordern verpflichtet.

(5) Wird Sicherheit durch Hinterlegung von Geld geleistet, so hat der Auftragnehmer den Betrag bei einem zu vereinbarenden Geldinstitut auf ein Sperrkonto einzuzahlen, über das beide nur gemeinsam verfügen können („Und-Konto"). Etwaige Zinsen stehen dem Auftragnehmer zu.

(6) 1. Soll der Auftraggeber vereinbarungsgemäß die Sicherheit in Teilbeträgen von seinen Zahlungen einbehalten, so darf er jeweils die Zahlung um höchstens 10 v. H. kürzen, bis die vereinbarte Sicherheitssumme erreicht ist. Sofern Rechnungen ohne Umsatzsteuer gemäß § 13b UStG gestellt werden, bleibt die Umsatzsteuer bei der Berechnung des Sicherheitseinbehalts unberücksichtigt. Den jeweils einbehaltenen Betrag hat er dem Auftragnehmer mitzuteilen und binnen 18 Werktagen nach dieser Mitteilung auf ein Sperrkonto bei dem vereinbarten Geldinstitut einzuzahlen. Gleichzeitig muss er veranlassen, dass dieses Geldinstitut den Auftragnehmer von der Einzahlung des Sicherheitsbetrags benachrichtigt. Absatz 5 gilt entsprechend.

2. Bei kleineren oder kurzfristigen Aufträgen ist es zulässig, dass der Auftraggeber den einbehaltenen Sicherheitsbetrag erst bei der Schlusszahlung auf ein Sperrkonto einzahlt.

3. Zahlt der Auftraggeber den einbehaltenen Betrag nicht rechtzeitig ein, so kann ihm der Auftragnehmer hierfür eine angemessene Nachfrist setzen. Lässt der Auftraggeber auch diese verstreichen, so kann der Auftragnehmer die sofortige Auszahlung des einbehaltenen Betrags verlangen und braucht dann keine Sicherheit mehr zu leisten.

4. Öffentliche Auftraggeber sind berechtigt, den als Sicherheit einbehaltenen Betrag auf eigenes Verwahrgeldkonto zu nehmen; der Betrag wird nicht verzinst.

(7) Der Auftragnehmer hat die Sicherheit binnen 18 Werktagen nach Vertragsabschluss zu leisten, wenn nichts anderes vereinbart ist. Soweit er diese Verpflichtung nicht erfüllt hat, ist der Auftraggeber berechtigt, vom Guthaben des Auftragnehmers einen Betrag in Höhe der vereinbarten Sicherheit einzubehalten. Im Übrigen gelten die Absätze 5 und 6 außer Nummer 1 Satz 1 entsprechend.

(8) 1. Der Auftraggeber hat eine nicht verwertete Sicherheit für die Vertragserfüllung zum vereinbarten Zeitpunkt, spätestens nach Abnahme und Stellung der Sicherheit für Mängelansprüche zurückzugeben, es sei denn, dass Ansprüche des Auftraggebers, die nicht von der gestellten Sicherheit für Mängelansprüche umfasst sind, noch nicht erfüllt sind. Dann darf er für diese Vertragserfüllungsansprüche einen entsprechenden Teil der Sicherheit zurückhalten.

2. Der Auftraggeber hat eine nicht verwertete Sicherheit für Mängelansprüche nach Ablauf von 2 Jahren zurückzugeben, sofern kein anderer Rückgabezeitpunkt vereinbart worden ist. Soweit jedoch zu diesem Zeitpunkt seine geltend gemachten Ansprüche noch nicht erfüllt sind, darf er einen entsprechenden Teil der Sicherheit zurückhalten.

§ 18 Streitigkeiten

(1) Liegen die Voraussetzungen für eine Gerichtsstandvereinbarung nach § 38 Zivilprozessordnung vor, richtet sich der Gerichtsstand für Streitigkeiten aus dem Vertrag nach dem Sitz der für die Prozessvertretung des Auftraggebers zuständigen Stelle, wenn nichts anderes vereinbart ist. Sie ist dem Auftragnehmer auf Verlangen mitzuteilen.

(2) 1. Entstehen bei Verträgen mit Behörden Meinungsverschiedenheiten, so soll der Auftragnehmer zunächst die der auftraggebenden Stelle unmittelbar vorgesetzte Stelle anrufen. Diese soll

dem Auftragnehmer Gelegenheit zur mündlichen Aussprache geben und ihn möglichst innerhalb von 2 Monaten nach der Anrufung schriftlich bescheiden und dabei auf die Rechtsfolgen des Satzes 3 hinweisen. Die Entscheidung gilt als anerkannt, wenn der Auftragnehmer nicht innerhalb von 3 Monaten nach Eingang des Bescheides schriftlich Einspruch beim Auftraggeber erhebt und dieser ihn auf die Ausschlussfrist hingewiesen hat.

2. Mit dem Eingang des schriftlichen Antrages auf Durchführung eines Verfahrens nach Nummer 1 wird die Verjährung des in diesem Antrag geltend gemachten Anspruchs gehemmt. Wollen Auftraggeber oder Auftragnehmer das Verfahren nicht weiter betreiben, teilen sie dies dem jeweils anderen Teil schriftlich mit. Die Hemmung endet 3 Monate nach Zugang des schriftlichen Bescheides oder der Mitteilung nach Satz 2.

(3) Daneben kann ein Verfahren zur Streitbeilegung vereinbart werden. Die Vereinbarung sollte mit Vertragsabschluss erfolgen.

(4) Bei Meinungsverschiedenheiten über die Eigenschaft von Stoffen und Bauteilen, für die allgemein gültige Prüfungsverfahren bestehen, und über die Zulässigkeit oder Zuverlässigkeit der bei der Prüfung verwendeten Maschinen oder angewendeten Prüfungsverfahren kann jede Vertragspartei nach vorheriger Benachrichtigung der anderen Vertragspartei die materialtechnische Untersuchung durch eine staatliche oder staatlich anerkannte Materialprüfungsstelle vornehmen lassen; deren Feststellungen sind verbindlich. Die Kosten trägt der unterliegende Teil.

(5) Streitfälle berechtigen den Auftragnehmer nicht, die Arbeiten einzustellen.

Anhang 3

Vergabe- und Vertragsordnung für Bauleistungen (VOB)

Teil C
Allgemeine Technische Vertragbedingungen
für Bauleistungen (ATV)
Allgemeine Regelungen für Bauarbeiten jeder Art
– DIN 18299 – Ausgabe 2012-09 –

Inhalt

0 Hinweise für das Aufstellen der Leistungsbeschreibung
1 Geltungsbereich
2 Stoffe, Bauteile
3 Ausführung
4 Nebenleistungen, Besondere Leistungen
5 Abrechnung

Anhang Begriffsbestimmungen

0 Hinweise für das Aufstellen der Leistungsbeschreibung

Diese Hinweise für das Aufstellen der Leistungsbeschreibung gelten für Bauarbeiten jeder Art; sie werden ergänzt durch die auf die einzelnen Leistungsbereiche bezogenen Hinweise in den ATV DIN 18300 bis ATV DIN 18459, Abschnitt 0, sowie den Anhang Be-griffsbestimmungen. Die Beachtung dieser Hinweise und des Anhangs ist Voraussetzung für eine ordnungsgemäße Leistungsbeschreibung gemäß § 7, § 7 EG bzw. § 7 VS VOB/A.

In die Vorbemerkungen zum Leistungsverzeichnis ist aufzunehmen:

„Soweit in der Leistungsbeschreibung auf Technische Spezifikationen, z. B. nationale Normen, mit denen europäische Normen umgesetzt werden, europäische technische Zulassungen, gemeinsame technische Spezifikationen, internationale Normen, Bezug genommen wird, werden auch ohne den ausdrücklichen Zusatz: ‚oder gleichwertig' immer gleichwertige Technische Spezifikationen in Bezug genommen."

Die Hinweise werden nicht Vertragsbestandteil.

In der Leistungsbeschreibung sind nach den Erfordernissen des Einzelfalls insbesondere anzugeben:

0.1 Angaben zur Baustelle

0.1.1 Lage der Baustelle, Umgebungsbedingungen, Zufahrtsmöglichkeiten und Beschaffenheit der Zufahrt sowie etwaige Einschränkungen bei ihrer Benutzung.

0.1.2 Besondere Belastungen aus Immissionen sowie besondere klimatische oder betriebliche Bedingungen.

0.1.3 Art und Lage der baulichen Anlagen, z. B. auch Anzahl und Höhe der Geschosse.

0.1.4 Verkehrsverhältnisse auf der Baustelle, insbesondere Verkehrsbeschränkungen.

0.1.5 Für den Verkehr freizuhaltende Flächen.

0.1.6 Art, Lage, Maße und Nutzbarkeit von Transporteintrichtungen und Transportwegen, z. B. Montageöffnungen

0.1.7 Lage, Art, Anschlusswert und Bedingungen für das Überlassen von Anschlüssen für Wasser, Energie und Abwasser.

0.1.8 Lage und Ausmaß der dem Auftragnehmer für die Ausführung seiner Leistungen zur Benutzung oder Mitbenutzung überlassenen Flächen und Räume.

0.1.9 Bodenverhältnisse, Baugrund und seine Tragfähigkeit. Ergebnisse von Bodenuntersuchungen.

0.1.10 Hydrologische Werte von Grundwasser und Gewässern. Art, Lage, Abfluss, Abflussvermögen und Hochwasserverhältnisse von Vorflutern. Ergebnisse von Wasseranalysen.

0.1.11 Besondere umweltrechtliche Vorschriften.

0.1.12 Besondere Vorgaben für die Entsorgung, z. B. Beschränkungen für die Beseitigung von Abwasser und Abfall.

0.1.13 Schutzgebiete oder Schutzzeiten im Bereich der Baustelle, z. B. wegen Forderungen des Gewässer-, Boden-, Natur-, Landschafts- oder Immissionsschutzes; vorliegende Fachgutachten oder dergleichen.

0.1.14 Art und Umfang des Schutzes von Bäumen, Pflanzenbeständen, Vegetationsflächen, Verkehrsflächen, Bauteilen, Bauwerken, Grenzsteinen und dergleichen im Bereich der Baustelle.

0.1.15 Im Bereich der Baustelle vorhandene Anlagen, insbesondere Abwasser- und Versorgungsleitungen.

0.1.16 Bekannte oder vermutete Hindernisse im Bereich der Baustelle, z. B. Leitungen, Kabel, Dräne, Kanäle, Bauwerksreste und, soweit bekannt, deren Eigentümer.

0 Hinweise für das Aufstellen der Leistungsbeschreibung

0.1.17 Bestätigung, dass die im jeweiligen Bundesland geltenden Anforderungen zu Erkundungs- und gegebenenfalls Räumungsmaßnahmen hinsichtlich Kampfmitteln erfüllt wurden.

0.1.18 Gegebenenfalls gemäß der Baustellenverordnung getroffene Maßnahmen.

0.1.19 Besondere Anordnungen, Vorschriften und Maßnahmen der Eigentümer (oder der anderen Weisungsberechtigten) von Leitungen, Kabeln, Dränen, Kanälen, Straßen, Wegen, Gewässern, Gleisen, Zäunen und dergleichen im Bereich der Baustelle.

0.1.20 Art und Umfang von Schadstoffbelastungen, z. B. des Bodens, der Gewässer, der Luft, der Stoffe und Bauteile; vorliegende Fachgutachten oder dergleichen.

0.1.21 Art und Zeit der vom Auftraggeber veranlassten Vorarbeiten.

0.1.22 Arbeiten anderer Unternehmer auf der Baustelle.

0.2 Angaben zur Ausführung

0.2.1 Vorgesehene Arbeitsabschnitte, Arbeitsunterbrechungen und Arbeitsbeschränkungen nach Art, Ort und Zeit sowie Abhängigkeit von Leistungen anderer.

0.2.2 Besondere Erschwernisse während der Ausführung, z. B. Arbeiten in Räumen, in denen der Betrieb weiterläuft, Arbeiten im Bereich von Verkehrswegen oder bei außergewöhnlichen äußeren Einflüssen.

0.2.3 Besondere Anforderungen für Arbeiten in kontaminierten Bereichen, gegebenenfalls besondere Anordnungen für Schutz- und Sicherheitsmaßnahmen.

0.2.4 Besondere Anforderungen an die Baustelleneinrichtung und Entsorgungseinrichtungen, z. B. Behälter für die getrennte Erfassung.

0.2.5 Besonderheiten der Regelung und Sicherung des Verkehrs, gegebenenfalls auch, wieweit der Auftraggeber die Durchführung der erforderlichen Maßnahmen übernimmt.

0.2.6 Besondere Anforderungen an das Auf- und Abbauen sowie Vorhalten von Gerüsten.

0.2.7 Mitbenutzung fremder Gerüste, Hebezeuge, Aufzüge, Aufenthalts- und Lagerräume, Einrichtungen und dergleichen durch den Auftragnehmer.

0.2.8 Wie lange, für welche Arbeiten und gegebenenfalls für welche Beanspruchung der Auftragnehmer Gerüste, Hebezeuge, Aufzüge, Aufenthalts- und Lagerräume, Einrichtungen und dergleichen für andere Unternehmer vorzuhalten hat.

0.2.9 Verwendung oder Mitverwendung von wiederaufbereiteten (Recycling-)Stoffen.

0.2.10 Anforderungen an wiederaufbereitete (Recycling-)Stoffe und an nicht genormte Stoffe und Bauteile.

0.2.11 Besondere Anforderungen an Art, Güte und Umweltverträglichkeit der Stoffe und Bauteile, auch z. B. an die schnelle biologische Abbaubarkeit von Hilfsstoffen.

0.2.12 Art und Umfang der vom Auftraggeber verlangten Eignungs- und Gütenachweise.

0.2.13 Unter welchen Bedingungen auf der Baustelle gewonnene Stoffe verwendet werden dürfen bzw. müssen oder einer anderen Verwertung zuzuführen sind.

0.2.14 Art, Zusammensetzung und Menge der aus dem Bereich des Auftraggebers zu entsorgenden Böden, Stoffe und Bauteile; Art der Verwertung oder bei Abfall die Entsorgungsanlage; Anforderungen an die Nachweise über Transporte, Entsorgung und die vom Auftraggeber zu tragenden Entsorgungskosten.

0.2.15 Art, Anzahl, Menge oder Masse der Stoffe und Bauteile, die vom Auftraggeber beigestellt werden sowie Art, genaue Bezeichnung des Ortes und Zeit ihrer Übergabe.

0.2.16 In welchem Umfang der Auftraggeber Abladen, Lagern und Transport von Stoffen und Bauteilen übernimmt oder dafür dem Auftragnehmer Geräte oder Arbeitskräfte zur Verfügung stellt.

0.2.17 Leistungen für andere Unternehmer.

0.2.18 Mitwirken beim Einstellen von Anlageteilen und bei der Inbetriebnahme von Anlagen im Zusammenwirken mit anderen Beteiligten, z. B. mit dem Auftragnehmer für die Gebäudeautomation.

0.2.19 Benutzung von Teilen der Leistung vor der Abnahme.

0.2.20 Übertragung der Wartung während der Dauer der Verjährungsfrist für die Gewährleistungsansprüche für maschinelle und elektrotechnische sowie elektronische Anlagen oder Teile davon, bei denen die Wartung Einfluss auf die Sicherheit und die Funktionsfähigkeit hat (vgl. § 13 Nr. 4. Abs. 2 VOB/B), durch einen besonderen Wartungsvertrag.

0.2.21 Abrechnung nach bestimmten Zeichnungen oder Tabellen.

0.3 Einzelangaben bei Abweichungen von den ATV

0.3.1 Wenn andere als die in den ATV DIN 18299 bis ATV DIN 18459 vorgesehenen Regelungen getroffen werden sollen, sind diese in der Leistungsbeschreibung eindeutig und im Einzelnen anzugeben.

0.3.2 Abweichende Regelungen von der ATV DIN 18299 können insbesondere in Betracht kommen bei Abschnitt 2.1.1, wenn die Lieferung von Stoffen und Bauteilen nicht zur Leistung gehören soll, Abschnitt 2.2, wenn nur ungebrauchte Stoffe und Bauteile vorgehalten werden dürfen, Abschnitt 2.3.1, wenn auch gebrauchte Stoffe und Bauteile geliefert werden dürfen.

0.4 Einzelangaben zu Nebenleistungen und Besonderen Leistungen

0.4.1 Nebenleistungen

Nebenleistungen (Abschnitt 4.1 aller ATV) sind in der Leistungsbeschreibung nur zu erwähnen, wenn sie ausnahmsweise selbständig vergütet werden sollen. Eine ausdrückliche Erwähnung ist geboten, wenn die Kosten der Nebenleistung von erheblicher Bedeutung für die Preisbildung sind; in diesen Fällen sind besondere Ordnungszahlen (Positionen) vorzusehen.

Dies kommt insbesondere für das Einrichten und Räumen der Baustelle in Betracht.

0.4.2 Besondere Leistungen

Werden Besondere Leistungen (Abschnitt 4.2 aller ATV) verlangt, ist dies in der Leistungsbeschreibung anzugeben; gegebenenfalls sind hierfür besondere Ordnungszahlen (Positionen) vorzusehen.

0.5 Abrechnungseinheiten

Im Leistungsverzeichnis sind die Abrechnungseinheiten für die Teilleistungen (Positionen) gemäß Abschnitt 0.5 der jeweiligen ATV anzugeben.

1 Geltungsbereich

Die ATV DIN 18299 „Allgemeine Regelungen für Bauarbeiten jeder Art" gilt für alle Bauarbeiten, auch für solche, für die keine ATV in VOB/C — ATV DIN 18300 bis ATV DIN 18459 — bestehen.

Abweichende Regelungen in den ATV DIN 18300 bis ATV DIN 18459 haben Vorrang.

2 Stoffe, Bauteile

2.1 Allgemeines

2.1.1 Die Leistungen umfassen auch die Lieferung der dazugehörigen Stoffe und Bauteile einschließlich Abladen und Lagern auf der Baustelle.

2.1.2 Stoffe und Bauteile, die vom Auftraggeber beigestellt werden, hat der Auftragnehmer rechtzeitig beim Auftraggeber anzufordern.

2.1.3 Stoffe und Bauteile müssen für den jeweiligen Verwendungszweck geeignet und aufeinander abgestimmt sein.

2.2 Vorhalten

Stoffe und Bauteile, die der Auftragnehmer nur vorzuhalten hat, die also nicht in das Bauwerk eingehen, dürfen nach Wahl des Auftragnehmers gebraucht oder ungebraucht sein.

2.3 Liefern

2.3.1 Stoffe und Bauteile, die der Auftragnehmer zu liefern und einzubauen hat, die also in das Bauwerk eingehen, müssen ungebraucht sein. Wiederaufbereitete (Recycling-)Stoffe gelten als ungebraucht, wenn sie den Bedingungen gemäß Abschnitt 2.1.3 entsprechen.

2.3.2 Stoffe und Bauteile, für die DIN-Normen bestehen, müssen den DIN-Güte- und DIN-Maßbestimmungen entsprechen.

2.3.3 Stoffe und Bauteile, die nach den deutschen behördlichen Vorschriften einer Zulassung bedürfen, müssen amtlich zugelassen sein und den Bestimmungen ihrer Zulassung entsprechen.

2.3.4 Stoffe und Bauteile, für die bestimmte technische Spezifikationen in der Leistungsbeschreibung nicht genannt sind, dürfen auch verwendet werden, wenn sie Normen, technischen Vorschriften oder sonstigen Bestimmungen anderer Staaten entsprechen, sofern das geforderte Schutzniveau in Bezug auf Sicherheit, Gesundheit und Gebrauchstauglichkeit gleichermaßen dauerhaft erreicht wird.

Sofern für Stoffe und Bauteile eine Überwachungs- oder Prüfzeichenpflicht oder der Nachweis der Brauchbarkeit, z. B. durch allgemeine bauaufsichtliche Zulassung, allgemein vorgesehen ist, kann von einer Gleichwertigkeit nur ausgegangen werden, wenn die Stoffe und Bauteile ein Überwachungs- oder Prüfzeichen tragen oder für sie der genannte Brauchbarkeitsnachweis erbracht ist.

3 Ausführung

3.1 Wenn Verkehrs-, Versorgungs- und Entsorgungsanlagen im Bereich der Baustelle liegen, sind die Vorschriften und Anordnungen der zuständigen Stellen zu beachten. Kann die Lage dieser Anlagen nicht angegeben werden, ist sie zu erkunden. Leistungen zur Erkundung derartiger Anlagen sind Besondere Leistungen (siehe Abschnitt 4.2.1).

3.2 Die für die Aufrechterhaltung des Verkehrs bestimmten Flächen sind freizuhalten. Der Zugang zu Einrichtungen der Versorgungs- und Entsorgungsbetriebe, der Feuerwehr, der Post und Bahn, zu Vermessungspunkten und dergleichen darf nicht mehr als durch die Ausführung unvermeidlich behindert werden.

3.3 Werden Schadstoffe vorgefunden, z. B. in Böden, Gewässern, Stoffen oder Bauteilen, ist dies dem Auftraggeber unverzüglich mitzuteilen. Bei Gefahr im Verzug hat der Auftragnehmer die notwendigen Sicherungsmaßnahmen unverzüglich durchzuführen. Die weiteren Maßnahmen sind gemeinsam festzulegen. Die erbrachten und die weiteren Leistungen sind Besondere Leistungen (siehe Abschnitt 4.2.1).

4 Nebenleistungen, Besondere Leistungen

4.1 Nebenleistungen

Nebenleistungen sind Leistungen, die auch ohne Erwähnung im Vertrag zur vertraglichen Leistung gehören (§ 2 Absatz 1 VOB/B).

Nebenleistungen sind demnach insbesondere:

4.1.1 Einrichten und Räumen der Baustelle einschließlich der Geräte und dergleichen.

4.1.2 Vorhalten der Baustelleneinrichtung einschließlich der Geräte und dergleichen.

4.1.3 Messungen für das Ausführen und Abrechnen der Arbeiten einschließlich des Vorhaltens der Messgeräte, Lehren, Absteckzeichen und dergleichen, des Erhaltens der Lehren und Absteckzeichen während der Bauausführung und des Stellens der Arbeitskräfte, jedoch nicht Leistungen nach § 3 Absatz 2 VOB/B.

4.1.4 Schutz- und Sicherheitsmaßnahmen nach den staatlichen und berufsgenossenschaftlichen Regelwerken zum Arbeitsschutz, ausgenommen Leistungen nach den Abschnitten 4.2.4 und 4.2.5.

4.1.5 Beleuchten, Beheizen und Reinigen der Aufenthalts- und Sanitärräume für die Beschäftigten des Auftragnehmers.

4.1.6 Heranbringen von Wasser und Energie von den vom Auftraggeber auf der Baustelle zur Verfügung gestellten Anschlussstellen zu den Verwendungsstellen.

4.1.7 Liefern der Betriebsstoffe.

4.1.8 Vorhalten der Kleingeräte und Werkzeuge.

4.1.9 Befördern aller Stoffe und Bauteile, auch wenn sie vom Auftraggeber beigestellt sind, von den Lagerstellen auf der Baustelle oder von den in der

Leistungsbeschreibung angegebenen Übergabestellen zu den Verwendungsstellen und etwaiges Rückbefördern.

4.1.10 Sichern der Arbeiten gegen Niederschlagswasser, mit dem normalerweise gerechnet werden muss, und seine etwa erforderliche Beseitigung.

4.1.11 Entsorgen von Abfall aus dem Bereich des Auftragnehmers sowie Beseitigen der Verunreinigungen, die von den Arbeiten des Auftragnehmers herrühren.

4.1.12 Entsorgen von Abfall aus dem Bereich des Auftraggebers bis zu einer Menge von 1 m³, soweit der Abfall nicht schadstoffbelastet ist.

4.2 Besondere Leistungen

Besondere Leistungen sind Leistungen, die nicht Nebenleistungen nach Abschnitt 4.1 sind und nur dann zur vertraglichen Leistung gehören, wenn sie in der Leistungsbeschreibung besonders erwähnt sind. Besondere Leistungen sind z. B.:

4.2.1 Leistungen nach den Abschnitten 3.1 und 3.3.

4.2.2 Beaufsichtigen der Leistungen anderer Unternehmer.

4.2.3 Erfüllen von Aufgaben des Auftraggebers (Bauherrn) hinsichtlich der Planung der Ausführung des Bauvorhabens oder der Koordinierung gemäß Baustellenverordnung.

4.2.4 Leistungen zur Unfallverhütung und zum Gesundheitsschutz für Mitarbeiter anderer Unternehmen.

4.2.5 Besondere Schutz- und Sicherheitsmaßnahmen bei Arbeiten in kontaminierten Bereichen, z. B. messtechnische Überwachung, spezifische Zusatzgeräte für Baumaschinen und Anlagen, abgeschottete Arbeitsbereiche.

4.2.6 Leistungen für besondere Schutzmaßnahmen gegen Witterungsschäden, Hochwasser und Grundwasser, ausgenommen Leistungen nach Abschnitt 4.1.10.

4.2.7 Versicherung der Leistung bis zur Abnahme zugunsten des Auftraggebers oder Versicherung eines außergewöhnlichen Haftpflichtwagnisses.

4.2.8 Besondere Prüfung von Stoffen und Bauteilen, die der Auftraggeber liefert.

4.2.9 Aufstellen, Vorhalten, Betreiben und Beseitigen von Einrichtungen zur Sicherung und Aufrechterhaltung des Verkehrs auf der Baustelle, z. B. Bauzäune, Schutzgerüste, Hilfsbauwerke, Beleuchtungen, Leiteinrichtungen.

4.2.10 Aufstellen, Vorhalten, Betreiben und Beseitigen von Einrichtungen außerhalb der Baustelle zur Umleitung, Regelung und Sicherung des öffentlichen und Anliegerverkehrs sowie das Einholen der hierfür erforderlichen verkehrs-rechtlichen Genehmigungen und Anordnungen nach der StVO.

4.2.11 Bereitstellen von Teilen der Baustelleneinrichtung für andere Unternehmer oder den Auftraggeber.

4.2.12 Leistungen für besondere Maßnahmen aus Gründen des Umweltschutzes sowie der Landes- und Denkmalpflege.

4.2.13 Entsorgen von Abfall über die Leistungen nach den Abschnitten 4.1.11 und 4.1.12 hinaus.

4.2.14 Schutz der Leistung, wenn der Auftraggeber eine vorzeitige Benutzung verlangt.

4.2.15 Beseitigen von Hindernissen.

4.2.16 Zusätzliche Leistungen für die Weiterarbeit bei Frost und Schnee, soweit sie dem Auftragnehmer nicht ohnehin obliegen.

4.2.17 Leistungen für besondere Maßnahmen zum Schutz und zur Sicherung gefährdeter baulicher Anlagen und benachbarter Grundstücke.

4.2.18 Sichern von Leitungen, Kabeln, Dränen, Kanälen, Grenzsteinen, Bäumen, Pflanzen und dergleichen.

5 Abrechnung

Die Leistung ist aus Zeichnungen zu ermitteln, soweit die ausgeführte Leistung diesen Zeichnungen entspricht. Sind solche Zeichnungen nicht vorhanden, ist die Leistung aufzumessen.

Anhang 4

Übersicht über die aktuellen Regelungen der VOB 2012

DIN 1960 VOB Teil A: Allgemeine Bestimmungen für die Vergabe von Bauleistungen (Ausgabe September 2012)
DIN 1961 VOB Teil B: Allgemeine Vertragsbedingungen für die Ausführung von Bauleistungen (Ausgabe September 2012)
DIN 18299 Allgemeine Regelungen für Bauarbeiten jeder Art (Ausgabe September 2012)
DIN 18300 Erdarbeiten (Ausgabe September 2012)
DIN 18301 Bohrarbeiten(Ausgabe September 2012)
DIN 18302 Arbeiten zum Ausbau von Bohrungen September 2012
DIN 18303 Verbauarbeiten(September 2012)
DIN 18304 Ramm-, Rüttel- und Pressarbeiten(September 2012)
DIN 18305 Wasserhaltungsarbeiten (September 2012)
DIN 18306 Entwässerungskanalarbeiten (September 2012)
DIN 18307 Druckrohrleitungsarbeiten ausserhalb von Gebäuden September 2012
DIN 18308 Drän- und Versickerarbeiten September 2012
DIN 18309 Einpressarbeiten (September 2012)
DIN 18311 Nassbaggerarbeiten (September 2012)
DIN 18312 Untertagebauarbeiten (April 2010)
DIN 18313 Schlitzwandarbeiten mit stützenden Flüssigkeiten (Ausgabe September 2012)
DIN 18314 Spritzbetonarbeiten (September 2012)
DIN 18315 Verkehrswegebauarbeiten, Oberbauschichten ohne Bindemittel (September 2012)
DIN 18316 Verkehrswegebauarbeiten, Oberbauschichten mit hydraulischen Bindemitteln (September 2012)
DIN 18317 Verkehrswegebauarbeiten, Oberbauschichten aus Asphalt (September 2012)
DIN 18318 Verkehrswegebauarbeiten – Pflasterdecken und Plattenbeläge, in ungebundener Ausführung. Einfassungen (September 2012)
DIN 18319 Rohrvortriebsarbeiten (September 2012)
DIN 18320 Landschaftsbauarbeiten (September 2012)
DIN 18321 Düsenstrahlarbeiten (September 2012)
DIN 18322 Kabelleitungstiefbauarbeiten (Ausgabe September 2012)
DIN 18323 Kampfmittelräumarbeiten (September 2012)
DIN 18326 Renovierungsarbeiten an Entwässerungskanälen (September 2012)
DIN 18325 Gleisbauarbeiten (September 2012)
DIN 18330 Maurerarbeiten (September 2012)

DIN 18331 Betonarbeiten (Ausgabe September 2012)
DIN 18332 Naturwerksteinarbeiten (September 2012)
DIN 18333 Betonwerksteinarbeiten (September 2012)
DIN 18334 Zimmer- und Holzbauarbeiten (Ausgabe September 2012)
DIN 18335 Stahlbauarbeiten (Ausgabe September 2012)
DIN 18336 Abdichtungsarbeiten (Ausgabe September 2012)
DIN 18338 Dachdeckungs- und Dachdichtungsarbeiten
 (Ausgabe September 2012)
DIN 18339 Klempnerarbeiten (Ausgabe September 2012)
DIN18340 Trockenbauarbeiten (Ausgabe September 2012)
DIN 18345 Wärmedämm-Verbundsysteme (Ausgabe September 2012)
DIN 18349 Betonerhaltungsarbeiten (Ausgabe September 2012)
DIN 18350 Putz- und Stuckarbeiten (Ausgabe September 2012)
DIN 18351 Vorgehängte hinterlüftete Fassaden (September 2012)
DIN 18352 Fliesen- und Plattenarbeiten (Ausgabe September 2012)
DIN 18353 Estricharbeiten (Ausgabe September 2012)
DIN 18354 Gussasphaltarbeiten (Ausgabe September 2012)
DIN 18355 Tischlerarbeiten (Ausgabe September 2012)
DIN 18356 Parkettarbeiten (Ausgabe Oktober 2012)
DIN 18357 Beschlagarbeiten (Ausgabe September 2012)
DIN 18358 Rollladenarbeiten (Ausgabe September 2012)
DIN 18360 Metallbauarbeiten (Ausgabe September 2012)
DIN 18361 Verglasungsarbeiten (Ausgabe September 2012)
DIN 18363 Maler- und Lackierarbeiten Beschichtungen September 2012
DIN 18364 Korrosionsschutzarbeiten an Stahlbauten
 (Ausgabe September 2012)
DIN 18365 Bodenbelagarbeiten (Ausgabe September 2012)
DIN 18366 Tapezierarbeiten (Ausgabe September 2012)
DIN 18367 Holzpflasterarbeiten (Ausgabe September 2012)
DIN 18379 Raumlufttechnische Anlagen (Ausgabe September 2012)
DIN 18380 Heizanlagen und zentrale Wassererwärmungsanlagen
 (Ausgabe September 2012)
DIN 18381 Gas-, Wasser-, und Entwässerungsanlagen innerhalb von Gebäuden (Ausgabe September 2012)
DIN 18382 Nieder- und Mittelspannungsanlagen mit Nennspannungen bis 36 kV (Ausgabe September 2012)
DIN 18384 Blitzschutzanlagen (Ausgabe September 2012)
DIN 18385 Förderanlagen, Aufzugsanlagen, Fahrtreppen und Fahrsteige
 (Ausgabe September 2012)
DIN 18386 Gebäudeautomation (Ausgabe September 2012)
DIN 18421 Dämm- und Brandschutzarbeiten an technischen Anlagen
 (Ausgabe September 2012)
DIN 18451 Gerüstarbeiten (Ausgabe September 2012)
DIN18459 Abbruch- und Rückbauarbeiten (September 2012)

Anhang 5

Übersicht über die Leistungsbereiche des Standardleistungsbuches für das Bauwesen STLB-Bau

Das Leistungspakt STLB-Bau umfasst folgende Leistungsbereiche
(Stand: Oktober 2012)

LB-Nr.	Bezeichnung
000	Sicherheitseinrichtungen, Baustelleneinrichtung
001	Gerüstarbeiten
002	Erdarbeiten
003	Landschaftsbauarbeiten
004	Landschaftsbauarbeiten; Pflanzen
005	Brunnenbauarbeiten und Aufschlussbohrungen
006	Spezialtiefbauarbeiten
007	Untertagebauarbeiten
008	Wasserhaltungsarbeiten
009	Entwässerungskanalarbeiten
010	Drän- und Versickerarbeiten
011	Abscheideranlagen, Kleinkläranlagen
012	Mauerarbeiten
013	Betonarbeiten
014	Naturwerksteinarbeiten, Betonwerksteinarbeiten
016	Zimmer- und Holzbauarbeiten
017	Stahlbauarbeiten
018	Abdichtungsarbeiten, Bauwerkstrockenlegung
019	Kampfmittelräumarbeiten (in Vorbereitung)
020	Dachdeckungsarbeiten
021	Dachabdichtungsarbeiten
022	Klempnerarbeiten
023	Putz- und Stuckarbeiten, Wärmedämmsysteme
024	Fliesen- und Plattenarbeiten
025	Estricharbeiten
026	Fenster, Außentüren
027	Tischlerarbeiten
028	Parkettarbeiten, Holzpflasterarbeiten
029	Beschlagarbeiten
030	Rollladenarbeiten
031	Metallbauarbeiten
032	Verglasungsarbeiten
033	Baureinigungsarbeiten
034	Maler- und Lackierarbeiten; Beschichtungen

035	Korrosionsschutzmaßnahmen an Stahlbauten
036	Bodenbelagarbeiten
037	Tapezierarbeiten
038	Vorgehängte hinterlüftete Fassaden
039	Trockenbauarbeiten
040	Wärmeversorgungsanlagen – Betriebseinrichtungen
041	Wärmeversorgungsanlagen – Leitungen, Armaturen, Heizflächen
042	Gas- und Wasseranlagen; Leitungen und Armaturen
043	Druckrohrleitungen für Gas, Wasser und Abwasser
044	Abwasseranlagen; Leitungen, Abläufe, Armaturen
045	Gas-, Wasser- und Entwässerungsanlagen – Ausstattung, Elemente, Fertigbäder
046	Gas-, Wasser- und Entwässerungsanlagen; Betriebseinrichtungen
050	Blitzschutz- und Erdungsanlagen; Überspannungsschutz
051	Kabelleitungstiefbauarbeiten
052	Mittelspannungsanlagen
053	Niederspannungsanlagen; Kabel/Leitungen, Verlegesysteme, Installationsgeräte
054	Niederspannungsanlagen; Verteilersysteme und Einbaugeräte
055	Ersatzstromversorgungsanlagen
057	Gebäudesystemtechnik
058	Leuchten und Lampen
059	Sicherheitsbeleuchtungsanlagen
060	Elektroakustische Anlagen, Sprechanlagen, Personenrufanlagen
061	Kommunikationsnetze
062	Kommunikationsanlagen
063	Gefahrenmeldeanlagen
064	Zutrittskontroll-, Zeiterfassungssysteme
069	Aufzüge
070	Gebäudeautomation
075	Raumlufttechnische Anlagen
078	Kälteanlagen für raumlufttechnische Anlagen
081	Betonerhaltungsarbeiten
082	Bekämpfender Holzschutz
083	Sanierungsarbeiten an schadstoffhaltigen Bauteilen
084	Abbruch- und Rückbauarbeiten
085	Rohrvortriebsarbeiten
087	Abfallentsorgung; Verwertung und Beseitigung
090	Baulogistik
091	Stundenlohnarbeiten
096	Bauarbeiten an Bahnübergängen
097	Bauarbeiten an Gleisen und Weichen
098	Winterbau-Schutzmaßnahmen

Anhang 6

Wichtige Paragraphen des BGB und StGB

Geschäftsfähigkeit

§ 104 Geschäftsunfähigkeit

Geschäftsunfähig ist:

1. wer nicht das siebente Lebensjahr vollendet hat,
2. wer sich in einem die freie Willensbestimmung ausschließenden Zustand krankhafter Störung der Geistestätigkeit befindet, sofern nicht der Zustand seiner Natur nach ein vorübergehender ist

§ 105 Nichtigkeit der Willenserklärung

(1) Die Willenserklärung eines Geschäftsunfähigen ist nichtig.

(2) Nichtig ist auch eine Willenserklärung, die im Zustand der Bewusstlosigkeit oder vorübergehender Störung der Geistestätigkeit abgegeben wird.

§ 105a Geschäfte des täglichen Lebens

Tätigt ein volljähriger Geschäftsunfähiger ein Geschäft des täglichen Lebens, das mit geringwertigen Mitteln bewirkt werden kann, so gilt der von ihm geschlossene Vertrag in Ansehung von Leistung und, soweit vereinbart, Gegenleistung als wirksam, sobald Leistung und Gegenleistung bewirkt sind. Satz 1 gilt nicht bei einer erheblichen Gefahr für die Person oder das Vermögen des Geschäftsunfähigen.

§ 106 Beschränkte Geschäftsfähigkeit Minderjähriger

Ein Minderjähriger, der das siebente Lebensjahr vollendet hat, ist nach Maßgabe der §§ 107 bis 113 in der Geschäftsfähigkeit beschränkt.

§ 107 Einwilligung des gesetzlichen Vertreters

Der Minderjährige bedarf zu einer Willenserklärung, durch die er nicht lediglich einen rechtlichen Vorteil erlangt, der Einwilligung seines gesetzlichen Vertreters.

Willenserklärung

§ 125 Nichtigkeit wegen Formmangels

Ein Rechtsgeschäft, welches der durch Gesetz vorgeschriebenen Form ermangelt, ist nichtig. Der Mangel der durch Rechtsgeschäft bestimmten Form hat im Zweifel gleichfalls Nichtigkeit zur Folge.

§ 126 Schriftform

(1) Ist durch Gesetz schriftliche Form vorgeschrieben, so muss die Urkunde von dem Aussteller eigenhändig durch Namensunterschrift oder mittels notariell beglaubigten Handzeichens unterzeichnet werden.

(2) Bei einem Vertrag muss die Unterzeichnung der Parteien auf derselben Urkunde erfolgen. Werden über den Vertrag mehrere gleichlautende Urkunden aufgenommen, so genügt es, wenn jede Partei die für die andere Partei bestimmte Urkunde unterzeichnet.

(3) Die schriftliche Form kann durch die elektronische Form ersetzt werden, wenn sich nicht aus dem Gesetz ein anderes ergibt.

(4) Die schriftliche Form wird durch die notarielle Beurkundung ersetzt.

§ 126 a Elektronische Form

(1) Soll die gesetzlich vorgeschriebene schriftliche Form durch die elektronische Form ersetzt werden, so muss der Aussteller der Erklärung dieser seinen Namen hinzufügen und das elektronische Dokument mit einer qualifizierten elektronischen Signatur nach dem Signaturgesetz versehen.

(2) Bei einem Vertrag müssen die Parteien jeweils ein gleichlautendes Dokument in der in Absatz 1 bezeichneten Weise elektronisch signieren.

§ 126 b Textform

Ist durch Gesetz Textform vorgeschrieben, so muss die Erklärung in einer Urkunde oder auf andere zur dauerhaften Wiedergabe in Schriftzeichen geeignete Weise abgegeben, die Person des Erklärenden genannt und der Abschluss der Erklärung durch Nachbildung der Namensunterschrift oder anders erkennbar gemacht werden.

§ 127 Vereinbarte Form

(1) Die Vorschriften des § 126, des § 126a oder des § 126b gelten im Zweifel auch für die durch Rechtsgeschäft bestimmte Form.

(2) Zur Wahrung der durch Rechtsgeschäft bestimmten schriftlichen Form genügt, soweit nicht ein anderer Wille anzunehmen ist, die telekommunikative Übermittlung und bei einem Vertrag der Briefwechsel. Wird eine

solche Form gewählt, so kann nachträglich eine dem § 126 entsprechende Beurkundung verlangt werden.

(3) Zur Wahrung der durch Rechtsgeschäft bestimmten elektronischen Form genügt, soweit nicht ein anderer Wille anzunehmen ist, auch eine andere als die in §126a bestimmte elektronische Signatur und bei einem Vertrag der Austausch von Angebots- und Annahmeerklärung, die jeweils mit einer elektronischen Signatur versehen sind. Wird eine solche Form gewählt, so kann nachträglich eine dem §126a entsprechende elektronische Signierung oder, wenn diese einer der Parteien nicht möglich ist, eine dem § 126 entsprechende Beurkundung verlangt werden.

§ 127a Gerichtlicher Vergleich

Die notarielle Beurkundung wird bei einem gerichtlichen Vergleich durch die Aufnahme der Erklärungen in ein nach den Vorschriften der Zivilprozessordnung errichtetes Protokoll ersetzt.

§ 128 Notarielle Beurkundung

Ist durch Gesetz notarielle Beurkundung eines Vertrags vorgeschrieben, so genügt es, wenn zunächst der Antrag und sodann die Annahme des Antrags von einem Notar beurkundet wird.

§ 134 Gesetzliches Verbot

Ein Rechtsgeschäft, das gegen ein gesetzliches Verbot verstößt, ist nichtig, wenn sich nicht aus dem Gesetz ein anderes ergibt.

§ 138 Sittenwidriges Rechtsgeschäft; Wucher

(1) Ein Rechtsgeschäft, das gegen die guten Sitten verstößt, ist nichtig.

(2) Nichtig ist insbesondere ein Rechtsgeschäft, durch das jemand unter Ausbeutung der Zwangslage, der Unerfahrenheit, des Mangels an Urteilsvermögen oder der erheblichen Willensschwäche eines anderen sich oder einem Dritten für eine Leistung Vermögensvorteile versprechen oder gewähren lässt, die in einem auffälligen Missverhältnis zu der Leistung stehen.

§ 139 Teilnichtigkeit

Ist ein Teil eines Rechtsgeschäfts nichtig, so ist das ganze Rechtsgeschäft nichtig, wenn nicht anzunehmen ist, dass es auch ohne den nichtigen Teil vorgenommen sein würde.

Vertrag

§ 145 Bindung an den Antrag
Wer einem anderen die Schließung eines Vertrags anträgt, ist an den Antrag gebunden, es sei denn, dass er die Gebundenheit ausgeschlossen hat.

§ 146 Erlöschen des Antrags
Der Antrag erlischt, wenn er dem Antragenden gegenüber abgelehnt oder wenn er nicht diesem gegenüber nach den §§ 147 bis 149 rechtzeitig angenommen wird.

§ 147 Annahmefrist
(1) Der einem Anwesenden gemachte Antrag kann nur sofort angenommen werden. Dies gilt auch von einem mittels Fernsprechers oder einer sonstigen technischen Einrichtung von Person zu Person gemachten Antrag.

(2) Der einem Abwesenden gemachte Antrag kann nur bis zu dem Zeitpunkt angenommen werden, in welchem der Antragende den Eingang der Antwort unter regelmäßigen Umständen erwarten darf.

§ 148 Bestimmung einer Annahmefrist
Hat der Antragende für die Annahme des Antrags eine Frist bestimmt, so kann die Annahme nur innerhalb der Frist erfolgen.

§ 149 Verspätet zugegangene Annahmeerklärung
Ist eine dem Antragenden verspätet zugegangene Annahmeerklärung dergestalt abgesendet worden, dass sie bei regelmäßiger Beförderung ihm rechtzeitig zugegangen sein würde, und musste der Antragende dies erkennen, so hat er die Verspätung dem Annehmenden unverzüglich nach dem Empfang der Erklärung anzuzeigen, sofern es nicht schon vorher geschehen ist. Verzögert er die Absendung der Anzeige, so gilt die Annahme als nicht verspätet.

§ 150 Verspätete und abändernde Annahme
(1) Die verspätete Annahme eines Antrags gilt als neuer Antrag.

(2) Eine Annahme unter Erweiterungen, Einschränkungen oder sonstigen Änderungen gilt als Ablehnung verbunden mit einem neuen Antrag.

§ 151 Annahme ohne Erklärung gegenüber dem Antragenden
Der Vertrag kommt durch die Annahme des Antrags zustande, ohne dass die Annahme dem Antragenden gegenüber erklärt zu werden braucht, wenn eine solche Erklärung nach der Verkehrssitte nicht zu erwarten ist

oder der Antragende auf sie verzichtet hat. Der Zeitpunkt, in welchem der Antrag erlischt, bestimmt sich nach dem aus dem Antrag oder den Umständen zu entnehmenden Willen des Antragenden.

§ 152 Annahme bei notarieller Beurkundung

Wird ein Vertrag notariell beurkundet, ohne dass beide Teile gleichzeitig anwesend sind, so kommt der Vertrag mit der nach § 128 erfolgten Beurkundung der Annahme zustande, wenn nicht ein anderes bestimmt ist. Die Vorschrift des § 151 Satz 2 findet Anwendung.

§ 153 Tod oder Geschäftsunfähigkeit des Antragenden

Das Zustandekommen des Vertrags wird nicht dadurch gehindert, dass der Antragende vor der Annahme stirbt oder geschäftsunfähig wird, es sei denn, dass ein anderer Wille des Antragenden anzunehmen ist.

§ 154 Offener Einigungsmangel; fehlende Beurkundung

(1) Solange nicht die Parteien sich über alle Punkte eines Vertrags geeinigt haben, über die nach der Erklärung auch nur einer Partei eine Vereinbarung getroffen werden soll, ist im Zweifel der Vertrag nicht geschlossen. Die Verständigung über einzelne Punkte ist auch dann nicht bindend, wenn eine Aufzeichnung stattgefunden hat.

(2) Ist eine Beurkundung des beabsichtigten Vertrags verabredet worden, so ist im Zweifel der Vertrag nicht geschlossen, bis die Beurkundung erfolgt ist.

§ 155 Versteckter Einigungsmangel

Haben sich die Parteien bei einem Vertrag, den sie als geschlossen ansehen, über einen Punkt, über den eine Vereinbarung getroffen werden sollte, in Wirklichkeit nicht geeinigt, so gilt das Vereinbarte, sofern anzunehmen ist, dass der Vertrag auch ohne eine Bestimmung über diesen Punkt geschlossen sein würde.

§ 157 Auslegung von Verträgen

Verträge sind so auszulegen, wie Treu und Glauben mit Rücksicht auf die Verkehrssitte es erfordern.

Fristen, Termine

§ 186 Geltungsbereich

Für die in Gesetzen, gerichtlichen Verfügungen und Rechtsgeschäften enthaltenen Frist- und Terminsbestimmungen gelten die Auslegungsvorschriften der §§ 187 bis 193.

§ 187 Fristbeginn

(1) Ist für den Anfang einer Frist ein Ereignis oder ein in den Lauf eines Tages fallender Zeitpunkt maßgebend, so wird bei der Berechnung der Frist der Tag nicht mitgerechnet, in welchen das Ereignis oder der Zeitpunkt fällt.

(2) Ist der Beginn eines Tages der für den Anfang einer Frist maßgebende Zeitpunkt, so wird dieser Tag bei der Berechnung der Frist mitgerechnet. Das Gleiche gilt von dem Tag der Geburt bei der Berechnung des Lebensalters.

§ 188 Fristende

(1) Eine nach Tagen bestimmte Frist endigt mit dem Ablauf des letzten Tages der Frist.

(2) Eine Frist, die nach Wochen, nach Monaten oder nach einem mehrere Monate umfassenden Zeitraum - Jahr, halbes Jahr, Vierteljahr - bestimmt ist, endigt im Falle des § 187 Abs. 1 mit dem Ablauf desjenigen Tages der letzten Woche oder des letzten Monats, welcher durch seine Benennung oder seine Zahl dem Tag entspricht, in den das Ereignis oder der Zeitpunkt fällt, im Falle des § 187 Abs. 2 mit dem Ablauf desjenigen Tages der letzten Woche oder des letzten Monats, welcher dem Tage vorhergeht, der durch seine Benennung oder seine Zahl dem Anfangstag der Frist entspricht.

(3) Fehlt bei einer nach Monaten bestimmten Frist in dem letzten Monat der für ihren Ablauf maßgebende Tag, so endigt die Frist mit dem Ablauf des letzten Tages dieses Monats.

§ 189 Berechnung einzelner Fristen

(1) Unter einem halben Jahr wird eine Frist von sechs Monaten, unter einem Vierteljahr eine Frist von drei Monaten, unter einem halben Monat eine Frist von 15 Tagen verstanden.

(2) Ist eine Frist auf einen oder mehrere ganze Monate und einen halben Monat gestellt, so sind die 15 Tage zuletzt zu zählen.

§ 190 Fristverlängerung

Im Falle der Verlängerung einer Frist wird die neue Frist von dem Ablauf der vorigen Frist an berechnet.

§ 191 Berechnung von Zeiträumen

Ist ein Zeitraum nach Monaten oder nach Jahren in dem Sinne bestimmt, dass er nicht zusammenhängend zu verlaufen braucht, so wird der Monat zu 30, das Jahr zu 365 Tagen gerechnet.

§ 192 Anfang, Mitte, Ende des Monats

Unter Anfang des Monats wird der erste, unter Mitte des Monats der 15., unter Ende des Monats der letzte Tag des Monats verstanden.

§ 193 Sonn- und Feiertag; Sonnabend

Ist an einem bestimmten Tag oder innerhalb einer Frist eine Willenserklärung abzugeben oder eine Leistung zu bewirken und fällt der bestimmte Tag oder der letzte Tag der Frist auf einen Sonntag, einen am Erklärungs- oder Leistungsort staatlich anerkannten allgemeinen Feiertag oder einen Sonnabend, so tritt an die Stelle eines solchen Tages der nächste Werktag.

Verjährung

§ 194 Gegenstand der Verjährung

(1) Das Recht, von einem anderen ein Tun oder Unterlassen zu verlangen (Anspruch), unterliegt der Verjährung.

(2) Ansprüche aus einem familienrechtlichen Verhältnis unterliegen der Verjährung nicht, soweit sie auf die Herstellung des dem Verhältnis entsprechenden Zustandes für die Zukunft gerichtet sind.

§ 195 Regelmäßige Verjährungsfrist

Die regelmäßige Verjährungsfrist beträgt drei Jahre.

§ 196 Verjährungsfrist bei Rechten an einem Grundstück

Ansprüche auf Übertragung des Eigentums an einem Grundstück sowie auf Begründung, Übertragung oder Aufhebung eines Rechts an einem Grundstück oder auf Änderung des Inhalts eines solchen Rechts sowie die Ansprüche auf die Gegenleistung verjähren in zehn Jahren.

§ 197 Dreißigjährige Verjährungsfrist

(1) In 30 Jahren verjähren, soweit nicht ein anderes bestimmt ist,

1. Herausgabeansprüche aus Eigentum und anderen dinglichen Rechten,
2. familien- und erbrechtliche Ansprüche,
3. rechtskräftig festgestellte Ansprüche,
4. Ansprüche aus vollstreckbaren Vergleichen oder vollstreckbaren Urkunden und
5. Ansprüche, die durch die im Insolvenzverfahren erfolgte Feststellung vollstreckbar geworden sind.

(2) Soweit Ansprüche nach Absatz 1 Nr. 2 regelmäßig wiederkehrende Leistungen oder Unterhaltsleistungen und Ansprüche nach Absatz 1 Nr. 3 bis 5 künftig fällig werdende regelmäßig wiederkehrende Leistungen zum

Inhalt haben, tritt an die Stelle der Verjährungsfrist von 30 Jahren die regelmäßige Verjährungsfrist.

§ 198 Verjährung bei Rechtsnachfolge

Gelangt eine Sache, hinsichtlich derer ein dinglicher Anspruch besteht, durch Rechtsnachfolge in den Besitz eines Dritten, so kommt die während des Besitzes des Rechtsvorgängers verstrichene Verjährungszeit dem Rechtsnachfolger zugute

§ 199 Beginn der regelmäßigen Verjährungsfrist und Höchstfristen

(1) Die regelmäßige Verjährungsfrist beginnt mit dem Schluss des Jahres, in dem

1. der Anspruch entstanden ist und
2. der Gläubiger von den den Anspruch begründenden Umständen und der Person des Schuldners Kenntnis erlangt oder ohne grobe Fahrlässigkeit erlangen müsste.

(2) Schadensersatzansprüche, die auf der Verletzung des Lebens, des Körpers, der Gesundheit oder der Freiheit beruhen, verjähren ohne Rücksicht auf ihre Entstehung und die Kenntnis oder grob fahrlässige Unkenntnis in 30 Jahren von der Begehung der Handlung, der Pflichtverletzung oder dem sonstigen, den Schaden auslösenden Ereignis an.

(3) Sonstige Schadensersatzansprüche verjähren

1. ohne Rücksicht auf die Kenntnis oder grob fahrlässige Unkenntnis in zehn Jahren von ihrer Entstehung an und
2. ohne Rücksicht auf ihre Entstehung und die Kenntnis oder grob fahrlässige Unkenntnis in 30 Jahren von der Begehung der Handlung, der Pflichtverletzung oder dem sonstigen, den Schaden auslösenden Ereignis an.Maßgeblich ist die früher endende Frist.

(4) Andere Ansprüche als Schadensersatzansprüche verjähren ohne Rücksicht auf die Kenntnis oder grob fahrlässige Unkenntnis in zehn Jahren von ihrer Entstehung an.

(5) Geht der Anspruch auf ein Unterlassen, so tritt an die Stelle der Entstehung die Zuwiderhandlung.

§ 200 Beginn anderer Verjährungsfristen

Die Verjährungsfrist von Ansprüchen, die nicht der regelmäßigen Verjährungsfrist unterliegen, beginnt mit der Entstehung des Anspruchs, soweit nicht ein anderer Verjährungsbeginn bestimmt ist. § 199 Abs. 5 findet entsprechende Anwendung.

§ 201 Beginn der Verjährungsfrist von festgestellten Ansprüchen

Die Verjährung von Ansprüchen der in § 197 Abs. 1 Nr. 3 bis 5 bezeichneten Art beginnt mit der Rechtskraft der Entscheidung, der Errichtung des vollstreckbaren Titels oder der Feststellung im Insolvenzverfahren, nicht jedoch vor der Entstehung des Anspruchs. § 199 Abs. 5 findet entsprechende Anwendung.

§ 209 Wirkung der Hemmung

Der Zeitraum, während dessen die Verjährung gehemmt ist, wird in die Verjährungsfrist nicht eingerechnet.

§ 212 Neubeginn der Verjährung

(1) Die Verjährung beginnt erneut, wenn

1. der Schuldner dem Gläubiger gegenüber den Anspruch durch Abschlagszahlung, Zinszahlung, Sicherheitsleistung oder in anderer Weise anerkennt oder
2. eine gerichtliche oder behördliche Vollstreckungshandlung vorgenommen oder beantragt wird.

(2) Der erneute Beginn der Verjährung infolge einer Vollstreckungshandlung gilt als nicht eingetreten, wenn die Vollstreckungshandlung auf Antrag des Gläubigers oder wegen Mangels der gesetzlichen Voraussetzungen aufgehoben wird.

(3) Der erneute Beginn der Verjährung durch den Antrag auf Vornahme einer Vollstreckungshandlung gilt als nicht eingetreten, wenn dem Antrag nicht stattgegeben oder der Antrag vor der Vollstreckungshandlung zurückgenommen oder die erwirkte Vollstreckungshandlung nach Absatz 2 aufgehoben wird.

Rechtsfolgen der Verjährung

§ 214 Wirkung der Verjährung

(1) Nach Eintritt der Verjährung ist der Schuldner berechtigt, die Leistung zu verweigern.

(2) Das zur Befriedigung eines verjährten Anspruchs Geleistete kann nicht zurückgefordert werden, auch wenn in Unkenntnis der Verjährung geleistet worden ist. Das Gleiche gilt von einem vertragsmäßigen Anerkenntnis sowie einer Sicherheitsleistung des Schuldners.

Sicherheitsleistung

§ 232 Arten

(1) Wer Sicherheit zu leisten hat, kann dies bewirken durch Hinterlegung von Geld oder Wertpapieren, durch Verpfändung von Forderungen, die in das Bundesschuldbuch oder Landesschuldbuch eines Landes eingetragen sind, durch Verpfändung beweglicher Sachen, durch Bestellung von Schiffshypotheken an Schiffen oder Schiffsbauwerken, die in einem deutschen Schiffsregister oder Schiffsbauregister eingetragen sind, durch Bestellung von Hypotheken an inländischen Grundstücken, durch Verpfändung von Forderungen, für die eine Hypothek an einem inländischen Grundstück besteht, oder durch Verpfändung von Grundschulden oder Rentenschulden an inländischen Grundstücken.

(2) Kann die Sicherheit nicht in dieser Weise geleistet werden, so ist die Stellung eines tauglichen Bürgen zulässig.

§ 233 Wirkung der Hinterlegung

Mit der Hinterlegung erwirbt der Berechtigte ein Pfandrecht an dem hinterlegten Geld oder an den hinterlegten Wertpapieren und, wenn das Geld oder die Wertpapiere in das Eigentum des Fiskus oder der als Hinterlegungsstelle bestimmten Anstalt übergehen, ein Pfandrecht an der Forderung auf Rückerstattung.

Schuldverhältnisse/Verpflichtung zur Leistung

§ 241 Pflichten aus dem Schuldverhältnis

(1) Kraft des Schuldverhältnisses ist der Gläubiger berechtigt, von dem Schuldner eine Leistung zu fordern. Die Leistung kann auch in einem Unterlassen bestehen.

(2) Das Schuldverhältnis kann nach seinem Inhalt jeden Teil zur Rücksicht auf die Rechte, Rechtsgüter und Interessen des anderen Teils verpflichten.

§ 241a Unbestellte Leistungen

(1) Durch die Lieferung unbestellter Sachen oder durch die Erbringung unbestellter sonstiger Leistungen durch einen Unternehmer an einen Verbraucher wird ein Anspruch gegen diesen nicht begründet.

(2) Gesetzliche Ansprüche sind nicht ausgeschlossen, wenn die Leistung nicht für den Empfänger bestimmt war oder in der irrigen Vorstellung einer Bestellung erfolgte und der Empfänger dies erkannt hat oder bei Anwendung der im Verkehr erforderlichen Sorgfalt hätte erkennen können.

(3) Eine unbestellte Leistung liegt nicht vor, wenn dem Verbraucher statt der bestellten eine nach Qualität und Preis gleichwertige Leistung angeboten und er darauf hingewiesen wird, dass er zur Annahme nicht verpflichtet ist und die Kosten der Rücksendung nicht zu tragen hat.

§ 242 Leistung nach Treu und Glauben

Der Schuldner ist verpflichtet, die Leistung so zu bewirken, wie Treu und Glauben mit Rücksicht auf die Verkehrssitte es erfordern.

§ 249 Art und Umfang des Schadensersatzes

(1) Wer zum Schadensersatz verpflichtet ist, hat den Zustand herzustellen, der bestehen würde, wenn der zum Ersatz verpflichtende Umstand nicht eingetreten wäre.

(2) Ist wegen Verletzung einer Person oder wegen Beschädigung einer Sache Schadensersatz zu leisten, so kann der Gläubiger statt der Herstellung den dazu erforderlichen Geldbetrag verlangen. Bei der Beschädigung einer Sache schließt der nach Satz 1 erforderliche Geldbetrag die Umsatzsteuer nur mit ein, wenn und soweit sie tatsächlich angefallen ist.

§ 250 Schadensersatz in Geld nach Fristsetzung

Der Gläubiger kann dem Ersatzpflichtigen zur Herstellung eine angemessene Frist mit der Erklärung bestimmen, dass er die Herstellung nach dem Ablauf der Frist ablehne. Nach dem Ablauf der Frist kann der Gläubiger den Ersatz in Geld verlangen, wenn nicht die Herstellung rechtzeitig erfolgt; der Anspruch auf die Herstellung ist ausgeschlossen.

§ 251 Schadensersatz in Geld ohne Fristsetzung

(1) Soweit die Herstellung nicht möglich oder zur Entschädigung des Gläubigers nicht genügend ist, hat der Ersatzpflichtige den Gläubiger in Geld zu entschädigen.

(2) Der Ersatzpflichtige kann den Gläubiger in Geld entschädigen, wenn die Herstellung nur mit unverhältnismäßigen Aufwendungen möglich ist. Die aus der Heilbehandlung eines verletzten Tieres entstandenen Aufwendungen sind nicht bereits dann unverhältnismäßig, wenn sie dessen Wert erheblich übersteigen.

§ 252 Entgangener Gewinn

Der zu ersetzende Schaden umfasst auch den entgangenen Gewinn. Als entgangen gilt der Gewinn, welcher nach dem gewöhnlichen Lauf der Dinge oder nach den besonderen Umständen, insbesondere nach den getroffenen Anstalten und Vorkehrungen, mit Wahrscheinlichkeit erwartet werden konnte.

§ 276 Verantwortlichkeit des Schuldners

(1) Der Schuldner hat Vorsatz und Fahrlässigkeit zu vertreten, wenn eine strengere oder mildere Haftung weder bestimmt noch aus dem sonstigen Inhalt des Schuldverhältnisses, insbesondere aus der Übernahme einer Garantie oder eines Beschaffungsrisikos zu entnehmen ist. Die Vorschriften der §§ 827 und 828 finden entsprechende Anwendung.

(2) Fahrlässig handelt, wer die im Verkehr erforderliche Sorgfalt außer Acht lässt.

(3) Die Haftung wegen Vorsatzes kann dem Schuldner nicht im Voraus erlassen werden.

§ 277 Sorgfalt in eigenen Angelegenheiten

Wer nur für diejenige Sorgfalt einzustehen hat, welche er in eigenen Angelegenheiten anzuwenden pflegt, ist von der Haftung wegen grober Fahrlässigkeit nicht befreit.

§ 278 Verantwortlichkeit des Schuldners für Dritte

Der Schuldner hat ein Verschulden seines gesetzlichen Vertreters und der Personen, deren er sich zur Erfüllung seiner Verbindlichkeit bedient, in gleichem Umfang zu vertreten wie eigenes Verschulden. Die Vorschrift des § 276 Abs. 3 findet keine Anwendung.

§ 281 Schadensersatz statt der Leistung wegen nicht oder nicht wie geschuldet erbrachter Leistung

(1) Soweit der Schuldner die fällige Leistung nicht oder nicht wie geschuldet erbringt, kann der Gläubiger unter den Voraussetzungen des § 280 Abs. 1 Schadensersatz statt der Leistung verlangen, wenn er dem Schuldner erfolglos eine angemessene Frist zur Leistung oder Nacherfüllung bestimmt hat. Hat der Schuldner eine Teilleistung bewirkt, so kann der Gläubiger Schadensersatz statt der ganzen Leistung nur verlangen, wenn er an der Teilleistung kein Interesse hat. Hat der Schuldner die Leistung nicht wie geschuldet bewirkt, so kann der Gläubiger Schadensersatz statt der ganzen Leistung nicht verlangen, wenn die Pflichtverletzung unerheblich ist.

(2) Die Fristsetzung ist entbehrlich, wenn der Schuldner die Leistung ernsthaft und endgültig verweigert oder wenn besondere Umstände vorliegen, die unter Abwägung der beiderseitigen Interessen die sofortige Geltendmachung des Schadensersatzanspruchs rechtfertigen.

(3) Kommt nach der Art der Pflichtverletzung eine Fristsetzung nicht in Betracht, so tritt an deren Stelle eine Abmahnung.

(4) Der Anspruch auf die Leistung ist ausgeschlossen, sobald der Gläubiger statt der Leistung Schadensersatz verlangt hat.

Schuldverhältnisse/Verpflichtung zur Leistung   205

(5) Verlangt der Gläubiger Schadensersatz statt der ganzen Leistung, so ist der Schuldner zur Rückforderung des Geleisteten nach den §§ 346 bis 348 berechtigt.

§ 286 Verzug des Schuldners

(1) Leistet der Schuldner auf eine Mahnung des Gläubigers nicht, die nach dem Eintritt der Fälligkeit erfolgt, so kommt er durch die Mahnung in Verzug. Der Mahnung stehen die Erhebung der Klage auf die Leistung sowie die Zustellung eines Mahnbescheids im Mahnverfahren gleich.

(2) Der Mahnung bedarf es nicht, wenn 1. für die Leistung eine Zeit nach dem Kalender bestimmt ist, 2. der Leistung ein Ereignis vorauszugehen hat und eine angemessene Zeit für die Leistung in der Weise bestimmt ist, dass sie sich von dem Ereignis an nach dem Kalender berechnen lässt, 3. der Schuldner die Leistung ernsthaft und endgültig verweigert, 4. aus besonderen Gründen unter Abwägung der beiderseitigen Interessen der sofortige Eintritt des Verzugs gerechtfertigt ist.

(3) Der Schuldner einer Entgeltforderung kommt spätestens in Verzug, wenn er nicht innerhalb von 30 Tagen nach Fälligkeit und Zugang einer Rechnung oder gleichwertigen Zahlungsaufstellung leistet; dies gilt gegenüber einem Schuldner, der Verbraucher ist, nur, wenn auf diese Folgen in der Rechnung oder Zahlungsaufstellung besonders hingewiesen worden ist. Wenn der Zeitpunkt des Zugangs der Rechnung oder Zahlungsaufstellung unsicher ist, kommt der Schuldner, der nicht Verbraucher ist, spätestens 30 Tage nach Fälligkeit und Empfang der Gegenleistung in Verzug.

(4) Der Schuldner kommt nicht in Verzug, solange die Leistung infolge eines Umstands unterbleibt, den er nicht zu vertreten hat.

§ 293 Annahmeverzug

Der Gläubiger kommt in Verzug, wenn er die ihm angebotene Leistung nicht annimmt.

§ 300 Wirkungen des Gläubigerverzugs

(1) Der Schuldner hat während des Verzugs des Gläubigers nur Vorsatz und grobe Fahrlässigkeit zu vertreten.

(2) Wird eine nur der Gattung nach bestimmte Sache geschuldet, so geht die Gefahr mit dem Zeitpunkt auf den Gläubiger über, in welchem er dadurch in Verzug kommt, dass er die angebotene Sache nicht annimmt.

§ 304 Ersatz von Mehraufwendungen

Der Schuldner kann im Falle des Verzugs des Gläubigers Ersatz der Mehraufwendungen verlangen, die er für das erfolglose Angebot sowie für die

Aufbewahrung und Erhaltung des geschuldeten Gegenstands machen musste.

Gestaltung rechtsgeschäftlicher Schuldverhältnisse durch Allgemeine Geschäftsbedingungen

§ 305 Einbeziehung Allgemeiner Geschäftsbedingungen in den Vertrag

(1) Allgemeine Geschäftsbedingungen sind alle für eine Vielzahl von Verträgen vorformulierten Vertragsbedingungen, die eine Vertragspartei (Verwender) der anderen Vertragspartei bei Abschluss eines Vertrags stellt. Gleichgültig ist, ob die Bestimmungen einen äußerlich gesonderten Bestandteil des Vertrags bilden oder in die Vertragsurkunde selbst aufgenommen werden, welchen Umfang sie haben, in welcher Schriftart sie verfasst sind und welche Form der Vertrag hat. Allgemeine Geschäftsbedingungen liegen nicht vor, soweit die Vertragsbedingungen zwischen den Vertragsparteien im Einzelnen ausgehandelt sind.

(2) Allgemeine Geschäftsbedingungen werden nur dann Bestandteil eines Vertrags, wenn der Verwender bei Vertragsschluss

1. die andere Vertragspartei ausdrücklich oder, wenn ein ausdrücklicher Hinweis wegen der Art des Vertragsschlusses nur unter unverhältnismäßigen Schwierigkeiten möglich ist, durch deutlich sichtbaren Aushang am Orte des Vertragsschlusses auf sie hinweist und
2. der anderen Vertragspartei die Möglichkeit verschafft, in zumutbarer Weise, die auch eine für den Verwender erkennbare körperliche Behinderung der anderen Vertragspartei angemessen berücksichtigt, von ihrem Inhalt Kenntnis zu nehmen, und wenn die andere Vertragspartei mit ihrer Geltung einverstanden ist.

(3) Die Vertragsparteien können für eine bestimmte Art von Rechtsgeschäften die Geltung bestimmter Allgemeiner Geschäftsbedingungen unter Beachtung der in Absatz 2 bezeichneten Erfordernisse im Voraus vereinbaren.

§ 305a Einbeziehung in besonderen Fällen

Auch ohne Einhaltung der in § 305 Abs. 2 Nr. 1 und 2 bezeichneten Erfordernisse werden einbezogen, wenn die andere Vertragspartei mit ihrer Geltung einverstanden ist,

1. die mit Genehmigung der zuständigen Verkehrsbehörde oder auf Grund von internationalen Übereinkommen erlassenen Tarife und Ausführungsbestimmungen der Eisenbahnen und die nach Maßgabe des Personenbeförderungsgesetzes genehmigten Beförderungsbedingungen der Straßenbahnen, Obusse und Kraftfahrzeuge im Linienverkehr in den Beförderungsvertrag,

2. die im Amtsblatt der Regulierungsbehörde für Telekommunikation und Post veröffentlichten und in den Geschäftsstellen des Verwenders bereitgehaltenen Allgemeinen Geschäftsbedingungen
   a) in Beförderungsverträge, die außerhalb von Geschäftsräumen durch den Einwurf von Postsendungen in Briefkästen abgeschlossen werden,
   b) in Verträge über Telekommunikations-, Informations- und andere Dienstleistungen, die unmittelbar durch Einsatz von Fernkommunikationsmitteln und während der Erbringung einer Telekommunikationsdienstleistung in einem Mal erbracht werden, wenn die Allgemeinen Geschäftsbedingungen der anderen Vertragspartei nur unter unverhältnismäßigen Schwierigkeiten vor dem Vertragsschluss zugänglich gemacht werden können.

§ 305b Vorrang der Individualabrede
Individuelle Vertragsabreden haben Vorrang vor Allgemeinen Geschäftsbedingungen.

§ 305c Überraschende und mehrdeutige Klauseln
(1) Bestimmungen in Allgemeinen Geschäftsbedingungen, die nach den Umständen, insbesondere nach dem äußeren Erscheinungsbild des Vertrags, so ungewöhnlich sind, dass der Vertragspartner des Verwenders mit ihnen nicht zu rechnen braucht, werden nicht Vertragsbestandteil.

(2) Zweifel bei der Auslegung Allgemeiner Geschäftsbedingungen gehen zu Lasten des Verwenders.

§ 306 Rechtsfolgen bei Nichteinbeziehung und Unwirksamkeit
(1) Sind Allgemeine Geschäftsbedingungen ganz oder teilweise nicht Vertragsbestandteil geworden oder unwirksam, so bleibt der Vertrag im Übrigen wirksam.

(2) Soweit die Bestimmungen nicht Vertragsbestandteil geworden oder unwirksam sind, richtet sich der Inhalt des Vertrags nach den gesetzlichen Vorschriften.

(3) Der Vertrag ist unwirksam, wenn das Festhalten an ihm auch unter Berücksichtigung der nach Absatz 2 vorgesehenen Änderung eine unzumutbare Härte für eine Vertragspartei darstellen würde.

§ 306a Umgehungsverbot
Die Vorschriften dieses Abschnitts finden auch Anwendung, wenn sie durch anderweitige Gestaltungen umgangen werden.

§ 307 Inhaltskontrolle

(1) Bestimmungen in Allgemeinen Geschäftsbedingungen sind unwirksam, wenn sie den Vertragspartner des Verwenders entgegen den Geboten von Treu und Glauben unangemessen benachteiligen. Eine unangemessene Benachteiligung kann sich auch daraus ergeben, dass die Bestimmung nicht klar und verständlich ist.

(2) Eine unangemessene Benachteiligung ist im Zweifel anzunehmen, wenn eine Bestimmung

1. mit wesentlichen Grundgedanken der gesetzlichen Regelung, von der abgewichen wird, nicht zu vereinbaren ist oder
2. wesentliche Rechte oder Pflichten, die sich aus der Natur des Vertrags ergeben, so einschränkt, dass die Erreichung des Vertragszwecks gefährdet ist.

(3) Die Absätze 1 und 2 sowie die §§ 308 und 309 gelten nur für Bestimmungen in Allgemeinen Geschäftsbedingungen, durch die von Rechtsvorschriften abweichende oder diese ergänzende Regelungen vereinbart werden. Andere Bestimmungen können nach Absatz 1 Satz 2 in Verbindung mit Absatz 1 Satz 1 unwirksam sein.

§ 308 Klauselverbote mit Wertungsmöglichkeit

In Allgemeinen Geschäftsbedingungen ist insbesondere unwirksam

1. (Annahme- und Leistungsfrist) eine Bestimmung, durch die sich der Verwender unangemessen lange oder nicht hinreichend bestimmte Fristen für die Annahme oder Ablehnung eines Angebots oder die Erbringung einer Leistung vorbehält; ausgenommen hiervon ist der Vorbehalt, erst nach Ablauf der Widerrufs- oder Rückgabefrist nach § 355 Abs. 1 und 2 und § 356 zu leisten;
2. (Nachfrist)
   eine Bestimmung, durch die sich der Verwender für die von ihm zu bewirkende Leistung abweichend von Rechtsvorschriften eine unangemessen lange oder nicht hinreichend bestimmte Nachfrist vorbehält;
3. (Rücktrittsvorbehalt)
   die Vereinbarung eines Rechts des Verwenders, sich ohne sachlich gerechtfertigten und im Vertrag angegebenen Grund von seiner Leistungspflicht zu lösen; dies gilt nicht für Dauerschuldverhältnisse;
4. (Änderungsvorbehalt)
   die Vereinbarung eines Rechts des Verwenders, die versprochene Leistung zu ändern oder von ihr abzuweichen, wenn nicht die Vereinbarung der Änderung oder Abweichung unter Berücksichtigung der Interessen des Verwenders für den anderen Vertragsteil zumutbar ist;

5. (Fingierte Erklärungen)
eine Bestimmung, wonach eine Erklärung des Vertragspartners des Verwenders bei Vornahme oder Unterlassung einer bestimmten Handlung als von ihm abgegeben oder nicht abgegeben gilt, es sei denn, dass
   a) dem Vertragspartner eine angemessene Frist zur Abgabe einer ausdrücklichen Erklärung eingeräumt ist und
   b) der Verwender sich verpflichtet, den Vertragspartner bei Beginn der Frist auf die vorgesehene Bedeutung seines Verhaltens besonders hinzuweisen; dies gilt nicht für Verträge, in die Teil B der Verdingungsordnung für Bauleistungen insgesamt einbezogen ist;
6. (Fiktion des Zugangs)
eine Bestimmung, die vorsieht, dass eine Erklärung des Verwenders von besonderer Bedeutung dem anderen Vertragsteil als zugegangen gilt;
7. (Abwicklung von Verträgen)
eine Bestimmung, nach der der Verwender für den Fall, dass eine Vertragspartei vom Vertrag zurücktritt oder den Vertrag kündigt,
   a) eine unangemessen hohe Vergütung für die Nutzung oder den Gebrauch einer Sache oder eines Rechts oder für erbrachte Leistungen oder
   b) einen unangemessen hohen Ersatz von Aufwendungen verlangen kann;
8. (Nichtverfügbarkeit der Leistung)
die nach Nummer 3 zulässige Vereinbarung eines Vorbehalts des Verwenders, sich von der Verpflichtung zur Erfüllung des Vertrags bei Nichtverfügbarkeit der Leistung zu lösen, wenn sich der Verwender nicht verpflichtet,
   a) den Vertragspartner unverzüglich über die Nichtverfügbarkeit zu informieren und
   b) Gegenleistungen des Vertragspartners unverzüglich zu erstatten.

§ 309 Klauselverbote ohne Wertungsmöglichkeit

Auch soweit eine Abweichung von den gesetzlichen Vorschriften zulässig ist, ist in Allgemeinen Geschäftsbedingungen unwirksam

1. (Kurzfristige Preiserhöhungen)
eine Bestimmung, welche die Erhöhung des Entgelts für Waren oder Leistungen vorsieht, die innerhalb von vier Monaten nach Vertragsschluss geliefert oder erbracht werden sollen; dies gilt nicht bei Waren oder Leistungen, die im Rahmen von Dauerschuldverhältnissen geliefert oder erbracht werden;
2. (Leistungsverweigerungsrechte)
eine Bestimmung, durch die

a) das Leistungsverweigerungsrecht, das dem Vertragspartner des Verwenders nach § 320 zusteht, ausgeschlossen oder eingeschränkt wird oder

b) ein dem Vertragspartner des Verwenders zustehendes Zurückbehaltungsrecht, soweit es auf demselben Vertragsverhältnis beruht, ausgeschlossen oder eingeschränkt, insbesondere von der Anerkennung von Mängeln durch den Verwender abhängig gemacht wird;

3. (Aufrechnungsverbot)
eine Bestimmung, durch die dem Vertragspartner des Verwenders die Befugnis genommen wird, mit einer unbestrittenen oder rechtskräftig festgestellten Forderung aufzurechnen;

4. (Mahnung, Fristsetzung)
eine Bestimmung, durch die der Verwender von der gesetzlichen Obliegenheit freigestellt wird, den anderen Vertragsteil zu mahnen oder ihm eine Frist für die Leistung oder Nacherfüllung zu setzen;

5. (Pauschalierung von Schadensersatzansprüchen)
die Vereinbarung eines pauschalierten Anspruchs des Verwenders auf Schadensersatz oder Ersatz einer Wertminderung, wenn

a) die Pauschale den in den geregelten Fällen nach dem gewöhnlichen Lauf der Dinge zu erwartenden Schaden oder die gewöhnlich eintretende Wertminderung übersteigt oder

b) dem anderen Vertragsteil nicht ausdrücklich der Nachweis gestattet wird, ein Schaden oder eine Wertminderung sei überhaupt nicht entstanden oder wesentlich niedriger als die Pauschale;

6. (Vertragsstrafe)
eine Bestimmung, durch die dem Verwender für den Fall der Nichtabnahme oder verspäteten Abnahme der Leistung, des Zahlungsverzugs oder für den Fall, dass der andere Vertragsteil sich vom Vertrag löst, Zahlung einer Vertragsstrafe versprochen wird;

7. (Haftungsausschluss bei Verletzung von Leben, Körper, Gesundheit und bei grobem Verschulden)

a) (Verletzung von Leben, Körper, Gesundheit)
ein Ausschluss oder eine Begrenzung der Haftung für Schäden aus der Verletzung des Lebens, des Körpers oder der Gesundheit, die auf einer fahrlässigen Pflichtverletzung des Verwenders oder einer vorsätzlichen oder fahrlässigen Pflichtverletzung eines gesetzlichen Vertreters oder Erfüllungsgehilfen des Verwenders beruhen;

b) (Grobes Verschulden)
ein Ausschluss oder eine Begrenzung der Haftung für sonstige Schäden, die auf einer grob fahrlässigen Pflichtverletzung des Verwenders oder auf einer vorsätzlichen oder grob fahrlässigen Pflichtverletzung eines gesetzlichen Vertreters oder Erfüllungsgehilfen des Verwenders beruhen;

die Buchstaben a und b gelten nicht für Haftungsbeschränkungen in den nach Maßgabe des Personenbeförderungsgesetzes genehmigten Beförderungsbedingungen und Tarifvorschriften der Straßenbahnen, Obusse und Kraftfahrzeuge im Linienverkehr, soweit sie nicht zum Nachteil des Fahrgasts von der Verordnung über die Allgemeinen Beförderungsbedingungen für den Straßenbahn- und Obusverkehr sowie den Linienverkehr mit Kraftfahrzeugen vom 27. Februar 1970 abweichen; Buchstabe b gilt nicht für Haftungsbeschränkungen für staatlich genehmigte Lotterie- oder Ausspielverträge;

8. (Sonstige Haftungsausschlüsse bei Pflichtverletzung)
   a) (Ausschluss des Rechts, sich vom Vertrag zu lösen) eine Bestimmung, die bei einer vom Verwender zu vertretenden, nicht in einem Mangel der Kaufsache oder des Werkes bestehenden Pflichtverletzung das Recht des anderen Vertragsteils, sich vom Vertrag zu lösen, ausschließt oder einschränkt; dies gilt nicht für die in der Nummer 7 bezeichneten Beförderungsbedingungen und Tarifvorschriften unter den dort genannten Voraussetzungen;
   b) (Mängel)
      eine Bestimmung, durch die bei Verträgen über Lieferungen neu hergestellter Sachen und über Werkleistungen
      aa) (Ausschluss und Verweisung auf Dritte)
          die Ansprüche gegen den Verwender wegen eines Mangels insgesamt oder bezüglich einzelner Teile ausgeschlossen, auf die Einräumung von Ansprüchen gegen Dritte beschränkt oder von der vorherigen gerichtlichen Inanspruchnahme Dritter abhängig gemacht werden;
      bb) (Beschränkung auf Nacherfüllung)
          die Ansprüche gegen den Verwender insgesamt oder bezüglich einzelner Teile auf ein Recht auf Nacherfüllung beschränkt werden, sofern dem anderen Vertragsteil nicht ausdrücklich das Recht vorbehalten wird, bei Fehlschlagen der Nacherfüllung zu mindern oder, wenn nicht eine Bauleistung Gegenstand der Mängelhaftung ist, nach seiner Wahl vom Vertrag zurückzutreten;
      cc) (Aufwendungen bei Nacherfüllung)
          die Verpflichtung des Verwenders ausgeschlossen oder beschränkt wird, die zum Zwecke der Nacherfüllung erforderlichen Aufwendungen, insbesondere Transport-, Wege-, Arbeits- und Materialkosten, zu tragen;
      dd) (Vorenthalten der Nacherfüllung)
          der Verwender die Nacherfüllung von der vorherigen Zahlung des vollständigen Entgelts oder eines unter Berücksichtigung des Mangels unverhältnismäßig hohen Teils des Entgelts abhängig macht;

ee) (Ausschlussfrist für Mängelanzeige)
der Verwender dem anderen Vertragsteil für die Anzeige nicht offensichtlicher Mängel eine Ausschlussfrist setzt, die kürzer ist als die nach dem Doppelbuchstaben ff zulässige Frist;
ff) (Erleichterung der Verjährung)
die Verjährung von Ansprüchen gegen den Verwender wegen eines Mangels in den Fällen des § 438 Abs. 1 Nr. 2 und des § 634a Abs. 1 Nr. 2 erleichtert oder in den sonstigen Fällen eine weniger als ein Jahr betragende Verjährungsfrist ab dem gesetzlichen Verjährungsbeginn erreicht wird;
9. (Laufzeit bei Dauerschuldverhältnissen)
bei einem Vertragsverhältnis, das die regelmäßige Lieferung von Waren oder die regelmäßige Erbringung von Dienst- oder Werkleistungen durch den Verwender zum Gegenstand hat,
   a) eine den anderen Vertragsteil länger als zwei Jahre bindende Laufzeit des Vertrags,
   b) eine den anderen Vertragsteil bindende stillschweigende Verlängerung des Vertragsverhältnisses um jeweils mehr als ein Jahr oder
   c) zu Lasten des anderen Vertragsteils eine längere Kündigungsfrist als drei Monate vor Ablauf der zunächst vorgesehenen oder stillschweigend verlängerten Vertragsdauer;
dies gilt nicht für Verträge über die Lieferung als zusammengehörig verkaufter Sachen, für Versicherungsverträge sowie für Verträge zwischen den Inhabern urheberrechtlicher Rechte und Ansprüche und Verwertungsgesellschaften im Sinne des Gesetzes über die Wahrnehmung von Urheberrechten und verwandten Schutzrechten;
10. (Wechsel des Vertragspartners)
eine Bestimmung, wonach bei Kauf-, Dienst- oder Werkverträgen ein Dritter anstelle des Verwenders in die sich aus dem Vertrag ergebenden Rechte und Pflichten eintritt oder eintreten kann, es sei denn, in der Bestimmung wird
   a) der Dritte namentlich bezeichnet oder
   b) dem anderen Vertragsteil das Recht eingeräumt, sich vom Vertrag zu lösen;
11. (Haftung des Abschlussvertreters)
eine Bestimmung, durch die der Verwender einem Vertreter, der den Vertrag für den anderen Vertragsteil abschließt,
   a) ohne hierauf gerichtete ausdrückliche und gesonderte Erklärung eine eigene Haftung oder Einstandspflicht oder
   b) im Falle vollmachtsloser Vertretung eine über § 179 hinausgehende Haftung auferlegt;
12. (Beweislast)
eine Bestimmung, durch die der Verwender die Beweislast zum Nachteil des anderen Vertragsteils ändert, insbesondere indem er

a) diesem die Beweislast für Umstände auferlegt, die im Verantwortungsbereich des Verwenders liegen, oder
b) den anderen Vertragsteil bestimmte Tatsachen bestätigen lässt; Buchstabe b gilt nicht für Empfangsbekenntnisse, die gesondert unterschrieben oder mit einer gesonderten qualifizierten elektronischen Signatur versehen sind;
13. (Form von Anzeigen und Erklärungen)
eine Bestimmung, durch die Anzeigen oder Erklärungen, die dem Verwender oder einem Dritten gegenüber abzugeben sind, an eine strengere Form als die Schriftform oder an besondere Zugangserfordernisse gebunden werden.

§ 310 Anwendungsbereich

(1) § 305 Abs. 2 und 3 und die §§ 308 und 309 finden keine Anwendung auf Allgemeine Geschäftsbedingungen, die gegenüber einem Unternehmer, einer juristischen Person des öffentlichen Rechts oder einem öffentlich-rechtlichen Sondervermögen verwendet werden. § 307 Abs. 1 und 2 findet in den Fällen des Satzes 1 auch insoweit Anwendung, als dies zur Unwirksamkeit von in den §§ 308 und 309 genannten Vertragsbestimmungen führt; auf die im Handelsverkehr geltenden Gewohnheiten und Gebräuche ist angemessen Rücksicht zu nehmen. In den Fällen des Satzes 1 findet § 307 Abs. 1 und 2 auf Verträge, in die die Vergabe- und Vertragsordnung für Bauleistungen Teil B (VOB/B) in der jeweils zum Zeitpunkt des Vertragsschlusses geltenden Fassung ohne inhaltliche Abweichungen insgesamt einbezogen ist, in Bezug auf eine Inhaltskontrolle einzelner Bestimmungen keine Anwendung.

(2) Die §§ 308 und 309 finden keine Anwendung auf Verträge der Elektrizitäts-, Gas-, Fernwärme- und Wasserversorgungsunternehmen über die Versorgung von Sonderabnehmern mit elektrischer Energie, Gas, Fernwärme und Wasser aus dem Versorgungsnetz, soweit die Versorgungsbedingungen nicht zum Nachteil der Abnehmer von Verordnungen über Allgemeine Bedingungen für die Versorgung von Tarifkunden mit elektrischer Energie, Gas, Fernwärme und Wasser abweichen. Satz 1 gilt entsprechend für Verträge über die Entsorgung von Abwasser.

(3) Bei Verträgen zwischen einem Unternehmer und einem Verbraucher (Verbraucherverträge) finden die Vorschriften dieses Abschnitts mit folgenden Maßgaben Anwendung:

1. Allgemeine Geschäftsbedingungen gelten als vom Unternehmer gestellt, es sei denn, dass sie durch den Verbraucher in den Vertrag eingeführt wurden;
2. § 305c Abs. 2 und die §§ 306 und 307 bis 309 dieses Gesetzes sowie Artikel 29a des Einführungsgesetzes zum Bürgerlichen Gesetzbuche finden auf vorformulierte Vertragsbedingungen auch dann Anwendung,

wenn diese nur zur einmaligen Verwendung bestimmt sind und soweit der Verbraucher auf Grund der Vorformulierung auf ihren Inhalt keinen Einfluss nehmen konnte;
3. bei der Beurteilung der unangemessenen Benachteiligung nach § 307 Abs. 1 und 2 sind auch die den Vertragsschluss begleitenden Umstände zu berücksichtigen.

(4) Dieser Abschnitt findet keine Anwendung bei Verträgen auf dem Gebiet des Erb-, Familien- und Gesellschaftsrechts sowie auf Tarifverträge, Betriebs- und Dienstvereinbarungen. Bei der Anwendung auf Arbeitsverträge sind die im Arbeitsrecht geltenden Besonderheiten angemessen zu berücksichtigen; § 305 Abs. 2 und 3 ist nicht anzuwenden. Tarifverträge, Betriebs- und Dienstvereinbarungen stehen Rechtsvorschriften im Sinne von § 307 Abs. 3 gleich.

§ 313 Störung der Geschäftsgrundlage

(1) Haben sich Umstände, die zur Grundlage des Vertrags geworden sind, nach Vertragsschluss schwerwiegend verändert und hätten die Parteien den Vertrag nicht oder mit anderem Inhalt geschlossen, wenn sie diese Veränderung vorausgesehen hätten, so kann Anpassung des Vertrags verlangt werden, soweit einem Teil unter Berücksichtigung aller Umstände des Einzelfalls, insbesondere der vertraglichen oder gesetzlichen Risikoverteilung, das Festhalten am unveränderten Vertrag nicht zugemutet werden kann.

(2) Einer Veränderung der Umstände steht es gleich, wenn wesentliche Vorstellungen, die zur Grundlage des Vertrags geworden sind, sich als falsch herausstellen.

(3) Ist eine Anpassung des Vertrags nicht möglich oder einem Teil nicht zumutbar, so kann der benachteiligte Teil vom Vertrag zurücktreten. An die Stelle des Rücktrittsrechts tritt für Dauerschuldverhältnisse das Recht zur Kündigung.

§ 314 Kündigung von Dauerschuldverhältnissen aus wichtigem Grund

(1) Dauerschuldverhältnisse kann jeder Vertragsteil aus wichtigem Grund ohne Einhaltung einer Kündigungsfrist kündigen. Ein wichtiger Grund liegt vor, wenn dem kündigenden Teil unter Berücksichtigung aller Umstände des Einzelfalls und unter Abwägung der beiderseitigen Interessen die Fortsetzung des Vertragsverhältnisses bis zur vereinbarten Beendigung oder bis zum Ablauf einer Kündigungsfrist nicht zugemutet werden kann.

(2) Besteht der wichtige Grund in der Verletzung einer Pflicht aus dem Vertrag, ist die Kündigung erst nach erfolglosem Ablauf einer zur Abhilfe bestimmten Frist oder nach erfolgloser Abmahnung zulässig. § 323 Abs. 2 findet entsprechende Anwendung.

(3) Der Berechtigte kann nur innerhalb einer angemessenen Frist kündigen, nachdem er vom Kündigungsgrund Kenntnis erlangt hat.

(4) Die Berechtigung, Schadensersatz zu verlangen, wird durch die Kündigung nicht ausgeschlossen.

Vertragsstrafe

§ 339 Verwirkung der Vertragsstrafe

Verspricht der Schuldner dem Gläubiger für den Fall, dass er seine Verbindlichkeit nicht oder nicht in gehöriger Weise erfüllt, die Zahlung einer Geldsumme als Strafe, so ist die Strafe verwirkt, wenn er in Verzug kommt. Besteht die geschuldete Leistung in einem Unterlassen, so tritt die Verwirkung mit der Zuwiderhandlung ein.

§ 340 Strafversprechen für Nichterfüllung

(1) Hat der Schuldner die Strafe für den Fall versprochen, dass er seine Verbindlichkeit nicht erfüllt, so kann der Gläubiger die verwirkte Strafe statt der Erfüllung verlangen. Erklärt der Gläubiger dem Schuldner, dass er die Strafe verlange, so ist der Anspruch auf Erfüllung ausgeschlossen.

(2) Steht dem Gläubiger ein Anspruch auf Schadensersatz wegen Nichterfüllung zu, so kann er die verwirkte Strafe als Mindestbetrag des Schadens verlangen. Die Geltendmachung eines weiteren Schadens ist nicht ausgeschlossen.

§ 341 Strafversprechen für nicht gehörige Erfüllung

(1) Hat der Schuldner die Strafe für den Fall versprochen, dass er seine Verbindlichkeit nicht in gehöriger Weise, insbesondere nicht zu der bestimmten Zeit, erfüllt, so kann der Gläubiger die verwirkte Strafe neben der Erfüllung verlangen.

(2) Steht dem Gläubiger ein Anspruch auf Schadensersatz wegen der nicht gehörigen Erfüllung zu, so finden die Vorschriften des § 340 Abs. 2 Anwendung.

(3) Nimmt der Gläubiger die Erfüllung an, so kann er die Strafe nur verlangen, wenn er sich das Recht dazu bei der Annahme vorbehält.

§ 342 Andere als Geldstrafe

Wird als Strafe eine andere Leistung als die Zahlung einer Geldsumme versprochen, so finden die Vorschriften der §§ 339 bis 341 Anwendung; der Anspruch auf Schadensersatz ist ausgeschlossen, wenn der Gläubiger die Strafe verlangt.

§ 343 Herabsetzung der Strafe

(1) Ist eine verwirkte Strafe unverhältnismäßig hoch, so kann sie auf Antrag des Schuldners durch Urteil auf den angemessenen Betrag herabgesetzt werden. Bei der Beurteilung der Angemessenheit ist jedes berechtigte Interesse des Gläubigers, nicht bloß das Vermögensinteresse, in Betracht zu ziehen. Nach der Entrichtung der Strafe ist die Herabsetzung ausgeschlossen.

(2) Das Gleiche gilt auch außer in den Fällen der §§ 339, 342, wenn jemand eine Strafe für den Fall verspricht, dass er eine Handlung vornimmt oder unterlässt.

§ 344 Unwirksames Strafversprechen

Erklärt das Gesetz das Versprechen einer Leistung für unwirksam, so ist auch die für den Fall der Nichterfüllung des Versprechens getroffene Vereinbarung einer Strafe unwirksam, selbst wenn die Parteien die Unwirksamkeit des Versprechens gekannt haben.

§ 345 Beweislast

Bestreitet der Schuldner die Verwirkung der Strafe, weil er seine Verbindlichkeit erfüllt habe, so hat er die Erfüllung zu beweisen, sofern nicht die geschuldete Leistung in einem Unterlassen besteht.

Gesamtschuldner

§ 420 Teilbare Leistung

Schulden mehrere eine teilbare Leistung oder haben mehrere eine teilbare Leistung zu fordern, so ist im Zweifel jeder Schuldner nur zu einem gleichen Anteil verpflichtet, jeder Gläubiger nur zu einem gleichen Anteil berechtigt.

§ 421 Gesamtschuldner

Schulden mehrere eine Leistung in der Weise, dass jeder die ganze Leistung zu bewirken verpflichtet, der Gläubiger aber die Leistung nur einmal zu fordern berechtigt ist (Gesamtschuldner), so kann der Gläubiger die Leistung nach seinem Belieben von jedem der Schuldner ganz oder zu einem Teil fordern. Bis zur Bewirkung der ganzen Leistung bleiben sämtliche Schuldner verpflichtet.

§ 422 Wirkung der Erfüllung

(1) Die Erfüllung durch einen Gesamtschuldner wirkt auch für die Übrigen Schuldner. Das Gleiche gilt von der Leistung an Erfüllungs statt, der Hinterlegung und der Aufrechnung.

(2) Eine Forderung, die einem Gesamtschuldner zusteht, kann nicht von den übrigen Schuldnern aufgerechnet werden.

§ 423 Wirkung des Erlasses

Ein zwischen dem Gläubiger und einem Gesamtschuldner vereinbarter Erlass wirkt auch für die übrigen Schuldner, wenn die Vertragschließenden das ganze Schuldverhältnis aufheben wollten.

§ 424 Wirkung des Gläubigerverzugs

Der Verzug des Gläubigers gegenüber einem Gesamtschuldner wirkt auch für die übrigen Schuldner.

§ 427 Gemeinschaftliche vertragliche Verpflichtung

Verpflichten sich mehrere durch Vertrag gemeinschaftlich zu einer teilbaren Leistung, so haften sie im Zweifel als Gesamtschuldner.

§ 428 Gesamtgläubiger

Sind mehrere eine Leistung in der Weise zu fordern berechtigt, dass jeder die ganze Leistung fordern kann, der Schuldner aber die Leistung nur einmal zu bewirken verpflichtet ist (Gesamtgläubiger), so kann der Schuldner nach seinem Belieben an jeden der Gläubiger leisten. Dies gilt auch dann, wenn einer der Gläubiger bereits Klage auf die Leistung erhoben hat.

Dienstvertrag

§ 611 Vertragstypische Pflichten beim Dienstvertrag

(1) Durch den Dienstvertrag wird derjenige, welcher Dienste zusagt, zur Leistung der versprochenen Dienste, der andere Teil zur Gewährung der vereinbarten Vergütung verpflichtet.

(2) Gegenstand des Dienstvertrags können Dienste jeder Art sein.

§ 612 Vergütung

(1) Eine Vergütung gilt als stillschweigend vereinbart, wenn die Dienstleistung den Umständen nach nur gegen eine Vergütung zu erwarten ist.

(2) Ist die Höhe der Vergütung nicht bestimmt, so ist bei dem Bestehen einer Taxe die taxmäßige Vergütung, in Ermangelung einer Taxe die übliche Vergütung als vereinbart anzusehen.

§ 612a Maßregelungsverbot
Der Arbeitgeber darf einen Arbeitnehmer bei einer Vereinbarung oder einer Maßnahme nicht benachteiligen, weil der Arbeitnehmer in zulässiger Weise seine Rechte ausübt.

§ 613 Unübertragbarkeit
Der zur Dienstleistung Verpflichtete hat die Dienste im Zweifel in Person zu leisten. Der Anspruch auf die Dienste ist im Zweifel nicht übertragbar.

Werkvertrag

§ 631 Vertragstypische Pflichten beim Werkvertrag
(1) Durch den Werkvertrag wird der Unternehmer zur Herstellung des versprochenen Werkes, der Besteller zur Entrichtung der vereinbarten Vergütung verpflichtet.

(2) Gegenstand des Werkvertrags kann sowohl die Herstellung oder Veränderung einer Sache als auch ein anderer durch Arbeit oder Dienstleistung herbeizuführender Erfolg sein.

§ 632 Vergütung
(1) Eine Vergütung gilt als stillschweigend vereinbart, wenn die Herstellung des Werkes den Umständen nach nur gegen eine Vergütung zu erwarten ist.

(2) Ist die Höhe der Vergütung nicht bestimmt, so ist bei dem Bestehen einer Taxe die taxmäßige Vergütung, in Ermangelung einer Taxe die übliche Vergütung als vereinbart anzusehen.

(3) Ein Kostenanschlag ist im Zweifel nicht zu vergüten.

§ 632a Abschlagszahlungen
(1) Der Unternehmer kann von dem Besteller für eine vertragsgemäß erbrachte Leistung eine Abschlagszahlung in der Höhe verlangen, in der der Besteller durch die Leistung einen Wertzuwachs erlangt hat. Wegen unwesentlicher Mängel kann die Abschlagszahlung nicht verweigert werden. § 641 Abs. 3 gilt entsprechend. Die Leistungen sind durch eine Aufstellung nachzuweisen, die eine rasche und sichere Beurteilung der Leistungen ermöglichen muss. Die Sätze 1 bis 4 gelten auch für erforderliche Stoffe oder Bauteile, die angeliefert oder eigens angefertigt und bereitgestellt

sind, wenn dem Besteller nach seiner Wahl Eigentum an den Stoffen oder Bauteilen übertragen oder entsprechende Sicherheit hierfür geleistet wird.

(2) Wenn der Vertrag die Errichtung oder den Umbau eines Hauses oder eines vergleichbaren Bauwerks zum Gegenstand hat und zugleich die Verpflichtung des Unternehmers enthält, dem Besteller das Eigentum an dem Grundstück zu übertragen oder ein Erbbaurecht zu bestellen oder zu übertragen, können Abschlagszahlungen nur verlangt werden, soweit sie gemäß einer Verordnung auf Grund von Artikel 244 des Einführungsgesetzes zum Bürgerlichen Gesetzbuche vereinbart sind.

(3) Ist der Besteller ein Verbraucher und hat der Vertrag die Errichtung oder den Umbau eines Hauses oder eines vergleichbaren Bauwerks zum Gegenstand, ist dem Besteller bei der ersten Abschlagszahlung eine Sicherheit für die rechtzeitige Herstellung des Werkes ohne wesentliche Mängel in Höhe von 5 vom Hundert des Vergütungsanspruchs zu leisten. Erhöht sich der Vergütungsanspruch infolge von Änderungen oder Ergänzungen des Vertrages um mehr als 10 vom Hundert, ist dem Besteller bei der nächsten Abschlagszahlung eine weitere Sicherheit in Höhe von 5 vom Hundert des zusätzlichen Vergütungsanspruchs zu leisten. Auf Verlangen des Unternehmers ist die Sicherheitsleistung durch Einbehalt dergestalt zu erbringen, dass der Besteller die Abschlagszahlungen bis zu dem Gesamtbetrag der geschuldeten Sicherheit zurückhält.

(4) Sicherheiten nach dieser Vorschrift können auch durch eine Garantie oder ein sonstiges Zahlungsversprechen eines im Geltungsbereich dieses Gesetzes zum Geschäftsbetrieb befugten Kreditinstituts oder Kreditversicherers geleistet werden.

§ 633 Sach- und Rechtsmangel

(1) Der Unternehmer hat dem Besteller das Werk frei von Sach- und Rechtsmängeln zu verschaffen.

(2) Das Werk ist frei von Sachmängeln, wenn es die vereinbarte Beschaffenheit hat. Soweit die Beschaffenheit nicht vereinbart ist, ist das Werk frei von Sachmängeln,

1. wenn es sich für die nach dem Vertrag vorausgesetzte, sonst
2. für die gewöhnliche Verwendung eignet und eine Beschaffenheit aufweist, die bei Werken der gleichen Art üblich ist und die der Besteller nach der Art des Werks erwarten kann.

Einem Sachmangel steht es gleich, wenn der Unternehmer ein anderes als das bestellte Werk oder das Werk in zu geringer Menge herstellt.

(3) Das Werk ist frei von Rechtsmängeln, wenn Dritte in Bezug auf das Werk keine oder nur die im Vertrag übernommenen Rechte gegen den Besteller geltend machen können.

§ 634 Rechte des Bestellers bei Mängeln

Ist das Werk mangelhaft, kann der Besteller, wenn die Voraussetzungen der folgenden Vorschriften vorliegen und soweit nicht ein anderes bestimmt ist,

1. nach § 635 Nacherfüllung verlangen,
2. nach § 637 den Mangel selbst beseitigen und Ersatz der erforderlichen Aufwendungen verlangen,
3. nach den §§ 636, 323 und 326 Abs. 5 von dem Vertrag zurücktreten oder nach §638 die Vergütung mindern und
4. nach den §§ 636, 280, 281, 283 und 311a Schadensersatz oder nach § 284 Ersatz vergeblicher Aufwendungen verlangen.

§ 634 a Verjährung der Mängelansprüche

(1) Die in § 634 Nr. 1, 2 und 4 bezeichneten Ansprüche verjähren

1. vorbehaltlich der Nummer 2 in zwei Jahren bei einem Werk, dessen Erfolg in der Herstellung, Wartung oder Veränderung einer Sache oder in der Erbringung von Planungs- oder Überwachungsleistungen hierfür besteht,
2. in fünf Jahren bei einem Bauwerk und einem Werk, dessen Erfolg in der Erbringung von Planungs- oder Überwachungsleistungen hierfür besteht, und
3. im Übrigen in der regelmäßigen Verjährungsfrist.

(2) Die Verjährung beginnt in den Fällen des Absatzes 1 Nr. 1 und 2 mit der Abnahme.

(3) Abweichend von Absatz 1 Nr. 1 und 2 und Absatz 2 verjähren die Ansprüche in der regelmäßigen Verjährungsfrist, wenn der Unternehmer den Mangel arglistig verschwiegen hat. Im Fall des Absatzes 1 Nr. 2 tritt die Verjährung jedoch nicht vor Ablauf der dort bestimmten Frist ein.

(4) Für das in § 634 bezeichnete Rücktrittsrecht gilt § 218. Der Besteller kann trotz einer Unwirksamkeit des Rücktritts nach § 218 Abs. 1 die Zahlung der Vergütung insoweit verweigern, als er auf Grund des Rücktritts dazu berechtigt sein würde. Macht er von diesem Recht Gebrauch, kann der Unternehmer vom Vertrag zurücktreten.

(5) Auf das in § 634 bezeichnete Minderungsrecht finden § 218 und Absatz 4 Satz 2 entsprechende Anwendung.

§ 635 Nacherfüllung

(1) Verlangt der Besteller Nacherfüllung, so kann der Unternehmer nach seiner Wahl den Mangel beseitigen oder ein neues Werk herstellen.

(2) Der Unternehmer hat die zum Zwecke der Nacherfüllung erforderlichen Aufwendungen, insbesondere Transport-, Wege-, Arbeits- und Materialkosten zu tragen.

(3) Der Unternehmer kann die Nacherfüllung unbeschadet des § 275 Abs. 2 und 3 verweigern, wenn sie nur mit unverhältnismäßigen Kosten möglich ist.

(4) Stellt der Unternehmer ein neues Werk her, so kann er vom Besteller Rückgewähr des mangelhaften Werks nach Maßgabe der §§ 346 bis 348 verlangen.

§ 636 Besondere Bestimmungen für Rücktritt und Schadenersatz

Außer in den Fällen des § 281 Abs. 2 und des § 323 Abs. 2 bedarf es der Fristsetzung auch dann nicht, wenn der Unternehmer die Nacherfüllung gemäß § 635 Abs. 3 verweigert oder wenn die Nacherfüllung fehlgeschlagen oder dem Besteller unzumutbar ist

§ 637 Selbstvornahme

(1) Der Besteller kann wegen eines Mangels des Werkes nach erfolglosem Ablauf einer von ihm zur Nacherfüllung bestimmten angemessenen Frist den Mangel selbst beseitigen und Ersatz der erforderlichen Aufwendungen verlangen, wenn nicht der Unternehmer die Nacherfüllung zu Recht verweigert.

(2) § 323 Abs. 2 findet entsprechende Anwendung. Der Bestimmung einer Frist bedarf es auch dann nicht, wenn die Nacherfüllung fehlgeschlagen oder dem Besteller unzumutbar ist.

(3) Der Besteller kann von dem Unternehmer für die zur Beseitigung des Mangels erforderlichen Aufwendungen Vorschuss verlangen.

§ 638 Minderung

(1) Statt zurückzutreten, kann der Besteller die Vergütung durch Erklärung gegenüber dem Unternehmer mindern. Der Ausschlussgrund des § 323 Abs. 5 Satz 2 findet keine Anwendung.

(2) Sind auf der Seite des Bestellers oder auf der Seite des Unternehmers mehrere beteiligt, so kann die Minderung nur von allen oder gegen alle erklärt werden.

(3) Bei der Minderung ist die Vergütung in dem Verhältnis herabzusetzen, in welchem zur Zeit des Vertragsschlusses der Wert des Werkes in mangelfreiem Zustand zu dem wirklichen Wert gestanden haben würde. Die Minderung ist, soweit erforderlich, durch Schätzung zu ermitteln.

(4) Hat der Besteller mehr als die geminderte Vergütung gezahlt, so ist der Mehrbetrag vom Unternehmer zu erstatten. § 346 Abs. 1 und § 347 Abs. 1 finden entsprechende Anwendung.

§ 639 Haftungsausschluss

Auf eine Vereinbarung, durch welche die Rechte des Bestellers wegen eines Mangels ausgeschlossen oder beschränkt werden, kann sich der Unternehmer nicht berufen, wenn er den Mangel arglistig verschwiegen oder eine Garantie für die Beschaffenheit des Werkes übernommen hat.

§ 640 Abnahme

(1) Der Besteller ist verpflichtet, das vertragsmäßig hergestellte Werk abzunehmen, sofern nicht nach der Beschaffenheit des Werkes die Abnahme ausgeschlossen ist. Wegen unwesentlicher Mängel kann die Abnahme nicht verweigert werden. Der Abnahme steht es gleich, wenn der Besteller das Werk nicht innerhalb einer ihm vom Unternehmer bestimmten angemessenen Frist abnimmt, obwohl er dazu verpflichtet ist.

(2) Nimmt der Besteller ein mangelhaftes Werk gemäß Absatz 1 Satz 1 ab, obschon er den Mangel kennt, so stehen ihm die in § 634 Nr. 1 bis 3 bezeichneten Rechte nur zu, wenn er sich seine Rechte wegen des Mangels bei der Abnahme vorbehält.

§ 641 Fälligkeit der Vergütung

(1) Die Vergütung ist bei der Abnahme des Werkes zu entrichten. Ist das Werk in Teilen abzunehmen und die Vergütung für die einzelnen Teile bestimmt, so ist die Vergütung für jeden Teil bei dessen Abnahme zu entrichten.

(2) Die Vergütung des Unternehmers für ein Werk, dessen Herstellung der Besteller einem Dritten versprochen hat, wird spätestens fällig,

1. soweit der Besteller von dem Dritten für das versprochene Werk wegen dessen Herstellung seine Vergütung oder Teile davon erhalten hat,
2. soweit das Werk des Bestellers von dem Dritten abgenommen worden ist oder als abgenommen gilt oder
3. wenn der Unternehmer dem Besteller erfolglos eine angemessene Frist zur Auskunft über die in den Nummern 1 und 2 bezeichneten Umstände bestimmt hat.

Hat der Besteller dem Dritten wegen möglicher Mängel des Werks Sicherheit geleistet, gilt Satz 1 nur, wenn der Unternehmer dem Besteller entsprechende Sicherheit leistet.

(3) Kann der Besteller die Beseitigung eines Mangels verlangen, so kann er nach der Fälligkeit die Zahlung eines angemessenen Teils der Vergütung

verweigern; angemessen ist in der Regel das Doppelte der für die Beseitigung des Mangels erforderlichen Kosten.

(4) Eine in Geld festgesetzte Vergütung hat der Besteller von der Abnahme des Werkes an zu verzinsen, sofern nicht die Vergütung gestundet ist.

§ 642 Mitwirkung des Bestellers

(1) Ist bei der Herstellung des Werkes eine Handlung des Bestellers erforderlich, so kann der Unternehmer, wenn der Besteller durch das Unterlassen der Handlung in Verzug der Annahme kommt, eine angemessene Entschädigung verlangen.

(2) Die Höhe der Entschädigung bestimmt sich einerseits nach der Dauer des Verzugs und der Höhe der vereinbarten Vergütung, andererseits nach demjenigen, was der Unternehmer infolge des Verzugs an Aufwendungen erspart oder durch anderweitige Verwendung seiner Arbeitskraft erwerben kann.

§ 643 Kündigung bei unterlassener Mitwirkung

Der Unternehmer ist im Falle des § 642 berechtigt, dem Besteller zur Nachholung der Handlung eine angemessene Frist mit der Erklärung zu bestimmen, dass er den Vertrag kündige, wenn die Handlung nicht bis zum Ablauf der Frist vorgenommen werde. Der Vertrag gilt als aufgehoben, wenn nicht die Nachholung bis zum Ablauf der Frist erfolgt.

§ 644 Gefahrtragung

(1) Der Unternehmer trägt die Gefahr bis zur Abnahme des Werkes. Kommt der Besteller in Verzug der Annahme, so geht die Gefahr auf ihn über. Für den zufälligen Untergang und eine zufällige Verschlechterung des von dem Besteller gelieferten Stoffes ist der Unternehmer nicht verantwortlich.

(2) Versendet der Unternehmer das Werk auf Verlangen des Bestellers nach einem anderen Ort als dem Erfüllungsort, so finden die für den Kauf geltenden Vorschriften des § 447 entsprechende Anwendung.

§ 645 Verantwortlichkeit des Bestellers

(1) Ist das Werk vor der Abnahme infolge eines Mangels des von dem Besteller gelieferten Stoffes oder infolge einer von dem Besteller für die Ausführung erteilten Anweisung untergegangen, verschlechtert oder unausführbar geworden, ohne dass ein Umstand mitgewirkt hat, den der Unternehmer zu vertreten hat, so kann der Unternehmer einen der geleisteten Arbeit entsprechenden Teil der Vergütung und Ersatz der in der Vergütung nicht inbegriffenen Auslagen verlangen. Das Gleiche gilt, wenn der Vertrag in Gemäßheit des § 643 aufgehoben wird.

(2) Eine weitergehende Haftung des Bestellers wegen Verschuldens bleibt unberührt.

§ 646 Vollendung statt Abnahme
Ist nach der Beschaffenheit des Werkes die Abnahme ausgeschlossen, so tritt in den Fällen des § 634a Abs. 2 und der §§ 641, 644 und 645 an die Stelle der Abnahme die Vollendung des Werkes.

§ 647 Unternehmerpfandrecht
Der Unternehmer hat für seine Forderungen aus dem Vertrag ein Pfandrecht an den von ihm hergestellten oder ausgebesserten beweglichen Sachen des Bestellers, wenn sie bei der Herstellung oder zum Zwecke der Ausbesserung in seinen Besitz gelangt sind.

§ 648 Sicherungshypothek des Bauunternehmers
(1) Der Unternehmer eines Bauwerks oder eines einzelnen Teiles eines Bauwerks kann für seine Forderungen aus dem Vertrag die Einräumung einer Sicherungshypothek an dem Baugrundstück des Bestellers verlangen. Ist das Werk noch nicht vollendet, so kann er die Einräumung der Sicherungshypothek für einen der geleisteten Arbeit entsprechenden Teil der Vergütung und für die in der Vergütung nicht inbegriffenen Auslagen verlangen.

(2) Der Inhaber einer Schiffswerft kann für seine Forderungen aus dem Bau oder der Ausbesserung eines Schiffes die Einräumung einer Schiffshypothek an dem Schiffsbauwerk oder dem Schiff des Bestellers verlangen; Absatz 1 Satz 2 gilt sinngemäß. § 647 findet keine Anwendung.

§ 648a Bauhandwerkersicherung
(1) Der Unternehmer eines Bauwerks, einer Außenanlage oder eines Teils davon kann vom Besteller Sicherheit für die auch in Zusatzaufträgen vereinbarte und noch nicht gezahlte Vergütung einschließlich dazugehöriger Nebenforderungen, die mit 10 vom Hundert des zu sichernden Vergütungsanspruchs anzusetzen sind, verlangen. Satz 1 gilt in demselben Umfang auch für Ansprüche, die an die Stelle der Vergütung treten. Der Anspruch des Unternehmers auf Sicherheit wird nicht dadurch ausgeschlossen, dass der Besteller Erfüllung verlangen kann oder das Werk abgenommen hat. Ansprüche, mit denen der Besteller gegen den Anspruch des Unternehmers auf Vergütung aufrechnen kann, bleiben bei der Berechnung der Vergütung unberücksichtigt, es sei denn, sie sind unstreitig oder rechtskräftig festgestellt. Die Sicherheit ist auch dann als ausreichend anzusehen, wenn sich der Sicherungsgeber das Recht vorbehält, sein Versprechen im Falle einer wesentlichen Verschlechterung der Vermögensverhältnisse des Bestellers mit Wirkung für Vergütungsansprüche aus Bauleistun-

gen zu widerrufen, die der Unternehmer bei Zugang der Widerrufserklärung noch nicht erbracht hat.

(2) Die Sicherheit kann auch durch eine Garantie oder ein sonstiges Zahlungsversprechen eines im Geltungsbereich dieses Gesetzes zum Geschäftsbetrieb befugten Kreditinstituts oder Kreditversicherers geleistet werden. Das Kreditinstitut oder der Kreditversicherer darf Zahlungen an den Unternehmer nur leisten, soweit der Besteller den Vergütungsanspruch des Unternehmers anerkennt oder durch vorläufig vollstreckbares Urteil zur Zahlung der Vergütung verurteilt worden ist und die Voraussetzungen vorliegen, unter denen die Zwangsvollstreckung begonnen werden darf.

(3) Der Unternehmer hat dem Besteller die üblichen Kosten der Sicherheitsleistung bis zu einem Höchstsatz von 2 vom Hundert für das Jahr zu erstatten. Dies gilt nicht, soweit eine Sicherheit wegen Einwendungen des Bestellers gegen den Vergütungsanspruch des Unternehmers aufrechterhalten werden muss und die Einwendungen sich als unbegründet erweisen.

(4) Soweit der Unternehmer für seinen Vergütungsanspruch eine Sicherheit nach den Absätzen 1 oder 2 erlangt hat, ist der Anspruch auf Einräumung einer Sicherungshypothek nach § 648 Abs. 1 ausgeschlossen.

(5) Hat der Unternehmer dem Besteller erfolglos eine angemessene Frist zur Leistung der Sicherheit nach Absatz 1 bestimmt, so kann der Unternehmer die Leistung verweigern oder den Vertrag kündigen. Kündigt er den Vertrag, ist der Unternehmer berechtigt, die vereinbarte Vergütung zu verlangen; er muss sich jedoch dasjenige anrechnen lassen, was er infolge der Aufhebung des Vertrages an Aufwendungen erspart oder durch anderweitige Verwendung seiner Arbeitskraft erwirbt oder böswillig zu erwerben unterlässt. Es wird vermutet, dass danach dem Unternehmer 5 vom Hundert der auf den noch nicht erbrachten Teil der Werkleistung entfallenden vereinbarten Vergütung zustehen.

(6) Die Vorschriften der Absätze 1 bis 5 finden keine Anwendung, wenn der Besteller

1. eine juristische Person des öffentlichen Rechts oder ein öffentlich-rechtliches Sondervermögen ist, über deren Vermögen ein Insolvenzverfahren unzulässig ist, oder

2. eine natürliche Person ist und die Bauarbeiten zur Herstellung oder Instandsetzung eines Einfamilienhauses mit oder ohne Einliegerwohnung ausführen lässt.

Satz 1 Nr. 2 gilt nicht bei Betreuung des Bauvorhabens durch einen zur Verfügung über die Finanzierungsmittel des Bestellers ermächtigten Baubetreuer.

(7) Eine von den Vorschriften der Absätze 1 bis 5 abweichende Vereinbarung ist unwirksam.

§ 649 Kündigungsrecht des Bestellers

Der Besteller kann bis zur Vollendung des Werkes jederzeit den Vertrag kündigen. Kündigt der Besteller, so ist der Unternehmer berechtigt, die vereinbarte Vergütung zu verlangen; er muss sich jedoch dasjenige anrechnen lassen, was er infolge der Aufhebung des Vertrags an Aufwendungen erspart oder durch anderweitige Verwendung seiner Arbeitskraft erwirbt oder zu erwerben böswillig unterlässt. Es wird vermutet, dass danach dem Unternehmer 5 vom Hundert der auf den noch nicht erbrachten Teil der Werkleistung entfallenden vereinbarten Vergütung zustehen.

§ 650 Kostenanschlag

(1) Ist dem Vertrag ein Kostenanschlag zugrunde gelegt worden, ohne dass der Unternehmer die Gewähr für die Richtigkeit des Anschlags übernommen hat, und ergibt sich, dass das Werk nicht ohne eine wesentliche Überschreitung des Anschlags ausführbar ist, so steht dem Unternehmer, wenn der Besteller den Vertrag aus diesem Grund kündigt, nur der im § 645 Abs. 1 bestimmte Anspruch zu.

(2) Ist eine solche Überschreitung des Anschlags zu erwarten, so hat der Unternehmer dem Besteller unverzüglich Anzeige zu machen.

§ 651 Anwendung des Kaufrechts

Auf einen Vertrag, der die Lieferung herzustellender oder zu erzeugender beweglicher Sachen zum Gegenstand hat, finden die Vorschriften über den Kauf Anwendung. § 442 Abs. 1 Satz 1 findet bei diesen Verträgen auch Anwendung, wenn der Mangel auf den vom Besteller gelieferten Stoff zurückzuführen ist. Soweit es sich bei den herzustellenden oder zu erzeugenden beweglichen Sachen um nicht vertretbare Sachen handelt, sind auch die §§ 642, 643, 645, 649 und 650 mit der Maßgabe anzuwenden, dass an die Stelle der Abnahme der nach den §§ 446 und 447 maßgebliche Zeitpunkt tritt.

Gesellschaft

§ 705 Inhalt des Gesellschaftsvertrags

Durch den Gesellschaftsvertrag verpflichten sich die Gesellschafter gegenseitig, die Erreichung eines gemeinsamen Zweckes in der durch den Vertrag bestimmten Weise zu fördern, insbesondere die vereinbarten Beiträge zu leisten.

§ 706 Beiträge der Gesellschafter

(1) Die Gesellschafter haben in Ermangelung einer anderen Vereinbarung gleiche Beiträge zu leisten.

(2) Sind vertretbare oder verbrauchbare Sachen beizutragen, so ist im Zweifel anzunehmen, dass sie gemeinschaftliches Eigentum der Gesellschafter werden sollen. Das Gleiche gilt von nicht vertretbaren und nicht verbrauchbaren Sachen, wenn sie nach einer Schätzung beizutragen sind, die nicht bloß für die Gewinnverteilung bestimmt ist.

(3) Der Beitrag eines Gesellschafters kann auch in der Leistung von Diensten bestehen.

§ 707 Erhöhung des vereinbarten Beitrags

Zur Erhöhung des vereinbarten Beitrags oder zur Ergänzung der durch Verlust verminderten Einlage ist ein Gesellschafter nicht verpflichtet.

§ 708 Haftung der Gesellschafter

Ein Gesellschafter hat bei der Erfüllung der ihm obliegenden Verpflichtungen nur für diejenige Sorgfalt einzustehen, welche er in eigenen Angelegenheiten anzuwenden pflegt.

§ 709 Gemeinschaftliche Geschäftsführung

(1) Die Führung der Geschäfte der Gesellschaft steht den Gesellschaftern gemeinschaftlich zu; für jedes Geschäft ist die Zustimmung aller Gesellschafter erforderlich.

(2) Hat nach dem Gesellschaftsvertrag die Mehrheit der Stimmen zu entscheiden, so ist die Mehrheit im Zweifel nach der Zahl der Gesellschafter zu berechnen.

§ 710 Übertragung der Geschäftsführung

Ist in dem Gesellschaftsvertrag die Führung der Geschäfte einem Gesellschafter oder mehreren Gesellschaftern übertragen, so sind die übrigen Gesellschafter von der Geschäftsführung ausgeschlossen. Ist die Geschäftsführung mehreren Gesellschaftern übertragen, so finden die Vorschriften des § 709 entsprechende Anwendung.

§ 711 Widerspruchsrecht

Steht nach dem Gesellschaftsvertrag die Führung der Geschäfte allen oder mehreren Gesellschaftern in der Art zu, dass jeder allein zu handeln berechtigt ist, so kann jeder der Vornahme eines Geschäfts durch den anderen widersprechen. Im Falle des Widerspruchs muss das Geschäft unterbleiben.

Bürgschaft

§ 765 Vertragstypische Pflichten bei der Bürgschaft
(1) Durch den Bürgschaftsvertrag verpflichtet sich der Bürge gegenüber dem Gläubiger eines Dritten, für die Erfüllung der Verbindlichkeit des Dritten einzustehen.

(2) Die Bürgschaft kann auch für eine künftige oder eine bedingte Verbindlichkeit übernommen werden.

§ 766 Schriftform der Bürgschaftserklärung
Zur Gültigkeit des Bürgschaftsvertrags ist schriftliche Erteilung der Bürgschaftserklärung erforderlich. Die Erteilung der Bürgschaftserklärung in elektronischer Form ist ausgeschlossen. Soweit der Bürge die Hauptverbindlichkeit erfüllt, wird der Mangel der Form geheilt.

§ 770 Einreden der Anfechtbarkeit und der Aufrechenbarkeit
(1) Der Bürge kann die Befriedigung des Gläubigers verweigern, solange dem Hauptschuldner das Recht zusteht, das seiner Verbindlichkeit zugrunde liegende Rechtsgeschäft anzufechten.

(2) Die gleiche Befugnis hat der Bürge, solange sich der Gläubiger durch Aufrechnung gegen eine fällige Forderung des Hauptschuldners befriedigen kann.

§ 771 Einrede der Vorausklage
Der Bürge kann die Befriedigung des Gläubigers verweigern, solange nicht der Gläubiger eine Zwangsvollstreckung gegen den Hauptschuldner ohne Erfolg versucht hat (Einrede der Vorausklage). Erhebt der Bürge die Einrede der Vorausklage, ist die Verjährung des Anspruchs des Gläubigers gegen den Bürgen gehemmt, bis der Gläubiger eine Zwangsvollstreckung gegen den Hauptschuldner ohne Erfolg versucht hat.

Unerlaubte Handlungen

§ 823 Schadensersatzpflicht
(1) Wer vorsätzlich oder fahrlässig das Leben, den Körper, die Gesundheit, die Freiheit, das Eigentum oder ein sonstiges Recht eines anderen widerrechtlich verletzt, ist dem anderen zum Ersatz des daraus entstehenden Schadens verpflichtet.

(2) Die gleiche Verpflichtung trifft denjenigen, welcher gegen ein den Schutz eines anderen bezweckendes Gesetz verstößt. Ist nach dem Inhalt

des Gesetzes ein Verstoß gegen dieses auch ohne Verschulden möglich, so tritt die Ersatzpflicht nur im Falle des Verschuldens ein.

§ 826 Sittenwidrige vorsätzliche Schädigung

Wer in einer gegen die guten Sitten verstoßenden Weise einem anderen vorsätzlich Schaden zufügt, ist dem anderen zum Ersatz des Schadens verpflichtet.

§ 836 Haftung des Grundstücksbesitzers

(1) Wird durch den Einsturz eines Gebäudes oder eines anderen mit einem Grundstück verbundenen Werkes oder durch die Ablösung von Teilen des Gebäudes oder des Werkes ein Mensch getötet, der Körper oder die Gesundheit eines Menschen verletzt oder eine Sache beschädigt, so ist der Besitzer des Grundstücks, sofern der Einsturz oder die Ablösung die Folge fehlerhafter Errichtung oder mangelhafter Unterhaltung ist, verpflichtet, dem Verletzten den daraus entstehenden Schaden zu ersetzen. Die Ersatzpflicht tritt nicht ein, wenn der Besitzer zum Zwecke der Abwendung der Gefahr die im Verkehr erforderliche Sorgfalt beobachtet hat.

(2) Ein früherer Besitzer des Grundstücks ist für den Schaden verantwortlich, wenn der Einsturz oder die Ablösung innerhalb eines Jahres nach der Beendigung seines Besitzes eintritt, es sei denn, dass er während seines Besitzes die im Verkehr erforderliche Sorgfalt beobachtet hat oder ein späterer Besitzer durch Beobachtung dieser Sorgfalt die Gefahr hätte abwenden können.

(3) Besitzer im Sinne dieser Vorschriften ist der Eigenbesitzer.

StGB

§ 319 Baugefährdung

(1) Wer bei der Planung, Leitung oder Ausführung eines Baues oder des Abbruchs eines Bauwerks gegen die allgemein anerkannten Regeln der Technik verstößt und dadurch Leib oder Leben eines anderen Menschen gefährdet, wird mit Freiheitsstrafe bis zu fünf Jahren oder mit Geldstrafe bestraft.

(2) Ebenso wird bestraft, wer in Ausübung eines Berufs oder Gewerbes bei der Planung, Leitung oder Ausführung eines Vorhabens, technische Einrichtungen in ein Bauwerk einzubauen oder eingebaute Einrichtungen dieser Art zu ändern, gegen die allgemein anerkannten Regeln der Technik verstößt und dadurch Leib oder Leben eines anderen Menschen gefährdet.

(3) Wer die Gefahr fahrlässig verursacht, wird mit Freiheitsstrafe bis zu drei Jahren oder mit Geldstrafe bestraft.

(4) Wer in den Fällen der Absätze 1 und 2 fahrlässig handelt und die Gefahr fahrlässig verursacht, wird mit Freiheitsstrafe bis zu zwei Jahren oder mit Geldstrafe bestraft.

GLOSSAR

Aufmaß

Als Aufmaß bezeichnet man das Vermessen und Aufzeichnen eines bestehenden Gebäudes, Bauwerks oder Bauteils. Dazu misst man das tatsächliche Objekt, (d. h. auf der Baustelle) auf oder der Leistungsumfang wird aus Ausführungsplänen ermittelt. Ein Aufmaß kann für ein Leistungsverzeichnis oder zur Erstellung einer prüfbaren Abrechnung genutzt werden. Im Rahmen eines Einheitspreisvertrages dient der so ermittelte Umfang der erbrachten Leistungen als Grundlage zur Rechnungserstellung.

Nach § 2 Nr. 2 VOB/B ist das Aufmaß Basis der Vergütung und soll nach § 14 Nr. 2 VOB/B möglichst gemeinsam von Auftragnehmer und Auftraggeber vorgenommen werden und ist in einer Messurkunde zu dokumentieren.

Aufbauend auf dem Aufmaß wird die Mengenermittlung (umgangssprachlich Massenermittlung) durchgeführt. Abrechnungsbestimmungen finden sich für die verschiedenen Gewerke in den jeweiligen Abschnitten 5 der der VOB, Teil C (DIN 18299 ff). Danach werden zum Beispiel bei Beton- und Stahlbetonarbeiten "Bei Abrechnung nach Flächenmaß (m²) Öffnungen, Durchdringungen und Einbindungen über 2,5 m² Einzelgröße abgezogen." (Abschn. 5.1.2.2 DIN 18331). Das bedeutet, dass bei einer Betonwand eine normale Türöffnung übermessen wird.

Bauleitung

Die Bauleitung (BL) leitet eine Baustelle oder Teile einer Baustelle. Sie ist für die ordnungsgemäße Ausführung der Bauarbeiten verantwortlich.

Auftraggeberbauleitung (Objektüberwachung)

Sie wird vom Auftraggeber, meist vom Bauherrn, eingesetzt. Als „Sachwalter des Bauherrn" übernimmt sie vorrangig die Überwachung und Überprüfung der zu erbringenden Leistung (Bausoll) und koordiniert die Gewerke und sonstige Beteiligte (evtl. Planer, Behörden etc.) und steht in direktem Kontakt mit dem Bauherrn zur Klärung technischer Fragen.

Für die Vergütung einer unabhängigen Objektüberwachung ist in Deutschland die in Leistungsphase 8 des entsprechenden Paragraphen der Honorarordnung für Architekten und Ingenieure festgesetzten Honorare verbindliches Preisrecht. Von ihnen kann nur innerhalb enger Grenzen abgewichen werden.

Auf die Objektüberwachung entfallen die Koordination der Bauausführung auf Übereinstimmung mit der Baugenehmigung, den Ausführungsplänen und den Leistungsbeschreibungen sowie mit den anerkannten Regeln der Technik und Vorschriften.

Auftragnehmer- oder Unternehmensbauleitung (Bauleitung)

Die Bauleitung der auftragnehmenden Unternehmen sorgt für die termingerechte, qualitätsgerechte und wirtschaftliche Ausführung der Arbeiten. Daneben sind Sicherheit und Gesundheitsschutz sowie der Umweltschutz sicherzustellen. Die Unternehmensbauleitung vertritt den Firmeninhaber und ist damit in der Regel für die Erfüllung der gesetzlichen, behördlichen und berufsgenossenschaftlichen Verpflichtungen verantwortlich.

Auf allen Kleinbaustellen ist der Unternehmensbauleiter nicht ständig anwesend.

Die ständige Vertretung ist dann dem Vorarbeiter oder Polier bzw. Schachtmeister vorbehalten. Bei Großbaustellen ist die Bauleitung hierarchisch organisiert:

- Oberbauleiter
- Bauleiter
- Abschnittsbauleiter
- Bauführer

Öffentlich-rechtlicher Bauleiter

Mehrere Landesbauordnungen verlangen die Bestellung eines Bauleiters nach Bauordnungsrecht. Diese Aufgabe wird zumeist vom Bauleiter des Auftraggebers mit übernommen. Der Bauleiter nach Bauordnungsrecht ist verantwortlich für die Einhaltung der Vorschriften des öffentlichen Baurechts.

Baustellen-Ordnungsplan/Baustellen-Einrichtungsplan[1]

Die Planung der Bauproduktionseinrichtungen auf der Baustelle ist für die technologiegerechte, ablaufoptimierte und zeitorientierte Organisation aller Bauarbeiten die wesentliche Voraussetzung. Die Verantwortung des Auftraggebers für den koordinierten Einsatz aller Unternehmer kann im Gegensatz zu den jeweils eigenen Interessen der Auftragnehmer stehen.

Die Baustellen-Ordnungs- und Einrichtungspläne bilden die Grundlage für ein geordnetes Zusammenwirken auf der Baustelle. Sie tragen dazu bei, Unfallgefahren abzuwenden, gegenseitige Behinderungen zu vermeiden, Ordnung und Sicherheit aufrecht zu erhalten und angemessene Ausführungsqualität zu erreichen.

Bei Großbaustellen sind erstrangige Baustellen-Ordnungspläne und nachrangige Baustellen-Einrichtungspläne sinnvoll. Bei kleineren Baustellen können beide Aufgaben in einen Plan zusammengefasst dargestellt werden.

Baustellen-Ordnungsplan

Der Baustellen-Ordnungsplan ist von der Auftraggeberseite aufzustellen und mit den Vertretern öffentlicher Belange, den Nachbarn, den Ver- und Entsorgungsunternehmern, den Planungsbeteiligten und den sonstigen evtl. Betroffenen abzustimmen. Er ist als Übersichtsplan mit Geländehöhen über N.N. aufzustellen und informiert über z. B.: Bauwerke und Nebenanlagen, Beschaffenheit des Baugeländes, Verkehrsverhältnisse, Zufahrten auf das Baufeld, Baufeldumschließung, Baufeldeinrichtungen, Ver- und Entsorgungseinrichtungen, Kanäle, Leitungen, Kabel, Lagerflächen, Betriebsflächen der Baustelle.

Er dient als Anlage für das Ausschreibungsverfahren und als Grundlage für die Baustelleneinrichtungsplanung des Unternehmers.

Baustellen-Einrichtungsplan

Der Baustellen-Einrichtungsplan berücksichtigt die baubetrieblichen Gegebenheiten der ausführenden Unternehmer. Er ist ein Übersichtsplan der baubetrieblichen Einrichtungen und Erfordernisse. Dies können u. a. sein: Maschinelle Einrichtungen, Unterkünfte, Magazine, Lagerflächen, Ver- und Entsorgungseinrichtungen, Baugruben, Böschungen, Verbau, Arbeitsräume, Gerüste usw.

---

[1] vgl.: Wolfgang Rösel, Baumanagement, Springer-Verlag Berlin 1999

Dynamische Baudaten (StLB-Bau)

Dynamische Baudaten (StLB-Bau = Standardleistungsbuch-Bau) ist ein datenbankorientiertes Textsystem zur standardisierten Beschreibung von Bauleistungen. Für die Zusammenstellung der Texte und die Übertragung an das Anwenderprogramm werden ein Dialogprogramm und eine XML-Schnittstelle zur Verfügung gestellt.

Dynamische Baudaten ist das System für die Leistungsbeschreibung im Bauwesen. Es wird aufgestellt von GEAB (Gemeinsamer Ausschuss Elektronik im Bauwesen), datentechnisch umgesetzt von Dr. Schiller und Partner und herausgegeben von DIN.

Im Gegensatz zu herkömmlichen Textsammlungen besteht StLB-Bau Dynamische Baudaten nicht aus einer endlichen Anzahl vorgefertigter und statischer Texte, sondern aus einem dynamischen Textgenerator, der Texte auf Anforderung nach Vorgaben des Benutzers und auf Basis eingebauter Regeln erzeugt.

Mengenermittlung/Mengenberechnung[3]

Sie ist erforderlich a) für die Kalkulation der Angebotspreise und b) für die Abrechung der ausgeführten Leistungen, wie § 14 Nr. 1 VOB/B festlegt. Die dabei zu beachtenden Berechungsvorschriften sind jeweils unter Nr. 5 der betreffenden DIN-Normen der VOB/C aufgeführt.

Messurkunde

Die Messurkunde ist die Grundlage für das Aufmaß. Sie wird von mind. zwei Parteien, z. B. Auftragnehmer und Auftraggeber unterzeichnet und wird somit „beurkundet". (siehe Beispiel in Kapitel 12)

Preisspiegel

Als Preisspiegel wird die Gegenüberstellung der Auswertung der Angebote einzelner Bieter bezeichnet indem die Einheits- und Gesamtpreise miteinander verglichen werden. Er wird aufgestellt für eine Vergabeeinheit oder ein Gewerk und enthält in der Regel folgende Angaben:

- Ordnungs- oder Positionsnummer
- Beschreibung der Leistungen
- Einheitspreise
- Gesamtpreise
- Prozentuale Abweichungen
- Rang (billigster Bieter / teuerster Bieter)

Leistungsfähige AVA-Systeme bieten weitere Funktionen zur Auswertung, wie z. B. grafische Darstellungen an.

Raumbuch[2]

kann nach Leistungsphase 6 der entsprechenden Paragraphen der HOAI im Rahmen einer Leistungsbeschreibung mit Leistungsprogramm der Objektbeschreibung dienen. Das Raumbuch enthält dann für jeden Raum Angaben über z. B.:

- Die allgemeinen Raummerkmale wie Raumart, Lage, Abmessung, Nutzung etc.
- Die Ausbau- und Ausstattungselemente wie bauphysikalische Anforderungen, bautechnische Ausstattungen, Einbauten, Geräte etc.

---

[2] vgl. Begriffsdefinitionen nach Brüssel, Baubetrieb von A-Z, 5. Auflage, 2007

Vertragsmodelle

- Einheitspreisvertrag

Die Vergütung berechnet sich aus dem Einheitspreis für die jeweilige Teilleistung (z. B. 1 m² Mauerwerk) multipliziert mit der ausgeführten Menge(z. B. 5000 m²). Die tatsächlich ausgeführte Leistung wird ermittelt durch Aufmaß aus den Bauplänen oder hilfsweise am Objekt.

- Detailpauschalvertrag

  Die zu erbringenden Leistungen werden erschöpfend beschrieben und dafür eine Pauschale vereinbart.

- Globalpauschalvertrag

  Die zu erbringenden Leistungen werden ergebnisorientiert (funktional) beschrieben und dafür eine Pauschale vereinbart. Bei Pauschalverträgen trägt der Unternehmer das Massenrisiko, so weit zumutbar (siehe § 2 Nr. 7 VOB/B, § 2 42 BGB)

- Regievertrag (Stundenlohnvertrag)

  Die Vergütung erfolgt aufgrund vereinbarter Sätze für den tatsächlichen Aufwand an Personal- und Maschinenstunden sowie Material. (Ein Vertrag kann sowohl ausschließlich Regiearbeiten umfassen, wie auch Regiearbeiten (angehängte) in Kombination mit anderen Vergütungssystemen.)

- GMP-Vertrag (Garantierter Maximalpreis)

  Durch gemeinsam zu optimierende Planung und Ausführung soll in kooperativer Form dieser GMP unterschritten werden. Die eingesparten Kosten werden entsprechend zwischen den Partnern (AG und AN) aufgeteilt.

- PPP-Vertrag (Public Private Partnership)

  Ein öffentlicher Auftraggeber beauftragt eine Gesellschaft mit der Planung, Finanzierung, dem Bau und dem Betreiben der baulichen Anlage über eine längere Laufzeit (typisch 15 bis 25 Jahre). Die Vergütung erfolgt in monatlichen oder jährlichen Raten.

- BOT (Build Operate Transfer)

  Als BOT werden im Englischen Betreibermodelle bezeichnet. Sie kennzeichnen die drei Phasen eines Projektes/Objektes aus dem das Betreibermodell besteht. Realisieren, Betreiben und Übertragen auf den Kunden.

Literaturverzeichnis

ACKER, Wendelin; MOUFANG, Oliver: *Bauvertrag nach VOB/B und BGB.* Köln: RWS, 2003

BALSER, Heinrich; BOKELMANN, Gunther; PIORRECK, Karl Fr.: *Die GmbH.* 13. Aufl. Freiburg: Haufe, 2004

BEUTH, Ansgar; BEUTH, Martin: *Lexikon Bauwesen – Fachbegriffe für Eigentümer, Bauherren, Investoren und Versicherungen.* München: DVA, 2001

BÜCHNER, Sebastian: *Der Generalplanervertrag.* Düsseldorf: Werner Verlag, 2005

BÜCHS, Andreas. *Das VOB-Baustellenhandbuch.* 5. aktualisierte Aufl. Augsburg: Forum, 2009

DAMERAU, Hans; VON DER TAUTERAT, August: *Hochbau- und Ausbauarbeiten/VOB im Bild – Abrechnung nach der VOB, Abrechnung nach der VOB 2012.* 20. aktualisierte und erweiterte Aufl. Köln: Verlagsges. Müller, 2012

DAMERAU, Hans; VON DER TAUTERAT, August: *Tiefbau- und Erdarbeiten – Abrechnung nach der VOB 2012, Abrechnung nach der VOB.* Köln: Verlagsges. Müller, 2013

DIEHR, Uwe; KNIPPER, Michael (Hrsg.): *Wirksame und unwirksame Klauseln im Bauvertrag – Nachschlagewerk zum Aufstellen und Prüfen von Vertragsbedingungen.* Wiesbaden: Vieweg 2003

DIN DEUTSCHES INSTITUT FÜR NORMUNG E.V. (Hrsg.): *VOB Gesamtausgabe 2012: Vergabe- und Vertragsordnung für Bauleistungen Teil A (DIN 1960), Teil B (DIN 1961), Teil C (ATV).* Berlin: Beuth, 2012

DITTEN, Dietrich. *Der Bauleiter und seine Rechtsstellung – Aufgaben, Ansprüche, Vollmacht, Haftung.* 3. Aufl. Renningen: Expert, 2002

HEIERMANN, Wolfgang; RIEDL, Richard; RUSAM, Martin: *Handkommentar zur VOB – VOB/A, VOB/B, Rechtsschutz im Vergabeverfahren.* 13. Aufl. München: Springer Verlag 2013

HERING, Norbert: *Praxiskommentar zur VOB Teile A, B und C.* 5. Aufl. Düsseldorf: Werner Verlag 2012

HOFMANN, Olaf; FRIKELL, Eckhard: *Der VOB-Pauschalvertrag.* Stamsried: Vögel, 2002

INGENSTAU, Heinz; KORBION, Hermann: *Kommentar zur VOB – Teile A und B.* 18. Aufl. Düsseldorf: Werner Verlag 2013

KULARTZ, Hans-Peter; PRIEß, Hans-Joachim; PORTZ, Norbert; MARX, Friedhelm: *Kommentar zur VOL/A – Vergaberecht, Rechtsschutz.* 2. Aufl. Düsseldorf: Werner, 2010

LEINEMANN, Ralf; MAIBAUM, Thomas: *Die VOB 2012 – BGB-Bauvertragsrecht und Vergaberecht, Die wichtigsten Vorschriften für Baupraxis und Auftragsvergabe mit Erläuterungen der Neuregelungen.* 8., völlig neu bearbeitete Aufl. Köln: Bundesanzeiger, 2013

LÖFFELMANN, Peter; FLEISCHMANN, Guntram: *Architektenrecht – Praxishandbuch zu Honorar und Haftung*, 6. Aufl. Düsseldorf: Werner Verlag, 2012

MARKUS, Jochen; KAISER, Stefan. *AGB-Handbuch Bauvertragsklauseln.* 3. Aufl. Düsseldorf: Werner Verlag, 2011

NIESTRATE, Helmut: *Die Architektenhaftung.* 3. Aufl. Köln: Carl Heymanns, 2006

PHILIPPS, Georg; STOLLHOFF, Frank: *Die vorsorgliche Beweissicherung im Bauwesen.* 2. überarbeitete Aufl. Stuttgart: IRB, 2010

SANGENSTEDT, Hans. R.: *Rechtshandbuch für Ingenieure und Architekten.* München: Beck, 1999

SEYFFERT, Günter: *Praktisches Baustellen-Controlling – Handbuch für Bau- und Generalunternehmen.* Wiesbaden: Vieweg+Teubner, 2011

STAHR, Michael: *Bausanierung – Erkennen und Beheben von Bauschäden.* 5. Aufl. Wiesbaden: Vieweg+Teubner, 2011

STLB-Bau komplett auf CD-ROM. Berlin: Beuth, 2012 (wird laufend aktualisiert)

WERNER, Ulrich; PASTOR, Walter: *Der Bauprozess – Prozessuale und materielle Probleme des zivilen Bauprozesses.* 14. Aufl. Düsseldorf: Werner Verlag, 2013

WERNER, Ulrich; PASTOR, Walter; Müller, Karl: *Baurecht von A-Z – Lexikon des öffentlichen und privaten Baurechts.* 7. Aufl. München: Beck, 2000

WIRTH, Axel; WÜRFLE, Falk; BROOKS, Stefan: *Rechtsgrundlagen des Architekten und Ingenieurs – Vertragsrecht, Haftungsrecht, Vergütungsrecht.* 2. vollständig überarbeitete und aktualisierte Aufl. Wiesbaden: Vieweg, 2012

WALDNER, Wolfram; WÖLFEL, Erich: So gründe und führe ich eine GmbH – Vorteile nutzen, Risiken vermeiden. 9. Aufl. München: Beck, 2009

Sachwortverzeichnis

A

Abnahme 32, 49
– förmliche 32
Abrechnung 33, 53, 57, 59
Abrechnungszeichnung 53
Abschlagszahlung 61, 64
AG 89
AGB-Gesetz 9
Aktiengesellschaft 89
Allgemein anerkannte Regeln
   der Technik 11
Allgemeine Technische Vertrags-
   bedingungen für Bauleistungen,
   sieheATV 11
Alternativ-Position 25
Angebot 37
– Öffnung 37
– und Vertrag 37
– Wertung 41
Angebotsannahme 2
Angebotsfrist 37
Angebotsinhalt 40
Angebotsnachrechnung 107
Angebotsprüfung 37
Angebotsverfahren 17
Annahmefrist 196
Arbeitsgemeinschaft 72, 91, 92
Arbeitsteilung 98
Architektenleistung 93
Architektenvertrag 4
ARGE 91
Aufmaß 53, 231
Aufmaßurkunde 53
Auftrag 2
Auftraggeber 2, 7, 91
– öffentlicher 8
Auftragnehmer 3, 91
Auftragsabwicklung 45
Auftragsbestätigung 43
Auftragserteilung 2
Auftragsschreiben 42

Ausführung 31, 46
– Behinderung und Unterbrechung 31
Ausführungsfrist 31, 46
Ausführungsunterlagen 31, 45
Ausschreibung 17
– beschränkte 18
– öffentliche 17
AVA
– computergestützte 101

B

Bauablaufplanung 114
Bauabrechnung 103
– elektronische 61
Bauabwicklung 98
Baubuchhaltung 110
Baugefährdung 11, 67, 229
Bauherren-Haftpflichtversicherung 77
Bauleistungsversicherung 76, 84
Bauleitung 231
Bauordnung 8
Bauplanung 98
Bauregelliste 14
Baustellen-Einrichtungsplan 232
Baustellen-Ordnungsplan 232
Bauüberwachung 4, 48, 96
Bauvertrag 5, 7
Bedarfsposition 25
Behinderung 48
– und Unterbrechung 31, 48
Beihilfe 59
Beratungspflicht 10
Besondere Leistungen 93
Betriebshaftpflichtversicherung 67, 82
Betriebskalender 46
Beurkundung 41, 194
Beweislast 212
BGB 1, 193
BGB-Gesellschaft 89
Bürgerliches Gesetzbuch 1
Bürgschaft 34, 41, 228

C
CAD/AVA 112

D
Dienstvertrag 4, 5
DIN-Norm 12
Durchführungsverordnung 15
DVA 26
DV-Anwendung 104
Dynamische Baudaten 233

E
EG-Baukoordinierungsrichtlinie 18
Einzel-/Generalvergabe 20
Einzelunternehmen 87
Erlass 8, 13
Eröffnungstermin 37
Erstunternehmer 91
Eventualposition 25

F
Fahrlässigkeit 67
Fälligkeit 62
– der Vergütung 222
Feiertag 199
Festpreis 64, 65
Finanzplanung 131
Firmenzusammenbruch 50
Freistellungsbescheinigung 63
Frist 197
Fristbeginn 198
Fristende 198
Fristverlängerung 198

G
GAEB 26
Gebäude-Feuerversicherung 78
Gefahr
– Verteilung der 32
Gefahrtragung 223
Gemeinsamer Ausschuss Elektronik
  im Bauwesen 26
Generalplaner 90
Generalübernehmer 91

Generalunternehmer 91
Generalvergabe 20
Gesamtschuldner 216
Gesamtübernehmer 91
Gesamtunternehmer 91
Geschäftsbedingung 9
Geschäftsfähigkeit 193
Geschäftsführung 227
Gesellschaft 226
Gesellschaft Bürgerlichen Rechts 89
Gesellschaft mit beschränkter
  Haftung 88
Gesellschaft mit beschränkter Haftung
  und Companie, Kommandit-
  gesellschaft 88
Gesellschaftsvertrag 226
Gewässerschaden-Haftpflichtver-
  sicherung 78
Gewinn
– entgangener 203
Gleitklausel 53, 65
GmbH 88
GmbH &Co. KG 88
Grundlagen
– rechtliche 1
– technische 11
Grundleistung 93
Gütezeichen 13

H
Haftpflichtversicherung 80, 82
Haftung 19, 67
– der Vertragsparteien 32
– des Architekten und
  des Ingenieurs 72
– gesamtschuldnerische 72
– wegen positiver Vertragsverletzung .. 73
Handlungen
– unerlaubte 228
Hauptunternehmer 91
Haus- und Grundbesitzer-
  Haftpflichtversicherung 79
Hemmung 201

Sachwortverzeichnis

I
Individualabrede 207
Ingenieurvertrag 5

K
Kapitalgesellschaft 88
KG 87
KGaA 89
Klausel
– überraschende 207
Klauselverbot
– mit Wertungsmöglichkeit 208
– ohne Wertungsmöglichkeit 209
Kommanditgesellschaft 87
– auf Aktie 89
Kommanditist 87
Komplementär 88
Kostenanschlag 107, 116, 117, 218, 226
Kostenkontrolle 110, 128, 129, 130
Kündigung 49
– durch den Auftraggeber 32
– durch den Auftragnehmer 32

L
Leistung
– Änderung 44
Leistungsbeschreibung 7, 21, 25, 97, 107, 116
– mit Leistungsprogramm 21
– mit Leistungsverzeichnis 21
Leistungsbild 93
Leistungsprogramm 27
Leistungsverzeichnis 22, 26
Lieferant 3
Lieferungsvertrag 5
Lohn-Erhöhung 64
Los 19

M
Mahnung
– wegen Baufristen 47
Mängelanspruch 33, 67, 68
Mängelbeseitigung 69
– durch Nacherfüllung 69
– durch Selbstvornahme 70

Mangelfolgeschaden 73
Mängelhaftung 68
Materialpreis-Erhöhung 64
Mengenberechnung 109, 233
Mengenermittlung 55, 233
Messurkunde 53, 54, 122, 233
Minderung 70
Mitunternehmer 91

N
Nachbesserung 72
Nacherfüllung 69
Nachtrag 43
Nachunternehmer 3, 91
Nebenleistung 53
Nebenpflicht 73
Nebenunternehmer 91

O
Objektbetreuung 97
Objektüberwachung 96
Offene Handelsgesellschaft 87
OHG 87
Ortsrecht 9

P
Partnerschaftsgesellschaft 90
Personengesellschaft 87
Position 24
Prämie 49
Preisdatenbank 111
Preiserhöhung 65
Preisrecherche 111
Preisspiegel 39, 40, 108, 119, 120, 121, 233
Projektsteuerung 110
Projektsteuerungsvertrag 5
Protokoll
– der Angebotsprüfung 37

R
Raumbuch 111, 233
Rechnung 58, 60
Rechnungsprüfung 60, 110, 123, 124, 125, 126, 127

Rechtsgeschäft
- sittenwidriges 195
Regie-Arbeit 59
Risiko 81

S

Schaden 81
Schadensersatz 4
- Art und Umfang 203
- Pflicht 228
Schiedsgericht 34
Schiedsgutachten 52
Schlussabrechnung 64
Schlusserklärung 60
Schlussrechnung 50, 51, 60
Schlusszahlung 61, 62, 64
Schriftform 194
Schuldverhältnis 202
Selbstkostenerstattungsvertrag 33
Sicherheitseinbehalt 64
Sicherheitsleistung 34, 63
Sicherungshypothek
- des Bauunternehmers 224
Soll-/Ist-Übersicht 110
Standardbeschreibung 26
Standardleistungsbeschreibung 26
Standardleistungsbuch-Bau
    (StLB-Bau) 21
- dynamische Baudaten 25
Streitigkeiten 34, 51
Stundenlohnarbeit 33
Stundenlohnvertrag 33
Subunternehmer 3, 91

T

Tagelohnzettel 56, 59
Technische Bestimmungen 13
Technische Vertragsbedingungen 7
- zusätzliche 7
Treu und Glauben 197, 203

U

Umgehungsverbot 207
Umsatz-(Mehrwert-)Steuer 35, 62
Umsatzsteuer 62

Unterbrechung 48
- der Ausführung 31
- der Verjährung 64
Unternehmensform 87
Unternehmerpfandrecht 224

V

Verdingungsordnung für Bau-
    leistungen 6
Verdingungsordnung für Leistungen
    (VOL) 8
Vergabe 108
- freihändige 18
- Mitwirkung bei der 95
- Vorbereitung 94
Vergabeart 17
Vergabe- und Vertragsordnung
    für Bauleistungen, siehe VOB 6
Vergabe- und Vertragsunterlagen 21
Vergabeunterlagen 17, 45
Vergabeverfahren 19
Vergabeverhandlung 61
Vergleich 50
- gerichtlicher 195
Vergütung 5, 30, 49, 53
Verjährung
- Hemmung 71
- Neubeginn 71
- regelmäßige 199
Verjährungsfrist 70
Verordnung 8, 13
Versicherung 75, 80
Versicherungsberater 84
Vertrag 2, 37, 41
- Ausführung 197
Vertragsbedingungen 29
- allgemeine 6
- zusätzliche 7
Vertragsmodell 234
Vertragspartner 3
Vertragsstrafe 32
- verwirkte 51
Vertragsstrafe/Prämie 49
Vertragsunterlagen 17

Vertragsurkunde 2, 206
Verzug.. 48
– des Schuldners....................................205
Vorausklage
– Einrede der..228
Vorauszahlung.. 61
Vorbemerkung.. 22

W
Werkvertrag 4, 5
Wettbewerb
– Teilnehmer 7
Wettbewerbsteilnehmer......................... 18
Willenserklärung...........................193, 194

Witterungseinfluss 31, 48
Wucher...195

Z
Zahlung 34, 53, 61
Zahlungsanweisung................................62
Zahlungsfreigabe..................................110
Zahlungsplan..61
Zahlungsunfähigkeit
– des Auftraggebers..............................51
Zulage 24
Zulassung..13
Zusätzliche Technische Vertrags-
   bedingungen...35

Printed by Printforce, the Netherlands